普通高等学校"十一五"规划教材
高职计算机类精品教材

网络操作系统

主　编　汪　伟　程一飞

编写人员　（以姓氏笔画为序）

　　　　　卜天然　吕立新　汪　伟

　　　　　吴立勇　唐玉胜　程一飞

审　稿　肖伟东　李文锋

中国科学技术大学出版社

内容简介

本书介绍了 Windows Server 2003 和 Red Hat Linux 9.0 两大网络操作系统的相关知识，适合高等职业教育"计算机网络操作系统"课程教学需要，对相关自学者、工程技术人员也有一定的参考价值。

图书在版编目(CIP)数据

网络操作系统/汪伟，程一飞主编. —合肥：中国科学技术大学出版社，2009.7（2013.2重印）
安徽省高等学校"十一五"省级规划教材
ISBN 978-7-312-02561-7

Ⅰ.网… Ⅱ.①汪…②程… Ⅲ.计算机网络—操作系统（软件）—高等学校：技术学校—教材 Ⅳ.TP316.8

中国版本图书馆 CIP 数据核字（2009）第 094339 号

出版	中国科学技术大学出版社
	地址：安徽省合肥市金寨路96号，邮编：230026
	网址：http://press.ustc.edu.cn
印刷	安徽省瑞隆印务有限公司
发行	中国科学技术大学出版社
经销	全国新华书店
开本	710 mm×960 mm 1/16
印张	23.25
字数	466 千
版次	2009 年 7 月第 1 版
印次	2013 年 2 月第 2 次印刷
定价	35.00 元

前　言

在计算机普及的今天,计算机网络已经应用到社会生活的各个领域。随着我国企事业单位信息化进程的加快,越来越大量需要掌握计算机网络技术的专门人才。网络操作系统作为计算机网络技术系列课程之一,是计算机及其相关专业的学生应当学习和掌握的重要课程。

近年来,随着高职高专教育课程教学内容和模式改革的进一步深入,许多院校在计算机及其相关专业中开设了网络操作系统这门课。开设这门课的目的不是讲述网络操作系统的原理,而是在学生已掌握计算机网络基本理论和基本技能的基础上,专门学习一些当前流行的网络操作系统技术,重点掌握这些网络操作系统的应用、配置管理和维护,进一步培养学生的实践动手能力。

本书是高职高专教育课程教学内容和模式改革的结果,将目前流行的 Windows Server 2003 和 Red Hat Linux 9.0 两大网络操作系统的内容进行整合,从实用、够用的角度出发,讲述了 Windows 2003 网络和 Linux 网络的使用和架构方法。全书共 12 章,内容包括:进入 Windows Server 2003,文件系统管理,磁盘管理,DHCP 服务,DNS 服务,Internet 信息服务,活动目录,系统安全管理,远程访问服务,Linux 操作系统简介与安装,Linux 系统管理,Linux 网络管理等。其内容与体例的设计体现了高等职业教育的应用性、技术性、实用性特色。

本书在编写上突出内容的实用性,具有鲜明的高职高专特色,语言精炼,内容丰富,在章节安排和重要知识点的处理上,充分考虑到了教学需求,内容安排松紧适度,重点突出。所有章节都配有精心设计的实例,通过相应实训练习,可以帮助学生快速理解和掌握各章的基本理论与实践技能。在本课程的教学过程中,建议采用案例法进行,可先提出问题,激发学生的学习兴趣,然后通过一个案例解决所提出的问题,在案例的分析讲解过程中学习基本理论知识;在实践教学中,建议采用全虚拟机环境进行,虚拟机可以选用 VMware-workstation 或 Connectix_Virtual_PC。

本书由汪伟、程一飞主编,承担提纲的起草,主持编写、修改及总纂等工作。第1、4 章由安徽电子信息职业技术学院吴立勇编写,第 2、3 章由淮北职业技术学院唐玉胜编写,第 5、6、8 章由安徽商贸职业技术学院卜天然编写,第 7、10 章由安徽商贸职业技术学院汪伟编写,第 9 章由安庆师范学院程一飞编写,第 11、12 章由安徽商贸职业技术学院吕立新编写。本书由江西工业工程职业技术学院肖伟东和湖南郴州职业技术学院李文锋审稿。

本书编写过程中参阅了不少文献，得到了有关部门、单位领导、专家的支持，在此一并致谢！

由于时间仓促，加之编者水平有限，不妥与疏漏之处在所难免，敬请读者批评指正，以便进一步修订完善。

编　者

目　　录

前言 ……………………………………………………………………（Ⅰ）

第 1 章　进入 Windows Server 2003 ………………………………（ 1 ）
　学习目标 ………………………………………………………………（ 1 ）
　导入案例 ………………………………………………………………（ 1 ）
　1.1　Windows Server 2003 概述 ……………………………………（ 2 ）
　1.2　Windows Server 2003 的安装 …………………………………（ 5 ）
　1.3　管理本地用户和本地组 …………………………………………（ 10 ）
　1.4　Windows Server 2003 网络基本架构简介 ……………………（ 13 ）
　本章小结 ………………………………………………………………（ 19 ）
　复习思考题 ……………………………………………………………（ 19 ）
　本章实训 ………………………………………………………………（ 20 ）

第 2 章　Windows Server 2003 文件系统管理 ……………………（ 21 ）
　学习目标 ………………………………………………………………（ 21 ）
　导入案例 ………………………………………………………………（ 21 ）
　2.1　Windows Server 2003 支持的文件系统及其转换 ……………（ 22 ）
　2.2　文件与文件夹的 NTFS 权限 ……………………………………（ 24 ）
　2.3　文件的压缩与加密 ………………………………………………（ 33 ）
　2.4　共享文件夹 ………………………………………………………（ 35 ）
　2.5　分布式文件系统 …………………………………………………（ 39 ）
　本章小结 ………………………………………………………………（ 43 ）
　复习思考题 ……………………………………………………………（ 44 ）
　本章实训 ………………………………………………………………（ 44 ）

第 3 章　Windows Server 2003 磁盘管理 …………………………（ 46 ）
　学习目标 ………………………………………………………………（ 46 ）
　导入案例 ………………………………………………………………（ 46 ）
　3.1　Windows 2003 中的磁盘类型 …………………………………（ 47 ）
　3.2　在基本磁盘上建立分区 …………………………………………（ 50 ）
　3.3　在动态磁盘上建立卷 ……………………………………………（ 55 ）
　3.4　使用"磁盘管理工具"进行磁盘管理 ……………………………（ 62 ）

3.5 磁盘配额 …………………………………………………………（64）
3.6 使用Diskpart命令管理磁盘 ………………………………………（66）
本章小结 ……………………………………………………………（71）
复习思考题 …………………………………………………………（72）
本章实训 ……………………………………………………………（72）

第4章 DHCP服务 …………………………………………………（74）

学习目标 ……………………………………………………………（74）
导入案例 ……………………………………………………………（74）
4.1 DHCP概述 ……………………………………………………（75）
4.2 DHCP服务器的安装与配置 …………………………………（78）
4.3 在路由网络中配置DHCP ……………………………………（87）
4.4 DHCP数据库的管理 …………………………………………（88）
本章小结 ……………………………………………………………（90）
复习思考题 …………………………………………………………（91）
本章实训 ……………………………………………………………（91）

第5章 DNS服务 ……………………………………………………（92）

学习目标 ……………………………………………………………（92）
导入案例 ……………………………………………………………（92）
5.1 DNS概述 ………………………………………………………（93）
5.2 DNS服务器的安装与配置 ……………………………………（96）
5.3 条件转发和Internet上的DNS配置 …………………………（111）
5.4 DNS的测试 ……………………………………………………（115）
本章小结 ……………………………………………………………（117）
复习思考题 …………………………………………………………（117）
本章实训 ……………………………………………………………（117）

第6章 Internet信息服务 …………………………………………（119）

学习目标 ……………………………………………………………（119）
导入案例 ……………………………………………………………（119）
6.1 Internet信息服务概述 …………………………………………（120）
6.2 配置Web服务 …………………………………………………（121）
6.3 配置FTP服务 …………………………………………………（132）
6.4 配置邮件服务 …………………………………………………（136）
本章小结 ……………………………………………………………（142）
复习思考题 …………………………………………………………（143）

本章实训 ……………………………………………………………… (143)

第7章 活动目录 ……………………………………………………… (145)

学习目标 ……………………………………………………………… (145)

导入案例 ……………………………………………………………… (145)

7.1 活动目录的概念 …………………………………………………… (146)

7.2 建立域控制器 ……………………………………………………… (153)

7.3 域的组织和委派管理控制 ………………………………………… (160)

7.4 域中的用户和组 …………………………………………………… (162)

7.5 在活动目录上发布资源 …………………………………………… (173)

7.6 组策略及其应用 …………………………………………………… (176)

本章小结 ……………………………………………………………… (186)

复习思考题 …………………………………………………………… (186)

本章实训 ……………………………………………………………… (187)

第8章 系统安全管理 ………………………………………………… (188)

学习目标 ……………………………………………………………… (188)

导入案例 ……………………………………………………………… (188)

8.1 系统备份与还原 …………………………………………………… (189)

8.2 安全性策略管理 …………………………………………………… (193)

8.3 PKI 和 IPSec 的部署 ……………………………………………… (201)

本章小结 ……………………………………………………………… (210)

复习思考题 …………………………………………………………… (210)

本章实训 ……………………………………………………………… (211)

第9章 远程访问服务 ………………………………………………… (212)

学习目标 ……………………………………………………………… (212)

导入案例 ……………………………………………………………… (212)

9.1 终端服务概述 ……………………………………………………… (213)

9.2 构建终端服务系统 ………………………………………………… (215)

9.3 VPN 的基本原理 …………………………………………………… (219)

9.4 VPN 服务的配置 …………………………………………………… (222)

9.5 代理服务 …………………………………………………………… (226)

9.6 构建 ISA 服务器 …………………………………………………… (236)

本章小结 ……………………………………………………………… (248)

复习思考题 …………………………………………………………… (248)

本章实训 ……………………………………………………………… (249)

第 10 章 Linux 操作系统简介与安装 (251)

学习目标 (251)

导入案例 (251)

10.1 Linux 操作系统概述 (252)

10.2 Linux 操作系统的安装与配置 (255)

10.3 Red Hat Linux 9 的基本使用和设置 (264)

本章小结 (270)

复习思考题 (270)

本章实训 (270)

第 11 章 Linux 系统管理 (272)

学习目标 (272)

导入案例 (272)

11.1 Shell 命令简介 (273)

11.2 Linux 系统用户与组群管理 (279)

11.3 Linux 的文件系统与文件管理 (292)

本章小结 (305)

复习思考题 (306)

本章实训 (306)

第 12 章 Linux 网络配置 (308)

学习目标 (308)

导入案例 (308)

12.1 Linux 网络配置基础 (309)

12.2 Samba 服务器配置 (319)

12.3 DNS 服务器配置 (333)

12.4 WWW 服务器配置 (338)

12.5 FTP 服务器配置 (351)

本章小结 (358)

复习思考题 (358)

本章实训 (359)

参考文献 (361)

第 1 章 进入 Windows Server 2003

学习目标

本章主要讲述 Windows Server 2003 产品家族、Windows Server 2003 的安装方法、本地用户和本地组的基本管理、Windows 网络架构等内容。通过本章的学习，应达到如下学习目标：
- 了解 Windows Server 2003 产品家族情况及其性能的提升。
- 掌握 Windows Server 2003 的安装方法。
- 学会管理 Windows Server 2003 的本地用户和本地组。
- 了解 Windows Server 2003 网络的基本架构。

导入案例

某公司为一家中外合资企业，主要从事软件开发和系统集成业务。公司当前有员工 200 人，其中管理人员 15 人，销售人员 20 人左右，其他主要为技术工程师。公司原来的网络主要为 Windows 2000 Professional 的工作组环境，实现简单的文件、打印共享。随着公司业务的发展，该公司需要重新规划和更新网络服务。公司 CIO(Chief Information Officer，首席信息官)经过评估，决定采用 Windows XP 作为客户端，使用 Windows Server 2003 企业版作为服务器并实现企业主要的网络服务，以支持内、外网的网络访问需求。作为公司的网络管理员，现要求你实现如下目标：

(1) 为服务器部署 Windows Server 2003 系统。
(2) 创建管理员账号、密码和管理员组。
(3) 创建普通员工账号、密码和员工组。
(4) 要求所有的账号要定期进行变更，否则不能登录。

如何安装 Windows Server 2003 系统？如何进行本地用户账号的创建和管理？这是本章将要学习的内容。

1.1 Windows Server 2003 概述

微软公司于 2003 年 3 月 28 日发布了新的网络操作系统——Windows Server 2003。微软公司 CEO Steve Ballmer 说:"作为微软公司的旗舰型服务器产品,Windows Server 2003 提供了企业客户期盼已久的性能、工作效率和安全性,同时最大限度地提高了他们 IT 投资的价值。"

1.1.1 Windows Server 2003 产品家族

针对不同的用户和环境,Windows Server 2003 产品家族推出了 4 个版本。

1. Standard Edition(标准版)

标准版是为小规模的企业组织或者大型企业中的部门应用而设计的。标准版服务器可以配置为域控制器或域成员服务器。在性能上,标准版最多支持 4 个处理器,最高支持 4 GB 内存;不支持群集和 64 位计算。

2. Enterprise Edition(企业版)

企业版是为满足各种规模的企业的一般用途而设计的。它是各种应用程序、Web 服务和基础结构的理想平台,提供高度可靠性、高性能和出色的商业价值。企业版包含了标准版所具备的所有功能。在性能上,企业版支持多达 8 个处理器,支持高达 32 GB 内存,支持 8 节点群集和 64 位计算平台。

3. Datacenter Edition(数据中心版)

数据中心版用来提供最高级别的可用性和规模可扩展性。数据中心版可以用做关键业务数据库服务器、ERP 应用服务器、大容量实时事务处理服务器、服务器联合等。数据中心版分为 32 位版与 64 位版两种。

① 32 位版:支持 32 个处理器,支持 8 点群集,最低要求 128 MB 内存,最高支持 64 GB 内存。

② 64 位版:支持 Itanium 和 Itanium 2 两种处理器,支持 64 个处理器,支持 8 点群集,最低支持 1 GB 内存,最高支持 512 GB 内存。

4. Web Edition(Web 版)

Web 版是专门作为 IIS 6.0 Web 服务器使用的。它提供了一个快速开发和部署 XML Web 服务和应用程序的平台,这些服务和应用程序使用 ASP.NET 技术,该技术是.NET 框架的关键部分,便于部署和管理。Web 版支持双处理器,最低支持 256 MB 内存,最高支持 2 GB 内存。Web 版的服务器可以成为活动目录中的成员服务器,但是不能被配置为域控制器。

以上 4 个版本的比较见表 1.1。

表 1.1 Windows Server 2003 家族各个版本比较

	Web Edition	Standard Edition	Enterprise Edition	Datacenter Edition
CPU	2	4	8	32/64*
内存	2 GB	4 GB	32 GB/64 GB*	64 GB/512 GB*
是否是域控制器	否	是	是	是
群集支持	不支持	不支持	8 节点	8 节点
64 位计算支持	不支持	不支持	支持	支持

注:"*"表示只有 64 位版本才支持。

1.1.2 Windows Server 2003 性能的提升

Windows Server 2003 家族在可靠性、高效性、连接性三个方面有了较大的提升。

1. 可靠性

Windows Server 2003 在可用性、可伸缩性和安全性等方面得到了增强和改进,这使其成为高度可靠的平台。

(1) 可用性

Windows Server 2003 操作系统增强了群集支持,从而提高了其实用性。对于部署业务关键电子商务应用程序和各种业务应用程序的组织而言,群集服务是必不可少的,因为这些服务大大改进了组织的可用性、可伸缩性和易管理性。在 Windows Server 2003 中,群集安装和设置更容易也更可靠,而该产品增强的网络功能提供了更强的失败转移能力和更长的系统运行时间。Windows Server 2003 操作系统支持多达 8 个节点的服务器群集。如果群集中某个节点由于故障或者维护而不能使用,另一节点会立即提供服务,这一过程即为失败转移。Windows Server 2003 还支持网络负载均衡(NLB),它在群集中各个结点之间平衡传入的 Internet 协议(IP)通信。

(2) 可伸缩性

Windows Server 2003 操作系统通过由对称多处理技术(SMP)支持的向上

扩展和由群集支持的向外扩展来提供可伸缩性。内部测试表明,与 Windows 2000 Server 相比,Windows Server 2003 在文件系统方面提供了更高的性能(提高了 140%),其他功能(包括 Microsoft 活动目录服务、Web 服务器和终端服务器组件、网络服务)的性能也显著提高。Windows Server 2003 从单处理器解决方案一直扩展到 64 路系统,它同时支持 32 位和 64 位处理器。

(3) 安全性

由于将 Intranet、Extranet 和 Internet 站点结合起来,企业超越了传统方式的局域网 (LAN),因此,系统安全问题比以往任何时候都更为严峻。作为对可信赖、安全和可靠的计算的承诺的一部分,Microsoft 公司认真审查了 Windows Server 2003 操作系统,以便识别潜在的失败点和缺陷。Windows Server 2003 提供了许多重要的、新的安全特性和改进的功能,包括:

① 公共语言运行时。这是 Windows Server 2003 的关键部分,它提高了可靠性并有助于保证计算环境的安全。它降低了缺陷数量,减少了由常见的编程错误引起的安全漏洞,因此,攻击者能够利用的弱点就更少了。公共语言运行时还验证应用程序是否可以无错误运行,并检查适当的安全性权限,以确保代码只执行适当的操作。

② Internet Information Services 6.0。为了增强 Web 服务器的安全性,Internet Information Services (IIS) 6.0 默认安装"已锁定"。IIS 6.0 和 Windows Server 2003 提供了最可靠、最高效、连接最通畅以及集成度最高的 Web 服务器解决方案,该方案具有容错性、请求队列、应用程序状态监控、自动应用程序循环、高速缓存以及其他更多功能。这些功能是 IIS 6.0 中许多新功能的一部分,它们使用户得以在 Web 上安全地执行业务。

2. 高效性

Windows Server 2003 在许多方面都具有使组织和员工提高工作效率的能力,包括:

① Windows Server 2003 家族提供了智能文件和打印服务,其性能和功能都得到了提高,从而可以降低企业总拥有成本。

② 在 Windows Server 2003 中,活动目录提供了增强的性能和可伸缩性,可以更加灵活地设计、部署和管理组织的目录。

③ Windows Server 2003 新增了几套重要的自动管理工具来帮助实现自动部署,包括 Windows 服务器更新服务 (WSUS) 和服务器配置向导。新的组策略管理控制台 (GPMC) 使得管理组策略更加容易,从而使更多的组织能够更好地利用活动目录服务及其强大的管理功能。此外,命令行工具使管理员可以从命令控制台执行大多数任务。

④ Windows Server 2003 在存储管理方面引入了新的增强功能,这使得管理及维护磁盘和卷、备份和恢复数据以及连接存储区域网络(SAN)更为简易和可靠。

⑤ 终端服务可以将基于 Windows 的应用程序或 Windows 桌面本身传送到几乎任何类型的计算设备上,甚至是那些不能运行 Windows 的设备。

3. 连接性

Windows Server 2003 包含许多新功能和改善的措施,以确保您的组织和用户保持连接状态:

① 对于企业来说,网络和通信是非常重要的。员工需要在任何时间、任何地点使用任何设备接入网络。合作伙伴、供应商和网络外的其他机构需要与关键资源进行高效的相互沟通,而且安全性比以往任何时候都更重要。Windows Server 2003 家族的网络改善措施和新增功能扩展了网络结构的多功能性、可管理性和可靠性。

② Windows Server 2003 包括企业 UDDI 服务,它是 XML Web 服务的动态而灵活的架构。这种基于标准的解决方案使企业能够运行他们自己的内部 UDDI 服务,以供 Intranet 和 Extranet 使用。开发人员能够轻松而快速地找到并重新使用企业内可用的 Web 服务。IT 管理员能够编录并管理他们网络中的可编程资源。利用 UDDI 服务,公司能够生成和部署更智能、更可靠的应用程序。

③ Windows Server 2003 包括业内最强大的数字流媒体服务。该平台还包括新版的 Windows 媒体播放器、Windows 媒体编辑器、音频/视频编码解码器以及 Windows 媒体软件开发工具包。

1.2 Windows Server 2003 的安装

1.2.1 安装前的准备

1. 系统的硬件设备需求

安装 Windows Server 2003 的最低需求及推荐的配置见表 1.2。

表 1.2 安装 Windows Server 2003(企业版)的配置要求

组件	最低要求	推荐配置
CPU	Intel Pentium 133 MHz 或者 733 MHz 的 Itanium Intel	Pentium Ⅲ 500 MHz(或同水平的兼容 CPU)
内存	128 MB	256 MB 以上
硬盘空间	2 GB(至少 1.5 GB 的自由空间)或 2 GB for Itanium-based PCs	4 GB(至少 2 GB 的自由空间)
显示器	VGA,640×480 分辨率	800×600 或更高的分辨率
光驱	取决于软件介质(从网络安装不需要光驱)	24 倍速以上
其他	键盘、鼠标、网卡等	键盘、鼠标、网卡等

2. HCL 和系统兼容性

硬件兼容性列表(HCL)内列出了被 Windows Server 2003 支持的所有硬件设备,Windows Server 2003 内提供了它们的设备驱动程序,这些硬件设备都通过了微软硬件兼容性测试(HCT),其中包括大多数主流的硬件设备。如果计算机内的硬件设备没有列在 HCL 内,则可能无法安装 Windows Server 2003 或者安装完成后这些设备无法正常运转。

如果是自己组装(DIY)的计算机,所使用的设备并没有列在 HCL 内,该怎么办呢？ 一般来说,设备的制造商应该提供有驱动程序,只要以手动的方式安装此驱动程序即可。另外,有许多设备与 HCL 中的设备兼容,这些设备能自动被安装程序检测到,使用时也应该不会出现问题。

为确保成功安装,在启动安装程序之前,请核对计算机的硬件是否与 Windows Server 2003 兼容:

① 要核对硬件,请检查 HCL。如果硬件没有列在其中,那么安装可能会不成功。

② 要查看与 Windows Server 2003 硬件的兼容性,请运行"d:\i386\winnt32 /checkupgradeonly"(这里的"d"代表光盘驱动器号)。

③ 如果系统中包含大容量硬盘控制器(SCSI 卡、RAID 卡、光纤适配器),检查它是否在硬件兼容性列表中,如果不在则需要从厂商处获得为 Windows Server 2003 开发的驱动程序,在安装过程中按提示按【F6】键安装相应的驱动。

3. 系统安装盘的目录结构

系统安装盘的目录结构见表 1.3。

表 1.3 系统安装盘的目录结构

文 件 夹	包含的内容
I386	内含 Windows Server 2003 在 Intel 处理器平台上的安装文件
PRINTERS	内含 Windows Server 2003/NT/9x 工作站上部分打印机驱动程序
DOCS	内含 Windows Server 2003 的安装说明文档
SUPPORT	应用程序兼容性检查工具、版本号检查工具及 HCL

1.2.2 系统安装步骤

以下步骤会将 Windows Server 2003 全新安装到你的计算机,并将其设为工作组网络中的独立服务器,以后我们再学习如何将其升级为域控制器或将其加入域中变为成员服务器。

1. 磁盘分区、文件系统及文件复制阶段

(1) 将安装光盘放入光驱,从光盘启动计算机。屏幕最上端出现"Setup is inspecting your computer's hardware configuration…"信息时,表示安装程序正在利用"NTDETECT.COM"程序检测计算机内的硬件设备,如 COM、PTR、键盘、鼠标、软驱等。

(2) 当出现"Windows 2003 Setup"对话框时(此时屏幕变为蓝色),会将 Windows 2003 核心程序、安装时所需的文件等加载到计算机内存内,然后检测计算机内有哪些大容量存储设备,如 CD-ROM、SCSI 适配器、IDE 控制器或特殊的磁盘控制器等。如果使用的驱动程序是由其他制造商提供的,则在画面下方出现提示信息时,按【F6】键进行读取。

(3) 随后出现"安装程序通知"和"欢迎使用安装程序"对话框,请直接按【Enter】键。当出现"Windows 2003 许可协议"对话框时,可以按【PageDown】阅读协议,按【F8】键同意协议继续安装。

(4) 接下来出现"磁盘分区设置"对话框,提供以下 3 个选择:

① 要在所选分区上安装 Windows 2003,请按【Enter】键。

② 要在尚未划分的空间中创建磁盘分区,请按【C】键,然后输入磁盘分区的大小。

③ 删除所选磁盘分区,请按【D】键,然后按照提示再按【L】键或【Enter】键。

选择或创建一个分区后,请按【Enter】键以便将系统安装到这个磁盘分区内(默认"WINNT"文件夹)。

(5) 选择一个文件系统。有以下两种选择:

① FAT:这里的 FAT 文件系统是 FAT32。FAT32 是 FAT16 的增强版,改进了磁盘利用率。

② 如果要支持活动目录(AD)、数据加密、磁盘配额等功能,则必须选择 NTFS。

(6) 格式化分区,完成文件复制,然后重新启动。

2. 搜集与该计算机有关设置阶段

系统重启后,进入图形界面下的 Windows Server 2003 安装向导。

(1) 当出现"正在安装设备"对话框时,安装程序开始检测与安装键盘、鼠标等设备。

(2) 改变区域设置。

(3) 输入姓名以及公司或单位名称。

(4) 输入产品密钥。

(5) 选择"授权模式"。

微软规定每一台连接到服务器的客户机都需要一个"客户端访问许可证"(Client Access License,CAL)。CAL 用于客户端访问文件和打印服务,但在匿名访问 Windows Server 2003 的 IIS、Telnet 和 FTP 等服务时,不需要 CAL。这张证书既可以在服务器端,也可以在客户端,因此,有下面两种模式供选择:

① 每服务器:选择"每服务器"时,必须输入允许连接到此服务器的数目,这要求用户购买相同数目的 CAL。这种模式比较适合小型网络使用。

② 每客户:选择此模式时,必须为每个客户端计算机购买一个 CAL。任何一个客户端计算机只要取得一个 CAL,它就可以访问网络上任何一台 Windows Server 2003 上的资源。这种模式比较适合于多服务器大型网络使用。

如果用户无法确定"授权模式",则选择"每服务器"模式,因为用户可以随时将"每服务器"模式转换为"每客户"模式,但注意只能进行一次转换,且这种转换是不可逆的。

(6) 输入计算机名称,设置管理员账户密码。

"计算机名"是此计算机的标识之一,必须是惟一的,也就是不可以与网络上的其他计算机相同。

安装程序将在计算机上创建一个称作"Administrator"的管理员账户,它具有计算机全部配置的管理权限。管理这台计算机的人员一般使用此 Administrator 账户。由于管理员账户在 Windows Server 2003 中的特殊性,出于对系统安全性的考虑,用户要格外重视这个账户。建议在安装完成之后,更改 Administrator 账户名(但不能删除它)并始终为该账户设置一个安全性高的密码。

在"系统管理员密码"对话框中,键入最多不超过 127 个字符的密码。为了具有最高的系统安全性,密码至少要 7 个字符,并应采用大写字母、小写字母、数字以及其他字符(例如"*"、"?"或"$")的混合形式。在"确认密码"对话框中,再次键入相同密码。

(7) 选择 Windows Server 2003 组件。

在"Windows Server 2003 组件"对话框中,可以直接单击【下一步】按钮安装默认组件,或者选择需要安装的组件。如果完成安装后,确定还需要其他组件,可以在以后添加。

(8) 设置日期和时间。

在"日期和时间设置"对话框中设置正确日期、时间和时区。

3. 安装网络组件阶段

(1) 设置网络选项。

在"网络设置"对话框中,可以选择"典型设置",让安装程序自动设置网络配置。此时 Windows Server 2003 安装程序将检查域中是否有 DHCP 服务器。如果域内有 DHCP 服务器,则该服务器会提供 IP 地址。如果域内没有 DHCP 服务器,自动专用 IP 寻址(APIPA)功能会自动为这台计算机分配一个专用保留地址。

如果希望为计算机指定静态 IP 地址及 DNS 和 WINS 的设置,可执行以下步骤:

① 在"网络设置"对话框中,单击【自定义设置】。

② 在"网络组件"对话框中,单击【Internet 协议(TCP/IP)】。

③ 在"Internet 协议(TCP/IP)属性"对话框内,单击【使用下面的 IP 地址】。

④ 在【IP 地址】和【子网掩码】内,键入适当的数字(如果需要,还可指定【默认网关】)。

⑤ 在【使用下面的 DNS 服务器地址】下,键入首选的 DNS 服务器地址和备用的 DNS 服务器地址(可选)。

⑥ 如果要使用 WINS 服务器,可单击【高级】,然后单击"高级 TCP/IP 设置"对话框的"WINS"选项卡,添加一个或多个 WINS 服务器的 IP 地址。

(2) 指定工作组名或域名。在此用户需要选择本机是属于工作组还是将本机加入到一个域中,并指定工作组名或域名。

(3) 出现"安装组件"对话框,开始安装与设置所选的组件。

(4) 在安装向导完成 Windows Server 2003 的安装后,单击【完成】重启计算机。

1.3 管理本地用户和本地组

1.3.1 本地用户

1. 用户账号的概念

所谓用户账号是对计算机使用者的标识,把计算机使用者和用户账号联系起来,让使用计算机的人用用户账号登录到计算机上,根据用户被赋予的访问权限,允许访问相应的资源。它主要包括登录所需的用户名和密码、与用户账户具有成员关系的组、用户使用的计算机和网络及访问资源的用户权限。

Windows Server 2003 网络中存在两种账户类型:域用户账户和本地用户账户。除此之外,当 Windows Server 2003 安装完毕后,还会自动建立一些内置账户。关于域用户账户将在以后章节中进行详细介绍。

2. 本地用户

本地用户是存储在当前计算机上,可使用户登录到计算机访问本地资源的用户账户。本地用户一般在独立于网络的计算机或相对较小的网络环境中使用。本地用户只能建立在 Windows Server 2003 独立服务器、Windows Server 2003 成员服务器或 Windows 2003 计算机的本地安全数据库中,而不是在域控制器(DC)中。用户可以利用本地用户账户登录此账户所在的计算机,但是只能访问此计算机内的资源,无法访问网络上其他计算机上的资源。当用户利用本地用户账户登录时,身份验证过程是在本地账号数据库 SAM 中完成的。在工作组环境中,从其他计算机登录本地计算机时,也必须使用本机的本地用户账户登录访问本地资源。

3. 内置的用户账户

Windows Server 2003 中常见的内置用户账户有两个:

(1) Administrator(系统管理员)

Administrator 账户拥有在本地计算机中最高的权限,可以利用该账户来对本地计算机进行管理,例如创建其他用户账户、创建组、实施安全策略、管理打印机以及分配用户对资源的访问权限。由于该账户的特殊性,因此该账户深受黑客及不怀好意的用户青睐,成为攻击的首选对象。出于安全性考虑,建议将该账户更名,以降低该账户的安全风险,但无法将该账户删除。

(2) Guest(来宾)

Guest 账户被用于在本地计算机中没有固定账户的用户临时访问本地计算机

时使用。该账户仅有少部分的权限,因此不能对本地计算机上的设置和资源做永久性改变。默认情况下,Guest 账户是停用的,如果需要,可以手动启用。该账户也是黑客攻击的主要对象之一,建议停用该账户。

1.3.2 创建本地用户账户

创建本地用户账户可以在任何一台除了域的 DC 以外的基于 Windows Server 2003 的计算机上进行。工作组模式是使用本地用户账户的最佳场所。

在 Windows Server 2003 上,可以依次单击【开始】→【程序】→【管理工具】→【计算机管理】→【系统工具】→【本地用户和组】来创建本地用户账户。如图 1.1 所示。

用鼠标右键单击图 1.1 中的【用户】,弹出快捷菜单,单击【新用户】,打开"新用户"对话框,如图 1.2 所示,输入该用户的相关信息,其中的"用户名"就是登录时用的账户名称,单击【创建】按钮完成账户创建。

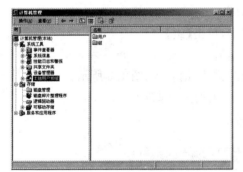

图 1.1 "计算机管理"对话框

图 1.2 "新用户"对话框

1.3.3 本地组

组是用户账号的集合。用组来组织用户是一种有效的用户管理手段。组可以像用户一样被赋予权限,组内的用户会获得组所具有的所有的权限。使用组是为简化用户对资源访问的管理,避免多次重复性操作。需要注意的是,一个用户同时可以属于多个不同的组。

本地组是本地用户账号的集合。本地组仅存在于本地,是在非域控制器的 Windows Server 2003 上创建的。本地组像本地用户一样,只存在于本地计算机的

SAM 中，只在本地计算机上起作用。

安装 Windows 2003 时，系统将自动创建一些内置的本地组，主要有：

① Administrators：组中的成员具有对计算机的完全控制权限。

② Backup Operators：组中的成员可以备份和还原计算机上的文件，而不管保护这些文件的权限如何。

③ Power Users：组中的成员可进行一般的系统管理工作，如创建用户账号、创建共享目录、维护打印机及服务的管理等，但它不能对 Administrators 和 Backup Operators 组的成员进行修改，也不能拥有文件的所有权和安装需修改注册表的软件。

④ Users：组成员可以执行多数普通任务，例如运行应用程序、使用本地和网络打印机，在计算机上创建的本地账号默认为是该组的成员。

1.3.4 创建本地组

创建本地组的具体操作步骤如下：

（1）打开"管理工具"中的"计算机管理"。

（2）在控制台树中的"本地用户和组"中，单击【组】。

（3）单击【操作】菜单，然后单击【新建组】。

（4）在弹出的对话框中，输入"组名"和"描述"信息，如图 1.3 所示。

（5）单击【添加】按钮可以将一个或多个用户添加到新组中。

（6）单击【创建】按钮完成本地组的创建。

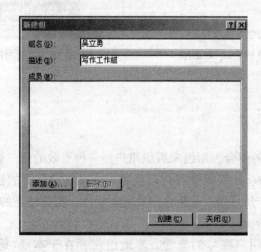

图 1.3 创建本地组

1.4 Windows Server 2003 网络基本架构简介

1.4.1 Windows Server 2003 网络基本架构概述

为了维护有效的通信和提供远程连接，企业需要建立计算机网络并对它进行管理。Windows Server 2003 服务器产品提供了多种技术和服务，利用这些技术和服务，可以更容易地安装、配置、管理和支持网络基本架构。网络基本架构包括下列元素：

① 内部网（Intranet）：内部网是将企业中的计算机连在一起使它们能够相互通信的专用网。内部网的主要功能是让企业中的用户共享信息和资源。内部网除了提供通常的文件和打印机共享服务之外，还提供与 Internet 相关的应用，例如只有企业内部才允许访问的 Web 页、文件传输、电子邮件、新闻组等。

② 因特网（Internet）：Internet 是全世界范围内网络和网关的集合，通过 TCP/IP 协议簇进行相互通信。在 Windows Server 2003 中通过配置 Internet 共享、软件路由器和 NAT 访问 Internet。

③ 外部网（Extranet）：外部网是用来简化企业与供应商、客户或其他企业之间关系的合作网络。外部网允许网络外的用户根据分配的权限级别对企业内部网的信息进行有限制的访问。Windows Server 2003 提供了利用 VPN 配置外部网的功能，并保护外部网免受未经授权的访问。

④ 远程访问：为远程办公人员、流动工作人员以及监控和管理各分企业服务器的系统管理员提供远程网络访问。通常情况下，用户连接 LAN 得到的所有可用服务（包括文件和打印机共享、Web 服务器访问以及消息传递）通过远程访问连接都可以得到。

⑤ 远程办公室：企业的一部分，与本企业在地理上处于不同的位置。可将远程办公室中的 LAN 连接到企业网络，从而创建 WAN。WAN 连接是对网络的共享远程访问连接，允许远程办公室的用户在整个企业内进行通信和共享资源。WAN 连接是持久的，也就是说，它们总是可用的，而传统的远程访问连接在使用时必须保持连接，但在不用时却断开连接。

要建立网络基本架构，就必须在网络基本架构的元素中正确地配置所有必需的网络协议、设置以及服务。

1.4.2 Windows Server 2003 网络类型

Windows Server 2003 支持"工作组"模式和"域"模式两种网络类型。其中工作组模式为分布式管理模式,适用于小型的网络;域模式为集中式管理模式,适用于较大型的网络。

1. 工作组模式的 Windows 网络

工作组由一群以网络连接在一起的计算机组成,如图 1.4 所示,这些计算机可以将各自的资源(例如文件与打印机等)共享给他人使用。工作组网络也被称为"对等式"的网络,因为网络上每台计算机都处于平等的地位,它们的资源与管理分散在网络内的各个计算机上。

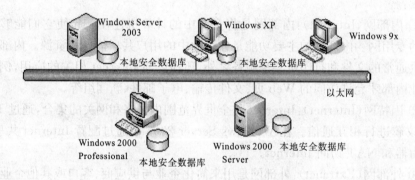

图 1.4 工作组模式的 Windows 网络

工作组模式的 Windows 网络具备以下特性:

① 网络上的每台计算机都有自己的本地安全数据库(除了 Windows 95、98 外),如果用户要访问每台计算机内的资源,则必须在每台计算机的本地安全数据库内建立该用户的账户,因此,当用户账户的信息更改时,必须到每台计算机上对相应的账户信息进行更新,比较繁琐。

② 构成工作组网络的计算机操作系统可以是 Windows Server 2003 各个版本、Windows 2000 Server 各版本、Windows NT Workstation、Windows 9x 等各种 Windows 操作系统或非 Windows 操作系统(例如 Netware、Linux、UNIX 等)。

③ 工作组模式的网络适合计算机数量较少的网络(例如少于 10 台计算机)。

2. 域模式的 Windows Server 2003 网络

与工作组不同的是,域内所有的计算机共享一个集中式的目录数据库,它包括整个域内的所有用户账户与安全的数据。在 Windows 2003 网络中采用的是活动目录(AD),则目录数据库就是 AD 数据库。AD 数据库存储在"域控制器"内,能成为域控制器的计算机操作系统必须是 Windows Server 2003，但是不包括 Windows Server 2003 Web 版，Windows 9x 也不行。域模式的 Windows Server 2003 网络结构如图 1.5 所示。

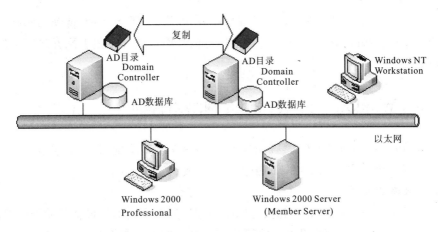

图 1.5　域模式的 Windows Server 2003 网络

一个网络内可以有多个域，并且可以将这些域设置成域目录树或森林。在域中可以将承担不同任务的计算机分成不同的类型。

（1）域控制器（DC）

域控制器是一台运行 AD 目录服务的 Windows Server 2003 计算机，它存储 AD 的目录数据库。域控制器的作用是存储和维护目录数据，管理用户登录进程，验证用户的登录信息，负责目录中信息的查找，并负责将更改的目录信息复制到同一个域的其他域控制器中。

一个域内可以有多台域控制器，每台域控制器的地位都是平等的。当在任何一台域控制器内添加一个用户账户后，该账户的信息就被添加到这台域控制器的 AD 目录数据库中，随后会自动被复制到同一个域的其他域控制器的 AD 目录数据库。多台域控制器还具有容错和改善用户登录效率的功能。

（2）成员服务器

一个域内任何一台没有被安装成域控制器的计算机就是这个域内的一台成员服务器。当然，成员服务器内没有 AD 目录的数据，因此它没有审核"域"的用户账户名称与密码等功能；但是，它的内部有一个本地安全数据库，可以用来审核"本地"用户而非"域"用户的身份。

（3）独立服务器

如果一台 Windows Server 2003 计算机没有加入域，则被称为"独立服务器"。

同样，独立服务器也没有 AD 目录数据，而只有一个本地安全数据库。

在 Windows Server 2003 环境下，可以将独立服务器或成员服务器升级为域控制器，也可以将域控制器降级为独立服务器或成员服务器。

（4）其他计算机

域中还可以有 Windows 2003 Web、Windows NT Server 或 Windows NT Workstation、Windows 9x 等计算机，用户可以利用这些计算机上网并访问网络上的资源。

1.4.3　Windows Server 2003 网络组件简介

Windows Server 2003 计算机的协议栈由网络接口适配器、一个或多个协议模型、一个或多个客户端以及可选的服务集合组成。

1. 网络适配器

Windows Server 2003 计算机的网络适配器通常由网卡和设备驱动程序组成。计算机需要使用设备驱动程序才能和网卡进行通信。网络适配器实现 OSI/RM 中的物理层和数据链路层功能。例如，网络适配器硬件负责执行数据链路层协议的 MAC 机制，以及负责为网络媒质上的通信产生正确的信号。需要注意的是，网络适配器不一定就是网卡。可以使用调制解调器或其他广域网通信设备从远程位置连接网络，此时 WAN 设备本身就作为网络适配器使用，并且在功能上可与网卡相互交换。

一台具有单个网络适配器的计算机，就能处理运行在该计算机上的多种协议模块的数据通信。各种协议产生的数据包在单一的网络媒质上组合并传送。

一台计算机也可能有多个网络适配器，分别连接到不同的网络。最常见的配置是，计算机有一个连接到 LAN 的网卡以及一个连接到 Internet 或其他远程网络的 WAN 连接设备。当然，一台计算机也可能安装多个网卡，使它能够作为路由器在两个网络之间传递数据。计算机有两个或两个以上的网络适配器时，可以分别对它们进行配置，以处理不同协议产生的通信。

2. 通信协议

通信协议是用户使用的计算机与其他计算机进行通信的语言，它规定了计算机之间传送数据的规则，并定义了计算机之间互相沟通的方法。Windows Server 2003 支持的常用协议及其基本功能如下：

（1）NetBEUI 协议

为在小型 LAN 工作组中使用而设计的非路由协议。虽然 NetBEUI 协议在网络之间不可路由，但是 NetBEUI 协议比任何其他并不需要充分利用路由到其他网络的小型网络的 TDI(兼容传输协议)要快得多。

(2) NWLink IPX/SPX/NetBIOS 兼容传输协议(NWLink)

NWLink IPX/SPX/NetBIOS 兼容传输协议(NWLink)是 Novell 的 IPX/SPX 和 NetBIOS 协议的实现。Windows 2003 客户可以使用 NWLink 访问在 Novell NetWare 服务器上运行的客户和服务器应用程序。NetWare 客户可以使用 NWLink 访问在 Windows 2003 服务器上运行的客户和服务器应用程序。有了 NWLink 后，运行 Windows 2003 的计算机可以与其他使用 IPX/SPX 的网络设备 (例如打印机)进行通信。也可以在只使用 Windows 2003 和其他微软客户软件的 小型网络中使用 NWLink。

(3) Internet 协议(TCP/IP)

TCP/IP 即传输控制协议/网际协议，它是为广域网设计的一套工业标准协议，能为用户提供跨越多种互联网络的通信。Windows 2003 TCP/IP 允许用户与任何运行 TCP/IP 的机器一起连接到 Internet，并且提供 TCP/IP 服务。TCP/IP 很灵活且可以用于几乎任何需要传输协议的环境，Windows Server 2003 中使用的是 V6 版本，这能大大降低 IP 部署的麻烦，提高效率。

3. 客户类型

客户组件可以提供对计算机和连接到网络上的文件的访问。Windows 2003 中提供了两种客户类型：

① Microsoft 网络客户端：此客户组件为计算机提供基本的 Windows 网络文件和打印服务。

② NetWare 网关和客户端服务：允许其他 Windows Server 2003 计算机不用运行 NetWare 客户端软件就可以访问 NetWare 服务器。

4. 服务

在 Windows 中，服务是一个在计算机上持续运行的，等待满足特定功能请求的程序。例如，在运行 Windows DNS 服务器的 Windows Server 2003 计算机上，DNS 服务器程序就是作为一个服务来运行的，它随着计算机的启动而启动，并随时准备响应 DNS 客户端的服务请求。在 Windows Server 2003 中，特别是服务器版，包含了很多提供网络功能的服务。默认情况下，包含以下基本网络功能的服务：

① 服务器(Server)：使计算机能够与网络上的其他系统共享文件和打印机。

② 工作站(Workstation)：使计算机上运行的应用程序能够访问其他网络系统上的资源。

③ 信使(Messenger)：使管理员和应用程序能够发送和接收消息。

④ 计算机浏览器(Computer Browser)：负责编译并维护网络上的资源列表。

⑤ 网络登录(Net Logon)：使计算机能够在网络上定位域控制器并登录到域。

Windows 2003 还包括许多可选服务，可以选择与操作系统一起安装这些服务，也可以选择以后安装。可选服务有：

① 动态主机配置协议(DHCP)：一种服务和协议的组合，可以使运行 Windows Server 2003 的计算机能够为网络上的 TCP/IP 客户自动分配 IP 地址和其他配置参数。

② 域名系统(DNS)：一种分布式 Internet 服务，使网络上的计算机能够将主机名解析为 TCP/IP 通信所需的 IP 地址。

③ Windows Internet 名称服务(WINS)：一个 NetBIOS 名称服务程序，是一个基于 LAN 的服务，使计算机能够将 NetBIOS 名称解析为 TCP/IP 通信所需的 IP 地址。

④ Microsoft 证书服务：允许创建和管理证书颁发机构(CA)。CA 用于发布数字证书，数字证书作为电子凭证，用来证明个人、企业和计算机的网上身份。

⑤ 路由和远程访问服务(RRAS)：使运行 Windows Server 2003 的计算机能够充当多种通信角色，包括 LAN 路由器、远程访问服务器、虚拟专用网(VPN)服务器以及网络地址转换(NAT)服务器。

⑥ Internet 信息服务(IIS)：使 Windows Server 2003 计算机可以作为 Web、FTP 或新闻组服务器运行。

1.4.4　安装 Windows Server 2003 网络组件

在 Windows Server 2003 计算机上安装网卡时，或者在 Windows Server 2003 操作系统安装过程中检测到网卡时，系统就会安装基本的默认协议栈配置，包括网络适配器的设备驱动程序、Microsoft 网络客户端、TCP/IP 组件以及 Microsoft 网络的"文件和打印机共享"服务。

如果要配置网络组件或者安装其他组件，用鼠标右键单击"网络和拨号连接"窗口中特定连接的图标，在弹出菜单里选择【属性】，打开此连接的"属性"对话框，如图 1.6 所示。

"属性"对话框在【连接时使用】框中显示安装的网络适配器，并在【此连接使用下列选定的组件】框中显示计算机上已安装的网络组件列表。可以使用【安装】和【卸载】按钮来添加或删除网络客户、协议和服务。选中一个组件并单击【属性】，可以打开该组件的"属性"对话框，在这个对话框中可以配置该组件的属性。组件"属性"对话框中的内容随选择的组件而变化。

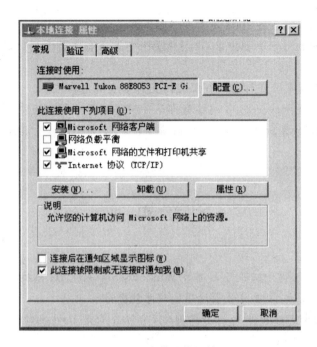

图 1.6　安装网络组件

本 章 小 结

Windows Server 2003 是微软服务器旗舰产品，它提供了企业需要的高性能和高安全性。本章首先介绍了 Windows Server 2003 的各个版本及性能特性，然后详细讲述了 Windows Server 2003 安装前的准备和安装步骤，而后讲述了本地用户和本地组的管理，最后对 Windows Server 2003 网络基本架构进行了简单的介绍。本章的重点是 Windows Server 2003 的安装、本地用户和本地组的管理。在实际应用中，用户与组的管理是很频繁的工作，也是重点工作，熟练掌握用户与组的管理，将能明显地提高你的工作效率。

复习思考题

1. Windows Server 2003 包括哪些版本？各版本的主要特点是什么？各适用

于什么场合？

2. Windows Server 2003 有哪些特性？

3. 安装 Windows Server 2003 时需要做哪些准备工作？安装时应注意哪些问题？

4. 什么是本地用户和组？有哪些内置的本地用户和组？

5. Windows Server 2003 网络有哪两种网络类型？各自的特点是什么？

6. 在 Windows Server 2003 中，网络组件包含哪些内容？其中基本的网络服务有哪些？

本 章 实 训

为某公司的网络中心服务器部署 Windows Server 2003 系统，具体要求如下：

1. 部署完成后，管理员必须使用密码才能登陆。

2. 创建两个本地用户和一个本地组，名称分别是 bird、wyc、sweet，并将 bird 和 wyc 加入 sweet 组。

3. 创建一个普通的用户 xw，赋予它管理员权限。

4. 配置已经部署好的 Windows Server 2003 网络，使其可以实现顺利上网或者让其他的用户可以 Ping 通。

第 2 章 Windows Server 2003 文件系统管理

学习目标

本章主要讲述 Windows Server 2003 的文件系统类型、文件和文件夹的 NTFS 权限、文件的压缩与加密、共享文件夹和分布式文件系统(DFS)等内容。通过本章的学习,应达到如下学习目标:

● 理解并掌握 Windows Server 2003 所支持的文件系统类型及其转换。
● 理解文件和文件夹的 NTFS 权限概念,学会 NTFS 权限的设置。
● 掌握文件和文件夹的压缩与加密操作。
● 学会共享文件夹的创建与管理。
● 理解分布式文件系统(DFS)的相关概念,学会 DFS 的创建与应用。

导入案例

现要求你为某公司的生产部、计划部、销售部三个部门设置一个共享文件夹树状结构,具体要求如下:

(1) 在服务器上设置一个共享文件夹,并把它的共享名指定为"共享信息"。

(2) 在"共享信息"文件夹中设置一个"生产信息"文件夹,确保公司中的每一个员工都能读取这个文件夹中的内容,但不能在这个文件夹中进行任何修改。"生产部"组中的成员能够完全管理这个"生产信息"文件夹。

(3) 在"共享信息"文件夹中设置一个"计划信息"文件夹,确保公司中的每一个员工都能读取这个文件夹中的内容,但不能在这个文件夹中进行任何修改。"生产部"组中的成员能够在该文件夹中写入内容以更新生产完成情况。"计划部"组中的成员能够完全管理这个"计划信息"文件夹。

(4) 在"共享信息"文件夹中设置一个"销售信息"文件夹,确保公司中的每一个员工都能读取这个文件夹中的内容,但不能在这个文件夹中进行任何修改。"销售部"组中的成员能够完全管理这个"销售信息"文件夹。

要实现上述目标,首先应确保服务器磁盘文件系统为 NTFS 格式,其次要会设置共享文件夹和利用 NTFS 权限控制访问共享文件夹的用户。通过本章的学习,我们可以轻松地解决上述案例中提到的问题。

2.1 Windows Server 2003 支持的文件系统及其转换

文件系统就是操作系统命名、存储以及组织文件结构时所遵循的文件操作方式。Windows Server 2003 支持的文件系统包括 FAT 文件系统和 NTFS 文件系统。

2.1.1 FAT 文件系统

FAT(File Allocation Table,文件分配表)文件系统包括 FAT16 和 FAT32 两种文件系统。

1. FAT16 文件系统

FAT16 文件系统(也称为 FAT 文件系统)最初用于小型磁盘和简单文件结构的简单文件系统。FAT 文件系统得名于它的组织方法:放置在分区起始位置的文件分配表。为了保护分区,文件系统使用了两份复制品,即使损坏了一份也能确保正常工作。另外,为确保正确装卸启动系统所必须的文件,文件分配表和根文件夹必须存放在固定的位置。

采用 FAT 文件系统格式化的分区以簇的形式进行磁盘分配。默认的簇大小由分区的大小决定。对于 FAT 文件系统,簇的数目必须可以用 16 位的二进制数字表示,并且是 2 的乘方。

FAT 文件系统最大可以管理 2 GB 的分区,每个分区最多只能有 65525 个簇,可以运行 Windows 95、Windows for Workgroups、MS-DOS、OS/2 或 Windows 95 以前版本的操作系统。

2. FAT32 文件系统

FAT32 文件系统提供了比 FAT16 文件系统更为先进的文件管理特性,例如,支持超过 32 GB 的分区,通过使用更小的簇来更有效率地使用磁盘空间。作为 FAT 文件系统的增强版本,FAT32 可以在容量从 512 MB 到 2 TB 的驱动器上使用。

在以前的操作系统中,只有 Windows 2000、Windows 98 和 Windows 95 OEM Release 2 版能够访问 FAT32 分区。MS-DOS、Windows 3.1 及较早的版本、Windows for Workgroups、Windows NT 4.0 及更早的版本都不能识别 FAT32 分区，同时也不能从 FAT32 上启动它们。

对于大于 32 GB 的分区，建议使用 NTFS 而不用 FAT32 文件系统。

2.1.2 NTFS 文件系统

Windows Server 2003 推荐使用的 NTFS 文件系统提供了 FAT 和 FAT32 文件系统所没有的安全性、可靠性和兼容性。其设计目标就是用来在很大的硬盘上能够很快地执行诸如读、写和搜索这样的标准文件操作，甚至包括像文件系统恢复这样的高级操作。

NTFS 文件系统包括了公司环境中文件服务器和高端个人计算机所需的安全特性。NTFS 文件系统还支持对于关键数据完整性十分重要的数据访问控制和私有权限。除了可以赋予 Windows 2003 计算机中的共享文件夹特定权限外，NTFS 文件和文件夹无论共享与否都可以赋予权限。NTFS 是 Windows 2003 中惟一允许为单个文件指定权限的文件系统。然而，当用户从 NTFS 分区移动或复制文件到 FAT 分区时，NTFS 文件系统权限和其他特有属性将会丢失。

像 FAT 文件系统一样，NTFS 文件系统使用簇作为磁盘分配的基本单元。在 NTFS 文件系统中，默认的簇大小取决于分区的大小。

另外需要说明的是，从 Windows 2000 起使用的 NTFS 的版本是 5.0，而早期的 Windows NT 4.0 使用的是 NTFS 4.0 版本。

2.1.3 不同文件系统的转换

采用 convert.exe 命令将 FAT 或 FAT32 文件系统的分区或卷转换为 NTFS，可以保证文件不会丢失，这与重新格式化不同，格式化将会删除掉分区或卷上的所有数据。

运行 convert.exe 的语法为：

CONVERT volume /FS:NTFS [/V]

其中参数的含义如下：

① volume：指定驱动器（后跟一个冒号）、装入点或卷名。

② /FS:NTFS：指定要将卷转换成 NTFS。

③ /V：指定转换必须在详细模式中进行。

例如，要想对 D 盘进行文件系统转换，可以按照以下步骤操作：

(1) 依次单击【开始】→【运行】。

(2) 在弹出的对话框中键入"cmd"并按【Enter】键,打开"命令提示符"窗口。

(3) 键入命令"CONVERT D:/FS:NTFS"并按【Enter】键,然后再输入当前的卷标,系统将完成转换。

如果要将一个没有文件的 FAT 或 FAT32 的分区(卷)转化成 NTFS,或者是不想继续保留原来 FAT 或 FAT32 分区(卷)上的文件,建议使用 NTFS 重新格式化该分区(卷),而不是转换 FAT 或 FAT32 文件系统,因为使用 NTFS 格式化的分区与从 FAT 或 FAT32 转换来的分区相比,磁盘碎片较少,性能更快。

注意,从 FAT 或 FAT32 转换到 NTFS 的过程是单向的,也就是说可以在不丢失磁盘上的数据的情况下进行这种转换,但是如果要将一个 NTFS 分区或卷转换成 FAT 或 FAT32,惟一的办法就是重新格式化,所以在分区或卷从 NTFS 转换到 FAT 或 FAT32 过程中,数据将全部丢失。

2.2 文件与文件夹的 NTFS 权限

NTFS 权限是基于 NTFS 分区实现的,可以极大地提高系统的安全性,使得只有授权的用户才能访问特定的资源。NTFS 权限不仅在用户访问本地计算机硬盘上的资源时起作用,而且在用户通过网络来访问资源时同样起作用。

NTFS 权限是面向资源分配的,而不是面向用户分配的。也就是说,可以对某一文件进行设置,允许或拒绝某用户访问这个文件;但不能对一个用户进行设置,使得这个用户可以访问某文件。

NTFS 分区上的每一个文件和文件夹都有一个列表,被称为 ACL(Access Control List,访问控制列表),该列表记录着所有被分配了访问权限的用户、组和计算机的名称以及它们被分配的权限的类型。如果一个用户想访问一个文件或文件夹,那么相应的 ACL 中必须包含一个记录,这个记录称为 ACE(Access Control Entry,访问控制项),其中明确地记录着访问者对这个文件或文件夹的访问权限。如果 ACL 中没有相应的 ACE 存在,那么系统将会拒绝该用户对资源的访问。

2.2.1 NTFS 权限类型

NTFS 权限分为标准 NTFS 权限和特别 NTFS 权限两大类。

1. 标准 NTFS 权限

标准 NTFS 权限是将一些常用的系统权限选项比较笼统地组成 6 种"套餐型"

的权限，即完全控制、修改、读取和运行、列出文件夹目录、读取、写入。标准 NTFS 权限及其意义见表 2.1。

表 2.1 标准 NTFS 权限及其意义

标准权限的类型	对文件夹的意义	对文件的意义
读取（Read）	用户可以查看文件夹中的文件和子文件夹；查看该文件夹的属性、所有者和权限分配情况	用户可以阅读文件；查看该文件的属性、所有者和权限分配情况
写入（Write）	允许用户在该文件夹中建立新的文件和子文件夹；可以改变文件夹的属性；查看文件夹的所有者和权限分配情况	用户可以改写该文件；改变文件的属性；查看该文件的所有者和权限分配情况
列出文件夹目录（List Folder Contents）	允许用户查看该文件夹中的文件和子文件夹的名称	无效
读取和运行（Read & Execute）	用户拥有读取和列出文件夹目录的权限，也允许用户在资源中进行移动和遍历，这使得用户能够直接访问子文件夹和文件	运行应用程序并具有"读取"权限
修改（Modify）	允许用户修改或删除该文件夹，同时让用户拥有写入、读取和运行的权限	用户可以修改、重写入或删除任何现有文件，查看还有哪些用户在该文件上有权限
完全控制（Full Control）	允许用户对文件夹、子文件夹、文件进行全权控制	允许用户执行上述的所有权限，包括两个附加的高级属性

需要注意的是，在 Windows Server 2003 中，默认的根目录文件夹的 NTFS 权限有所变化，并不由 Everyone 组完全控制，其权限比 Windows 2000 中的权限要小。这样的变化提高了 NTFS 文件系统默认的安全性。

2. 特别 NTFS 权限

在大多数的情况下，标准 NTFS 权限是可以满足管理需要的，但对于权限管理要求严格的环境，它往往就不能令管理员们满意了，如只想赋予某用户有建立文件夹的权限,却没有建立文件的权限;只能删除当前目录中的文件,却不能删除当前目录中的子目录的权限等,这时就可以让"特别 NTFS 权限"来大显身手了。特别 NTFS 权限不再使用"套餐型",而是可以允许用户进行"菜单型"的细化权限管理选择。

特别 NTFS 权限包含了在各种情况下对资源的访问权限,其规定约束了用户访问资源的所有行为。通常情况下,用户的访问行为都是几个特定的特别 NTFS 权限的组合或集合。事实上,标准 NTFS 权限也是特别 NTFS 权限的特定组合。特别 NTFS 权限及其意义见表 2.2。

表 2.2 特别 NTFS 权限及其意义

特别权限的类型	意 义
遍历文件夹/运行文件	"遍历文件夹"可以让用户即使在无权访问某个文件夹的情况下,仍然可以切换到该文件夹内。该权限只适用于文件夹,而不适用于文件。只有当在"组策略"中将"跳过遍历检查"项授予了特定的用户或用户组时,该项权限才会生效。默认情况下,包括 Administrator、Users、Everyone 等在内的组都可以使用该权限。对于文件来说,拥有"运行文件"权限后,用户可以执行该程序文件。但是,如果仅为文件夹设置了这项权限,并不会让用户对文件夹中的文件带上"执行"的权限。
列出文件夹/读取数据	"列出文件夹"让用户可以查看该文件夹内的文件名称与子文件夹的名称,该权限只适用于文件夹。"读取数据"让用户可以查看文件内的数据,该权限只适用于文件。
读取属性	让用户可以查看文件夹或文件的属性,如系统、只读、隐藏等属性。
读取扩展属性	让用户可以查看文件夹或文件的扩展属性。扩展属性由应用程序自行定义并可以被应用程序修改,不同的应用程序可能有不同的设置。
创建文件/写入数据	"创建文件"让用户可以在文件夹内创建新文件。该权限只适用于文件夹。 "写入数据"让用户能够更改文件内的数据。该权限只适用于文件。

续表 2.2

特别权限的类型	意　义
创建文件夹/附加数据	"创建文件夹"让用户可以在文件夹内创建子文件夹。该权限只适用于文件夹。 "附加数据"让用户可以在文件的后面添加数据，但是无法更改、删除、覆盖原有的数据。该权限只适用于文件。
写入属性	让用户可以更改文件夹或文件的属性，如只读、隐藏等属性。
写入扩展属性	让用户可以更改文件夹或文件的扩展属性。扩展属性是由应用程序自行定义的。
删除子文件夹及文件	让用户可以删除该文件夹内的子文件夹或文件，即使用户对这个子文件夹或文件没有"删除"的权限，也可以将其删除。
删除	让用户可以删除当前文件夹或文件（注意，如用户对该文件夹或文件没有"删除"的权限，但是只要对其父文件夹具有"删除子文件夹及文件"的权限，还是可以删除该文件夹或文件）。
读取权限	让用户可以读取文件夹或文件的权限设置。
更改权限	让用户可以更改文件夹或文件的权限设置。
取得所有权	让用户可以夺取文件夹或文件的所有权，一旦获取了所有权，用户就可以对文件或文件夹进行全权控制。

特别 NTFS 权限和标准 NTFS 权限之间的关系见表 2.3。

表 2.3　特别 NTFS 权限和标准 NTFS 权限的关系

标准NTFS权限 特别NTFS权限	完全控制	修改	读取及运行	读取	写入	列出文件夹目录
遍历文件夹/运行文件	√	√	√			√
列出文件夹/读取数据	√	√	√	√		√
读取属性	√	√	√	√		√
读取扩展属性	√	√	√	√		√
创建文件/写入数据	√	√			√	

续表 2.3

特别NTFS权限 \ 标准NTFS权限	完全控制	修改	读取及运行	读取	写入	列出文件夹目录
创建文件夹/附加数据	√	√			√	
写入属性	√	√			√	
写入扩展属性	√	√			√	
删除子文件夹及文件	√					
删除	√	√				
读取权限	√	√	√	√		√
更改权限	√					
取得所有权	√					

注：打"√"者为两者有相应关系。

需要说明的是，"更改权限"和"取得所有权"在管理用户对文件夹或文件的访问时特别有用。

(1) 更改权限

如果一个用户对某个文件夹或文件有"更改权限"的权限，那么这个用户就有权利更改此文件夹或文件的权限设置。换句话说，如果想更改一个文件夹或文件的权限设置，就必须拥有"更改权限"的权限，除了具有"取得所有权"外。

(2) 取得所有权

当一个文件夹或文件被建立之后，它的建立者就是它的所有者。但是所有者并不是固定不变的。如果一个用户对某个文件夹或文件有"取得所有权"的权限，那么这个用户就有能力取得此文件夹或文件的所有权并成为该文件夹或文件的所有者。无论一个文件夹或文件对某个用户有多么严格的访问权限设置，一旦这个用户取得了该文件夹或文件的所有权后，即使他没有"更改权限"的权限，也可以更改权限设置。如果想取得一个文件夹或文件的所有权，就必须拥有"取得所有权"的权限。

Administrators 组的成员拥有取得任何文件夹或文件所有权的权力。例如，一个职员被调出了公司，他在离开公司之前将他自己建立的一个文件夹的权限设置成除了他自己以外，任何人都无法访问。在这种情况下，包括管理员在内的任何人都不能对这个文件夹进行更名或删除等操作，甚至没有人可以打开这个文件夹。但是因为管理员有取得任何文件夹所有权的权力，所以他可以先取得这个文件夹的所有权，然后再更改它的权限使得这个文件夹可以被访问。

2.2.2 NTFS 权限的使用规则

1. 多重 NTFS 权限

一个用户可能属于多个组,这些组对同一个文件夹或文件具有不同的权限的时候,这个用户就拥有了多重 NTFS 权限。此时,用户对该文件夹或文件的有效权限遵循下列原则:

(1) 权限累计原则

用户对该资源的最终有效权限是在这些组中最宽松的权限,即累加权限,将所有的权限累加在一起即为该用户的权限。例如,用户 A 对文件夹 A 中的文件权限是"读取";用户 A 又属于组 B,组 B 对文件夹 A 中的文件权限是"写入",根据权限累计原则,用户 A 对文件夹 A 中的文件的有效权限是"读取"和"写入"的累加。

(2) 文件权限超越文件夹权限原则

当用户或组对某个文件夹以及该文件夹下的文件有不同的访问权限时,用户对文件的最终权限是用户被赋予访问该文件的权限。例如,用户 A 既属于 A 组,又属于 B 组,A 组对某个文件夹具有"修改"权限,B 组对该文件夹下的 File.doc 文件有"读取"权限,在没有继承父文件夹权限前提下,根据此原则,用户对该文件的最终权限为"读取"而非"修改"。

(3) 拒绝权限超越所有其他权限原则

当用户对某个资源有拒绝权限时,该权限覆盖其他任何权限,即在访问该资源时只有拒绝权限是有效的。当有拒绝权限时,权限累计原则无效。因此对于拒绝权限的授予应该慎重。例如,用户 A 同时属于组 A 和组 B,用户 A 本身对 FILE1 有"完全控制"的权限,组 A 对 FILE1 有"写入"权限,组 B 对 FILE1 有"拒绝写入"权限,那么根据此原则,用户 A 对 FILE1 的有效权限是"拒绝写入"。

(4) 权限最小化原则

仅给用户真正需要的权限。权限的最小化原则是安全的重要保障。在实际的权限赋予操作中,我们必须为资源明确赋予允许或拒绝操作的权限,限制用户从不能访问或不必要访问的资源得到有效的权限。例如,系统中新建的受限用户 C 在默认状态下对文件夹 myftp 是没有任何权限的,现在需要为这个用户赋予对文件夹 myftp 有"读取"的权限,那么根据此原则,必须在文件夹 myftp 的权限列表中为用户 C 添加"读取"权限。

2. NTFS 权限的继承

默认情况下,一个文件夹的权限会被它所包含的文件和子文件夹继承,并且会传播给在此文件夹中新建立的文件夹或文件。当然,我们也可以阻止这种继承,使用户对文件和子文件夹的访问权限与父文件夹不同。

如果阻止了一个子文件夹继承父文件夹的权限,那么这个子文件夹将变成一个新的父文件夹。也就是说,在这种情况下,这个新的父文件夹中的文件和子文件夹将继承新的父文件夹的权限,而原来的父文件夹的权限设置将不会影响新父文件夹中的文件和子文件夹。在断开继承链的时候,可以选择取消来自于父文件夹的权限,也可以复制一份父文件夹的权限。

权限的继承实际上是将父文件夹的权限自动复制到每个子文件夹和文件的 ACL 中,所以对父文件夹权限的修改,会导致自动对所有子文件夹和文件中继承的权限进行修改。因此,如果子文件夹和文件的数量较多,权限修改会持续较长的时间。另外,对于一个文件夹或文件,继承自父文件夹的权限不能在当前文件夹中修改,只能在定义这个权限的父文件夹中修改。

3. 复制和移动文件夹或文件时权限的变化

当一个文件夹或文件被复制或移动时,它们的权限会根据被复制或移动的位置而发生改变。具体的变化如下:

① 在同一个 NTFS 分区内或不同的 NTFS 分区之间复制文件夹或文件,复制的文件夹或文件将继承目标文件夹的权限。

② 在同一个 NTFS 分区内移动文件夹或文件,此文件夹或文件将保留它原来的权限。

③ 在不同的 NTFS 分区之间移动文件夹或文件,此文件夹或文件将继承目标文件夹的权限。

④ 把文件夹或文件从 NTFS 分区复制或移动到 FAT 或 FAT32 分区上,此文件夹或文件将丢失所有 NTFS 权限,因为 FAT 分区不支持 NTFS 权限。

需要注意的是,要想进行文件夹或文件的复制工作,必须拥有对源文件夹的"读取"权限和对目标文件夹的"写入"权限;要想进行移动工作,必须拥有对源文件夹的"修改"权限和对目标文件夹的"写入"权限。

2.2.3 NTFS 权限的设置

只有管理员(Administrator)、具有"完全控制"权限的用户和文件夹或文件的所有者才能改变此文件夹或文件的 NTFS 权限。

1. 设置标准 NTFS 权限

具体操作如下:

(1)用鼠标右键单击要设置权限的文件夹或文件,单击属性,选择"安全"选项卡,如图 2.1 所示。

(2)可以通过单击【添加】按钮来添加新的用户或组的权限。在图 2.1 中单击

【添加】按钮,弹出"选择用户或组"对话框,如图 2.2 所示,在【输入对象名称来选择】框中输入新的用户名或组名,然后单击【确定】按钮完成添加。还可以通过单击【高级】按钮,在弹出的对话框中单击【立即查找】按钮搜索用户名或组名完成添加。

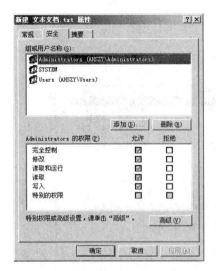

图 2.1　文件(夹)属性的"安全"选项卡

图 2.2　"选择用户或组"对话框

(3) 可以通过单击图 2.1 中的【删除】按钮来删除用户或组。先在"名称"窗口中选择用户或组,然后单击【删除】按钮。需要注意的是,如果当前文件夹或文件和父文件夹之间的继承关系没有阻断,那么将不能删除用户或组,必须取消继承关系后才能进行删除工作。

(4) 若要修改现有的组或用户的权限,先在"名称"窗口中选择用户或组,然后在"权限"窗口中设置相应的权限。

2. 设置权限的继承关系

具体操作如下:

(1) 用鼠标右键单击要设置权限的文件夹或文件,单击属性,选择"安全"选项卡,如图 2.1 所示。

(2) 单击【高级】按钮,弹出如图 2.3 所示的对话框。如果权限窗口中的【允许父项的继承权限传播到该对象和所有的子对象,包括那些在此明确定义的项目】复选框是选中的,说明它已经继承了父文件夹的权限。若不想继承父文件夹的权限,请将该复选框选中清除。清除时将弹出一个对话框,其中包含三个说明:

【复制】:将父文件夹继承过来的权限复制给当前文件夹或文件。当父文件夹的权限发生改变时,不再会影响到此文件夹或文件。

【删除】:将父文件夹继承过来的权限全部删除掉。当然父文件夹权限变动不会影响此文件夹或文件。

【取消】:取消当前操作。

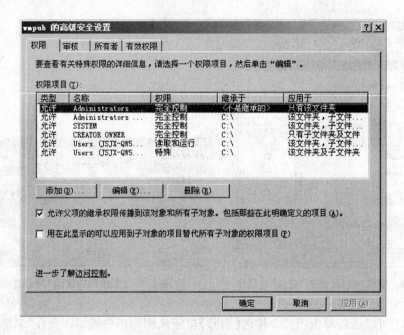

图 2.3　权限的继承

3. 设置特别 NTFS 权限

具体操作如下:

(1) 用鼠标右键单击要设置权限的文件夹或文件,单击【属性】,选择"安全"选项卡,如图 2.1 所示。

(2) 单击【高级】按钮,出现"高级安全设置"对话框,其中列出了所有"允许"和"拒绝"的权限设置。在列表中单击要编辑特别权限的用户或组,然后单击【编辑】按钮,将打开选定对象的权限项目对话框,如图 2.4 所示。

(3) 通过选择"允许"栏和"拒绝"栏中的复选框来进行文件夹或文件的特别权限配置。此外,还可以单击【更改】按钮来更改当前的用户或组。在【应用到】下拉列表中,可以限定当前权限设置的作用范围。

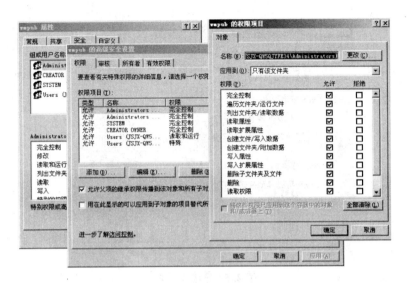

图 2.4 特别权限的设置

2.3 文件的压缩与加密

2.3.1 文件、文件夹的压缩与解压缩

在 Windows Server 2003 中，可以对 NTFS 磁盘分区上的文件、文件夹进行压缩，以充分利用磁盘空间。

设置文件夹压缩属性的过程是：用鼠标右键单击要设置的文件夹，选择【属性】→【常规】→【高级】→【压缩内容以便节省磁盘空间】，可将该文件夹标记为"压缩"文件夹，如图 2.5 所示。压缩之后，在该文件夹内所添加的文件、子文件夹以及子文件夹内的文件都会被自动压缩；也可以选择将已经存在于该文件夹内的现有文件、子文件夹以及子文件夹内的文件压缩，或者保留原有的状态。对文件夹的压缩实际上是为了更加方便地对文件进行压缩。

不论文件夹是否已压缩，都可以单独压缩文件，其压缩过程与文件夹相似。

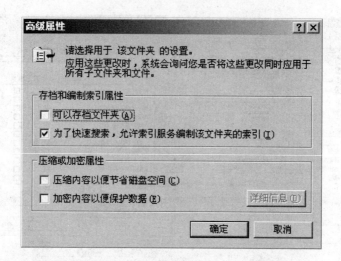

图 2.5 压缩文件夹

当用户或应用程序要读取压缩文件时,系统会将文件由磁盘内读出、自动解压缩后供用户或应用程序使用;而当用户或应用程序要将文件写入磁盘时,文件会被自动压缩后再写入磁盘内,这些操作都是自动的,无需干预。

文件、文件夹的压缩还可以在"命令提示符"环境下,利用 COMPACT.EXE 程序实现,该命令的参数设置可以用命令"COMPACT/?"查看,根据需要选择使用。

需要注意的是,磁盘空间的计算不考虑文件压缩的因素。

可以让被压缩的磁盘、文件夹和文件以不同的颜色来显示,设置的方法是:单击桌面图标"我的电脑"或打开"Windows 资源管理器"→单击【工具】菜单→【文件夹选项】→【查看】→复选【用彩色显示加密或压缩的 NTFS 文件】。

2.3.2 文件复制和移动对压缩属性的影响

对 NTFS 分区的文件来说,当其被复制或移动时,其压缩属性的变化依下列情况而不同:

(1) 文件由一个文件夹复制到另外一个文件夹时,由于文件的复制要产生新文件,因此,新文件的压缩属性继承目标文件夹的压缩属性。

(2) 文件由一个文件夹移动到另外一个文件夹时,分两种情况:

① 如果移动是在同一个分区中进行的,则文件的压缩属性不变。因为在 Windows 2003 中,同一磁盘中文件的移动只是指针的改变,并没有真正的移动。

② 如果是移动到另一个分区的某个文件夹中,则该文件将继承目标文件夹的

压缩属性。因为移动到另一个分区,实际上是在那个分区上产生一个新文件。

另外,如果将文件从 NTFS 分区移动或复制到 FAT 或 FAT32 分区内或者是软盘上,则该文件会被解压缩。

文件夹的移动或复制原理与文件相同。

2.3.3 文件与文件夹的加密与解密

Windows Server 2003 提供的文件加密功能是通过加密文件系统(EFS)实现的。文件、文件夹加密之后,只有当初进行加密操作的用户能够使用,提高了文件的安全性。

要对文件或文件夹进行加密,操作过程与压缩类似,只是在【压缩或加密属性】处选择【加密内容以便保护数据】选项即可,如图 2.5 所示。加密之后,该文件夹内所添加的文件、子文件夹以及子文件夹内的文件都会被自动加密;也可以同时将之前已经存在于该文件夹内的现有文件、子文件夹以及子文件夹内的文件加密,或者保留其原有的状态。

文件、文件夹的加密还可以在"命令提示符"环境下,利用 CIPHER.EXE 程序实现,该命令的参数设置可以用命令"CIPHER/?"查看,根据需要选择使用。

文件的解密过程与解压缩一样都是由系统自动完成的,无需用户干预。

需要注意的是,已压缩的文件夹与文件是无法加密的,二者只能选其一;如果将已加密的文件复制或移动到非 NTFS 分区内,则该文件会被自动解密。

如果因为某些原因对文件加密的用户不存在了,将导致文件无法解密,此时可以使用数据恢复代理来解密数据。

2.4 共享文件夹

2.4.1 文件共享概述

为了让局域网用户之间可以方便快捷地交换文件,Windows 2003 提供了共享文件夹的功能来实现文件共享,并可以根据不同的需要规定不同的共享权限,以提高安全性。文件共享和打印共享是 Windows 操作系统最早的也是最基本的功能之一。设置共享文件夹无论是在工作组模式中还是在域模式中都是在网络中共享文件资源的惟一方法,因为文件不能被直接共享到网络中,必须通过共享文件夹发布出来。

将计算机内的文件夹设为"共享文件夹"后,用户就可以通过网络来访问该文件夹内的文件、子文件夹等数据,不过用户还必须要有适当的权限。共享文件夹只有"完全控制"、"更改"和"读取"3 种权限,与 Windows 2000 相比,最显著的改变就是默认的共享权限改成了对 Everyone 组只有"读取"权限而不是"完全控制",这样的改变提高了共享文件夹的安全等级。

可以设置用户对共享文件夹的使用权限。用户对某个共享文件夹的有效权限是其所有权限来源的总和,但是只要其中有一个权限被设为拒绝访问,则用户最后的有效权限将是无法访问此资源。例如,既对用户 A 授予了"读取"权限,又对用户 A 所在的组 Manager 授予了"更改"权限,则用户 A 最后的有效权限为"更改"权限;如果又对用户 A 所在的组 Sales 设置"完全控制"为拒绝,则用户 A 最后的有效权限为"拒绝访问"。

共享文件夹权限只对通过网络来访问共享文件夹的用户有效,若用户是由本地登录来访问该文件夹时,则不受此权限的约束。

如果将共享文件夹复制到其他的分区内,则原文件夹仍然处于共享状态,但复制的目标文件夹不被共享。如果将共享文件夹移动到其他的分区内,则丢失共享属性。

如果共享文件夹位于 NTFS 分区上,那么还可以针对共享文件夹内的个别文件夹或文件设置其 NTFS 权限,当然 NTFS 权限对网络用户和本地用户均起作用。若同时设置了共享文件夹权限和 NTFS 权限,则最后的有效权限取这两种权限之中最严格的设置。例如,经过累加后,若用户 A 对共享文件夹 D:\software 的最后有效权限为"完全控制",而用户 A 对该文件夹内的 Readme.txt 文件的最后有效 NTFS 权限为"读取",则最后用户 A 对 Readme.txt 文件的有效权限为最严格的"读取"。

2.4.2 添加与管理共享文件夹

在 Windows 2003 计算机内,用户必须是 Administrators、Server Operators 或 Power Users 等内置组的成员,才有权将文件夹设置为共享文件夹。

在 Windows Server 2003 中,有多种方法把一个文件夹设置为共享文件夹。最常用的办法是在"我的电脑"或"资源管理器"中用鼠标右键单击要共享的文件夹,然后选择"共享和安全",出现如图 2.6 所示对话框,进行相应设置即可。也可以在"管理工具"的"计算机管理"中双击【共享文件夹】,用鼠标右键单击【共享】来新建共享文件夹,在此还能看到服务器上已建立的共享文件夹、用户正在使用的共享文件以及都有哪些客户连接到本机上。

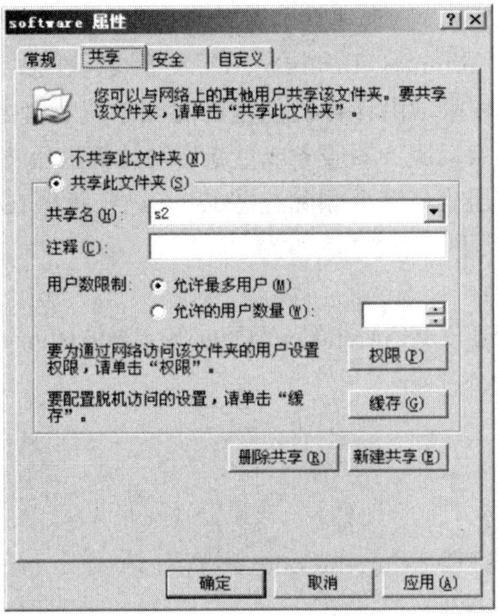

图 2.6　共享文件夹

说明：

【共享名】：默认名称与文件夹名称相同，也可以设为不同的名称。网络用户就是通过该共享名来访问文件夹的内容的。

【用户数限制】：限制一次最多可以有多少个用户能与该共享文件夹连接。Windows Server 2003 的最大连接数取决于所购买的许可证数。默认为"最多用户"。

【权限】：可以通过单击【权限】按钮来设置允许访问该文件夹的用户权限。

【缓存】：设置如何让用户在脱机时访问该共享文件夹。

【新建共享】（此按钮只有在将文件夹设置为共享完成后才会出现）：单击【新建共享】可以给一个文件夹多个共享名，并进行相关的设置。

【删除共享】（此按钮只有在将文件夹设置为多个共享名后才会出现）：用来删除多个共享名中的某个共享名，在"共享名"处选定要删除的共享名，然后单击【删除共享】即可。

如果不想再将该文件夹设为共享，只需选定【不共享此文件夹】即可。

在某些情况下，用户可能不想让其他的访问者看到自己的共享文件夹，此时可以将共享文件夹隐藏起来。创建一个隐藏的共享文件夹只要在指定共享名称的时候在名称后面加一个"＄"符号就可以了,此时网络上的用户看不到这个共享文件夹,但仍然可以访问这个共享文件夹。

Windows Server 2003 自动建立了许多隐藏共享,用来供系统内部使用或管理系统,例如 C＄、D＄、Admin＄、Prints＄、IPC＄等,默认的共享权限是 Administrators 组有完全控制的权限。由计算机创建的隐藏系统管理共享可以被删除,但它们在用户停止并重新启动服务器服务或重新启动计算机后将由计算机重新创建出来。可以通过修改注册表来完全删除这些共享(这些键值在默认情况下在主机上是不存在的,需要自己手动添加)。

对于服务器而言:

Key:HKLM\SYSTEM\CurrentControlSet\Services\lanmanserver\parameters

Name:AutoShareServer

Type:DWORD

Value:0

对于工作站而言:

Key:HKLM\SYSTEM\CurrentControlSet\Services\lanmanserver\parameters

Name:AutoShareWks

Type:DWORD

Value:0

修改注册表后需要重启服务器服务或重新启动机器。

注意,尽管系统管理共享会存在安全隐患,但删除这些系统管理共享会影响服务器服务需要,同时还会给依赖这些共享的管理员和程序或服务带来不便。

2.4.3 从网络上访问共享文件夹

共享文件夹设置好后,网络上的用户可以通过以下方法访问共享文件夹。

1. 通过"网上邻居"访问共享文件夹

在桌面上双击"网上邻居",打开"网上邻居"对话框,在其中双击资源所在的域或工作组或邻近的计算机。在域或工作组或邻近的计算机中找到共享文件夹所在的计算机,双击该计算机即可看到共享文件夹。

2. 通过"映射网络驱动器"访问共享文件夹

如果某个共享文件夹经常需要访问,则可以利用"映射网络驱动器"将共享文件夹作为网络用户本地计算机的一个驱动器。用户需要访问该共享文件夹时,只需双击"我的电脑"中的网络驱动器即可。对于用户而言,就像访问本地计算机上的驱动器一样,但其实质仍然是通过链接到网络上的共享文件夹来访问,映射网络驱动器就好像是给该共享文件夹在用户的本地计算机上创建了一个快捷方式。

创建映射网络驱动器操作如下：

(1) 用鼠标右键单击"我的电脑"，选择"映射网络驱动器"。

(2) 在对话框的【驱动器】下拉菜单中选中一个字符作为该网络驱动器的盘符(Z:~A:)。在【文件夹】编辑框中可以直接输入网络驱动器的 UNC 路径，UNC 路径形如"\servername\sharename"，其中"servername"是提供共享的计算机名，"sharename"为文件夹的共享名。也可以单击【浏览】按钮，在"浏览文件夹"对话框中定位到共享文件夹即可。

(3) 如果每次登录时都要映射网络驱动器，则选中【登录时重新连接】复选框。

映射完成后，打开"我的电脑"，就会看到多了一个网络驱动器，通过该驱动器就可以像使用本地磁盘一样直接访问该共享文件夹，而不用通过"网上邻居"一层一层地展开来寻找共享文件夹。

3. 通过使用"运行"命令

如果知道共享文件夹的 UNC 路径，则可以利用"运行"命令直接访问该共享文件夹。此种方式更多的是用在隐藏共享文件夹的访问上。

2.5 分布式文件系统

分布式文件系统(DFS)是一种服务，通过 DFS，可以使分布在多个服务器上的文件如同位于网络上的同一个位置一样显示在用户面前，用户在访问文件时不再需要知道和指定文件的实际物理位置，这样就使用户访问和管理那些物理上跨网络分布的文件更加容易。

2.5.1 DFS 概述

网络资源可能分散在网络中的任何一台计算机上，用户为了能够访问到这些共享文件夹，必须知道这些共享文件夹的网络路径(UNC 路径)，并且当要访问多个相关的共享文件夹时，必须在"网上邻居"或"网络驱动器"之间切换。假设某公司的财务部门有三个数据库文件，分别设置在三个文件服务器的共享文件夹中，当用户需要访问这三个文件时，就要频繁地使用"网上邻居"在三个服务器上寻找共享文件夹。这三个共享文件夹虽然在内容上是相关的，但在放置的位置上却是相互独立的，这就造成了用户在访问网络资源的时候操作过于繁琐。这种情况在小规模的网络中并不明显,但是在大型的网络中,尤其是在服务器数量众多的时候,让每一个用户都记住所要访问的文件所在的服务器等相关信息是十分困难的,也是不现实的。

为了避免这种情况,自 Windows 2000 开始引入了 DFS,使得用户无需知道文件夹具体在哪台计算机上也可访问。DFS 将多个相关的共享文件夹集成到一个树状结构中供用户访问,使得用户可以像访问本地硬盘中的文件夹一样访问网络中的共享文件夹,这个树状结构就组成了 DFS。用户在访问分散在网络中的资源时,并不去各个服务器上寻找共享文件夹,而是访问放置在一台服务器上的 DFS"树根"文件夹。用户打开这个"树根"文件夹时,就会看见其下的子文件夹,再通过双击选择所需要的子文件夹即可访问共享资源。这里的子文件夹其实就是分布在网络中其他服务器上的共享文件夹,用户在访问这些子文件夹的时候,其访问行为被 DFS 自动地重新定向到网络中相应服务器上的共享文件夹上,在此过程中,用户本身并不知道(也无需知道)究竟这些文件夹放置在什么具体位置。使用了 DFS 之后,用户只需知道 DFS 的"树根"文件夹的位置在哪台服务器上就可以了。对于用户而言,他们看到的 DFS"树根"文件夹和其下的子文件夹在表现形式上与普通的共享文件夹没有任何区别。

DFS 同时还提供容错和负载均衡的功能。如果共享文件夹在网络中有多个相同的副本(多个内容相同的共享文件夹放置在不同的服务器上),当其中一个副本因意外而停止共享时(如放置该文件夹的服务器宕机),则当用户访问该文件夹的时候,DFS 可以自动将其他副本提供给用户使用,从而达到容错的功能。另外,DFS 还会在多个副本之间自动选择一个以响应用户的请求,降低服务器的工作强度。而这一切均不需要用户参与操作,完全由 DFS 自动完成。

由 DFS 形成的共享文件夹树状结构与硬盘中的文件夹一样有根目录,被称之为 DFS 根,也称 DFS 根目录(即 DFS"树根"文件夹)。DFS 根是整个 DFS 树状拓扑结构的起点,在"网上邻居"中显示的时候本身就是一个共享文件夹,其下包含指向在其他服务器上的共享文件夹的 DFS 链接,这些链接在显示的时候就表现为 DFS 根文件夹的子文件夹。DFS 根文件夹就是用户惟一所需要知道的共享文件夹,在访问分布在网络中的资源时都是从这个文件夹开始的。

DFS 根目录包括两种类型:独立 DFS 根和域 DFS 根。

(1) 独立 DFS 根:它将 DFS 的设置存储在某台计算机内,而不是在活动目录(AD)内。独立 DFS 根不支持容错和负载均衡功能。

(2) 域 DFS 根:域 DFS 根存在于域中的域控制器(DC)或成员服务器上,并被发布到 AD 中。其拓扑结构存储在 AD 中,并可以在域中有副本。因此域 DFS 根可以提供容错和负载均衡。

2.5.2 通过 DFS 链接共享资源

当设置好 DFS 之后,就可以像访问其他共享文件夹一样访问该 DFS 根文件夹及其下的子文件夹,同时这些 DFS 链接所指向的共享文件夹的权限也仍然独立地起作用。可以通过"网上邻居"或使用浏览器来访问 DFS 根文件夹。

用户第一次通过 DFS 根访问其下链接所指向的共享文件夹时,DFS 会自动解析这些共享文件夹的 UNC 路径并将用户链接到这些共享文件夹上。用户通过 DFS 根访问过某些共享文件夹之后,DFS 会自动存储(缓存)这些网络路径在用户的计算机上,当用户下次再访问这些共享文件夹时,将直接链接到相应的共享文件夹上,以提高访问速度和减轻服务器的负载。

2.5.3 创建 DFS 根

创建 DFS 根的时候要考虑 DFS 根的类型,还要选择 DFS 根所存在的域并在众多服务器中选择一个服务器作为 DFS 根的驻留服务器,最后指定 DFS 根目录共享并赋予该 DFS 根一个名称(必须是惟一的)。

创建 DFS 根的操作如下:
(1) 在"管理工具"中双击"分布式文件系统",出现"分布式文件系统"对话框。
(2) 在【操作】菜单上,单击【新建根目录】,出现"新建根目录向导"对话框,直接单击【下一步】。
(3) 选择"域根目录"或者"独立的根目录"。如图 2.7 所示选择域根目录,然后单击【下一步】。

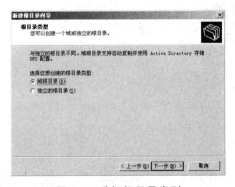

图 2.7 选择根目录类型

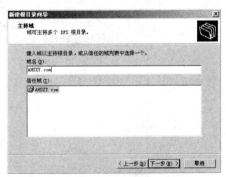

图 2.8 选择主持域

（4）出现如图 2.8 所示的"主持域"设置对话框，在此对话框中选择要存放 DFS 根目录的域，单击【下一步】。

（5）出现如图 2.9 所示的"主服务器"设置对话框，在【服务器名】下输入宿主 DFS 根目录服务器的完整 DFS 名，单击【下一步】。

（6）出现如图 2.10 所示的"根目录名称"设置对话框，根目录名称可以任意定义，建议使用共享文件夹的名称，单击【下一步】。

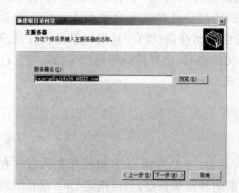 

图 2.9　选择主服务器　　　　　图 2.10　输入根目录名称

（7）在出现的"根目录共享"设置对话框中，如果已经创建了一个作为根目录的共享文件夹，则单击【浏览】按钮，在列表中选择共享文件夹名。也可以选择【新建文件夹】选项，创建并共享该文件夹作为根目录。单击【下一步】，出现总结对话框，单击【完成】结束设置，出现如图 2.11 所示的 DFS 管理控制台。

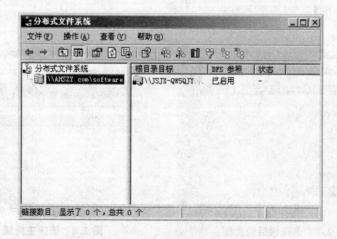

图 2.11　DFS 管理控制台

2.5.4 新建 DFS 链接

DFS 链接又叫 DFS 子节点。下面通过一个实例介绍如何建立 DFS 子节点。建立 DFS 子节点"Images",并将其映射到两个地方,一个是\Computer1\images,另一个是\Computer2\images。由于映射到两个地方,因此具备容错的功能。

下面是将"Images"映射到共享文件夹\Computer1\images 的步骤:

(1) 在图 2.11 所示的 DFS 根目录"\ahszy.com\Software"上用鼠标右键单击,选择【新建 DFS 链接】。

(2) 在出现的对话框中输入链接名称、目标路径,或单击【浏览】从可用共享文件夹列表中选择。完成后单击【确定】按钮,即可将该文件夹添加到 DFS 中。

下面是将"Images"映射到另一个共享文件夹\Computer2\images 的步骤:

(1) 在上面建立的链接"Images"上用鼠标右键单击,选择【配置复制】。

(2) 在打开的"配置复制向导"对话框中,单击【下一步】按钮。在出现的对话框中,设置初始主机\Computer2\images。单击【下一步】按钮,在打开的对话框中选择复制拓扑。单击【完成】按钮,结束配置复制。在配置复制的过程中,要注意以下几个问题:

① 自动复制只适用于 NTFS 格式,其他类型的文件,如 FAT 文件,必须手动复制。

② DFS 使用文件复制服务(FRS,File Replication Service)来保持副本的自动同步,所以配置复制的服务器都要确保安装有 FRS 并设置为自动启动。

③ 要保证客户机与服务器能够正确解析 DFS 所在域的域名。

本 章 小 结

文件系统管理是 Windows 操作系统应用中的一项重要内容,共享网络中的各种资源,可以大大提高网络办公效率,通过控制不同的用户对共享资源的访问权限来加强网络安全管理。

本章首先介绍了 Windows Server 2003 的文件系统类型及其转换方法,然后详细分析了文件与文件夹的 NTFS 权限类型和使用规则,并介绍了 NTFS 权限设置的详细步骤,而后介绍了如何通过加密、压缩文件和文件夹来加强其安全性和提高磁盘效率,最后介绍了共享文件夹的创建和访问方法以及如何创建和使用 DFS

来访问网络上的共享资源。与 FAT 文件系统相比,NTFS 文件系统支持大硬盘、安全性和可靠性得到全面提升,因此强烈建议在专用服务器上使用 Windows Server 2003 的 NTFS 文件系统。

复习思考题

1. Windows Server 2003 支持哪些文件系统？NTFS 与 FAT 相比,有哪些优点？
2. NTFS 权限有哪两种类型？标准类型包括哪些内容？
3. NTFS 权限使用的规则有哪些？
4. 对在 NTFS 分区上共享的文件和文件夹,最好的安全措施是什么？
5. 一个用户对一个文件夹具有写入权限,他同时是 engineering 组的成员,该组对该文件夹具有读取权限。那么这个用户对该文件夹具有什么权限？
6. 怎样创建隐藏共享？
7. 什么样的共享是在驱动器的根上自动创建的？
8. 文件加密后,在使用的时候需要解密吗？为什么？
9. 怎样限制某个用户使用服务器上的磁盘空间？
10. 什么是分布式文件系统？
11. 怎样创建、添加 DFS 根目录？

本 章 实 训

实训一 设置 NTFS 权限

设置 NTFS 文件和文件夹的基本权限。例如,一个名为 test 的文件夹,设置两个不同的用户 user1 和 user2,user1 对 test 具有完全控制权,而 user2 只有读取权限。

实训二 文件夹的共享设置

1. 在本地磁盘某驱动器(需是 NTFS 格式)上新建一个文件夹,将该文件夹命名为"myfile"，并将其设为共享文件夹，且guest用户可以完全控制。

2. 在局域网中的某台计算机上将该共享文件夹映射为该计算机的X驱动器。

实训三　加密、压缩文件和文件夹

加密和压缩一个文件和文件夹，并用彩色显示加密或压缩的NTFS文件设置。

实训四　创建和使用分布式文件系统

要求会创建DFS根目录，创建DFS链接，筛选DFS链接，检查DFS根目录或链接的状态和删除DFS根目录、DFS链接。

第 3 章　Windows Server 2003 磁盘管理

学习目标

本章主要讲述 Windows Server 2003 的磁盘类型、在基本磁盘上建立分区、在动态磁盘上建立卷、使用"磁盘管理工具"进行磁盘管理和磁盘配额、使用 Diskpart 命令管理磁盘等内容。通过本章的学习，应达到如下学习目标：

- 理解并掌握 Windows Server 2003 的磁盘类型。
- 熟练掌握在基本磁盘上创建主分区、扩展分区和逻辑分区的方法。
- 掌握在动态磁盘上创建各种类型的卷。
- 学会使用"磁盘管理工具"进行磁盘管理和磁盘配额。
- 了解 Diskpart 命令及其功能，并学会使用 Diskpart 中的常用命令来管理磁盘。

导入案例

某公司为了实施办公自动化系统，现购置了一台带有 6 块 30 GB 的 SCSI 磁盘的专用服务器。公司老总要求信息中心管理人员确保办公系统应用软件和数据库系统中的数据安全可靠，除了公司办公室人员可以不受限制使用服务器上的磁盘空间外，其他科室办公人员最多只能使用服务器上 100 MB 磁盘空间。假如你是信息中心的管理员，你要怎样进行磁盘管理才能满足老总的要求？

要实现上述目标：首先选取一块磁盘作为基本磁盘，将基本磁盘划分为一个 10 GB 的主分区安装 Windows Server 2003 系统和一个 20 GB 的扩展分区，再在扩展分区上创建逻辑盘；其次，将剩下的 5 块磁盘作动态磁盘创建 RAID-5 卷来存储办公系统应用软件和数据库系统中的数据；最后利用磁盘配额对用户使用动态盘上的空间进行限额管理。通过本章的学习，我们利用有关磁盘管理知识可以顺利地解决公司老总提出的问题。

3.1　Windows 2003 中的磁盘类型

Windows 2003 支持两种磁盘类型：基本磁盘和动态磁盘。

安装 Windows 2003 时，用户的硬盘自动初始化为基本磁盘。安装完成后，用户可使用升级向导将它们转换为动态磁盘。可在同一个计算机系统上使用基本磁盘和动态磁盘，但同一个物理硬盘（不管这个硬盘被划分成多少个区）只能被全部划分为基本磁盘或是动态磁盘。

3.1.1　基本磁盘

基本磁盘是长期以来一直使用的磁盘类型（只是在 Windows 2000 以后的系统中称为基本磁盘），是以前旧版操作系统 DOS、Windows 9x/NT 等都支持和使用的磁盘类型，也是 Windows 2003 默认的磁盘类型。

在 Windows 2003 内，任何一台新安装的硬盘会被设置为基本磁盘，而在使用之前，需要将一台物理硬盘进行分区，否则将不能使用。基本磁盘上可以包含主磁盘分区和扩展分区，而在扩展分区中又可以划分出一个或多个逻辑分区。通过这样的方式来组织磁盘资源。

1. 主磁盘分区

用来启动操作系统的分区，即系统的引导文件存放的分区。计算机自检时，会自动在物理硬盘上按设定找到一个被激活的主磁盘分区，并在这个分区中寻找启动操作系统的引导文件。

对于"主启动记录（MBR）"基本磁盘，最多可以创建四个主磁盘分区，或最多三个主磁盘分区加上一个扩展分区。这样就可以互不干扰地安装多套不同类型的操作系统（例如 Windows 2003、UNIX、Red hat Linux 9.0 等），并将它们分别安装到不同的主磁盘分区内，计算机启动时，它会按照用户的设置从这 4 个主磁盘分区中选择一个来启动。主磁盘分区被划分好之后会被赋予一个盘符，通常情况下是"C："。

对于"GUID 分区表（GPT）"基本磁盘（一种基于 Itanium 计算机的可扩展固件接口 EPI 使用的磁盘分区架构），最多可创建 128 个主磁盘分区。由于 GPT 磁盘并不限制四个分区，因而不必创建扩展分区或逻辑驱动器。

2. 扩展分区

一种分区类型，只可以在基本的主启动记录（MBR）磁盘上创建。扩展分区不能用来启动操作系统,也就是说在计算机启动时,计算机并不会直接到扩展磁盘分区内读取启动操作系统的数据。每一块硬盘上只能有一个扩展分区,即通常情况下将除了主磁盘分区以外的所有磁盘空间划分为扩展分区。扩展分区在划分好之后不能直接使用,不能被赋予盘符,必须要在扩展分区中划分逻辑分区才可以使用。逻辑分区是在扩展分区之内进行磁盘容量的划分的,一个扩展分区可以被划分为一个或多个逻辑分区。每个逻辑分区都被赋予一个盘符,即平时看到的 D:、E:、F:……

另外,Windows 2003 还定义了两个与磁盘分区有关的名词:

(1) Boot Partition(引导磁盘分区):用来存储 Windows 2003 操作系统文件的磁盘分区就是 Boot Partition。操作系统文件一般放在 WINNT 文件夹内,该文件夹所在的磁盘分区就是 Boot Partition。

(2) System Partition(系统磁盘分区):该分区内存储了一些用来启动操作系统的文件,例如 boot.ini、ntdetect.com、ntldr 等文件。Windows 2003 就是利用这些文件所提供的功能,到 Boot Partition 分区内读取其他所有启动 Windows 2003 需要的文件的。如图 3.1 所示。

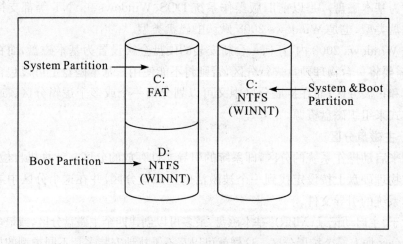

图 3.1 System Partition 和 Boot Partition 示意图

3.1.2 动态磁盘

动态磁盘是在 Windows 2000 中开始引入的一种磁盘管理方式。利用动态磁盘可以实现很多基本磁盘不能或不容易实现的功能。例如,在动态磁盘中可以设置简单卷、跨区卷、带区卷、镜像卷、RAID-5 卷等多种类型的卷。需要说明的是,微软在动态磁盘上不再使用分区的概念,而是使用卷来描述动态磁盘上的每一个空间划分。与分区相同的是,卷也有一个盘符,并且在使用之前也要经过格式化,但不能通过 MS-DOS、Windows 9x 来访问。

可以将一个基本磁盘升级为动态磁盘,这需要在规划硬盘时必须至少留 1 MB 未分配的磁盘空间。

1. 动态磁盘的优点

动态磁盘具有以下优点:

① 每个硬盘上可以创建的卷的数量不受限制。

② 可以动态调整卷。不像在基本磁盘中添加、删除分区之后都必须重新启动操作系统,动态磁盘的扩展、建立、删除、调整均不需重新启动计算机即可生效。

③ 卷可以包含在硬盘上任何可用的不连续空间。

④ 卷的配置信息存储在硬盘上,而不是在注册表或其他无法被正确更新的地方。而且这个信息可以在卷之间互相复制,因此提高了容错能力。

2. 动态磁盘中卷的类型

动态磁盘中卷的类型共有 5 种,这些卷又可以分为两大类:一类是非磁盘阵列卷,包括简单卷和跨区卷;另一类是磁盘阵列卷,包括带区卷、镜像卷和带奇偶校验的带区卷。

(1) 简单卷(Simple Volume)

是动态磁盘中的最基本单位,它的地位与基本磁盘中的主分区相当。要求必须是建立在同一硬盘上的连续空间中,但在建立好之后可以扩展到同一磁盘中的其他非连续空间。如果跨越多个磁盘扩展简单卷,则该卷就成了跨区卷。简单卷不能容错,但可以被镜像。

(2) 跨区卷(Spanned Volume)

是指由来自多个硬盘(最少 2 个,最多 32 个)上的磁盘空间组成的一个逻辑卷。任何时候都可以通过扩展跨区卷来添加它的空间。向跨区卷中写入数据必须先将同一个跨区卷中的第一个磁盘中的空间写满,才能再向同一个跨区卷中的下一个磁盘空间中写入数据。所以一块硬盘失效只影响此硬盘上的内容,而不会影响到其他的硬盘。每块硬盘用来组成跨区卷的空间大小不必相同。跨区卷仅仅用来提高磁盘空间的利用率,并不能提高磁盘的性能。

(3) 带区卷(Striped Volume,也称 RAID-0 卷)

是指由来自多个硬盘(最少 2 个,最多 32 个)上的相同空间组成的一个逻辑卷。带区卷上的数据被交替地、均匀地(以带区形式)分配给这些磁盘。向带区卷中写入数据时,数据每 64 KB 分成一块,这些大小为 64 KB 的数据块被分散存放于组成带区卷的各个硬盘空间中。该卷具有很高的文件访问效率(读和写),但不支持容错功能,也不能被镜像或扩展。

(4) 镜像卷(Mirrored Volume,也称 RAID-1 卷)

是在两块物理磁盘上复制数据的容错卷。这两个区域内将存储完全相同的数据,当一个磁盘出现故障时,系统仍然可以使用另一个磁盘内的数据。当向一个卷做出修改(写入或删除)时,另一个卷也完成相同的操作。镜像卷有很好的容错能力,并且可读性能好,但是磁盘利用率很低(50%)。

(5) 带奇偶校验的带区卷(也称 RAID-5 卷)

该卷具有容错能力,在向 RAID-5 卷中写入数据时,系统会通过特殊的算法计算出任何一个带区校验块的存放位置。这样就可以确保任何对校验块进行的读写操作都会在所有的 RAID 磁盘中均衡,从而消除了产生瓶颈的可能。当一块硬盘中出现故障时,可以利用其他硬盘中的数据和校验信息恢复丢失的数据。RAID-5 卷的读性能很好,而写性能不太好(主要视物理硬盘的数量而定)。RAID-5 卷不对存储的数据进行备份,而是把数据和相对应的奇偶校验信息存储到组成 RAID-5 的磁盘上。创建 RAID-5 卷的要点有两个,一是来自不同硬盘的空间的大小必须相同;二是组成 RAID-5 卷最少需要 3 块硬盘,最多为 32 块硬盘。

3.2 在基本磁盘上建立分区

在基本磁盘上可以建立主分区、扩展分区和逻辑驱动器。在建立逻辑驱动器之前必须先建立扩展分区,因为逻辑驱动器是在扩展分区上建立的。

可以用 Windows 2003 中提供的"磁盘管理工具"来管理硬盘,如图 3.2 所示。可以通过以下两个途径打开"磁盘管理工具":

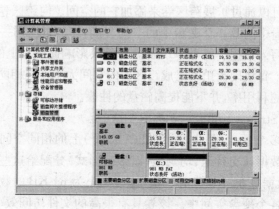

图 3.2 磁盘管理控制台

①【开始】→【所有程序】→【管理工具】→【计算机管理】→【存储】→【磁盘管理】。

② 用鼠标右键单击"我的电脑"→【管理】→【存储】→【磁盘管理】。

在 Windows 2003 中,创建主分区和扩展分区要求所操作的计算机中必须要有一块未指派的磁盘空间。为了能够顺利完成后面的实验,建议计算机中至少要有两块以上的硬盘(其中一块装有 Windows 2003 操作系统作为基本磁盘,其他几块用来做试验)。需要注意的是,如果新添加的磁盘是在关机的情况下安装的,则在计算机重新启动时,系统会自动检测到这台磁盘,并且自动更新磁盘系统的状态。对于支持"Hot Swapping(热插拔)"功能的计算机,在不停机的情况下添加新磁盘,需要用鼠标右键单击【磁盘管理】,在弹出的菜单中选择"重新扫描磁盘"来更新磁盘状态。

3.2.1 创建主分区

一块基本磁盘内最多可有 4 个主分区。创建主分区的步骤如下:
(1) 启动【磁盘管理】。
(2) 选取一块未指派的磁盘空间。
(3) 用鼠标右键单击该空间→【新建磁盘分区】,出现"欢迎使用新建磁盘分区向导"。
(4) 单击【下一步】按钮,出现如图 3.3 所示的"选择分区类型"对话框,选择【主磁盘分区】选项。

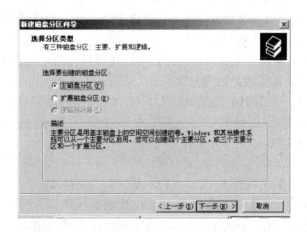

图 3.3　选择分区类型

(5) 单击【下一步】按钮，出现"指定分区大小"对话框，输入该主磁盘分区的容量。

(6) 单击【下一步】按钮，出现如图 3.4 所示"指派驱动器号和路径"对话框，选择一个驱动器号。

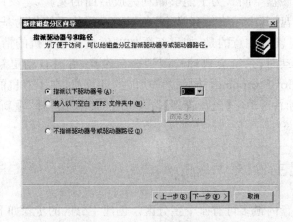

图 3.4　指派驱动器号和路径

说明：

①【指派以下驱动器号】：用来代表该磁盘分区，例如 E：、F：。

②【装入以下空白 NTFS 文件夹中】：将磁盘映射到一个 NTFS 空文件夹。例如，利用 C:\Software 来代表该磁盘分区，则以后所有指定要存储到 C:\Software 的文件，都会被存储到该磁盘分区内，而不是 C 盘的 Software 文件夹中。注意，该文件夹必须为空，并且该文件夹必须是位于 NTFS 卷内。这个功能适用于 26 个磁盘驱动器号（A：到 Z：）不够用的情况。

③【不指派驱动器号或驱动器路径】：可以在事后再指定磁盘驱动器代号或者利用一个空文件夹来代表此磁盘分区。

(7) 单击【下一步】按钮，出现如图 3.5 所示"格式化分区"对话框，选择要格式化的文件系统类型（可以是 FAT、FAT32 或 NTFS）、分配单位大小、卷标、是否执行快速格式化、是否启动文件和文件夹压缩。

说明：

①【文件系统】：可选择 FAT、FAT32 或 NTFS 文件系统。

②【分配单位大小】：分配单位是磁盘操作的最小单位。例如，如果分配单位为 10 KB，则当要存储一个大小为 8 KB 的文件时，因为分配单位为 10 KB，因此系统会一次就分配 10 KB 的磁盘空间，但是该文件只会用到 8 KB，多余的 2 KB 将会被浪费。但是如果缩小分配单位为 1 KB，则因为系统必须连续分配 8 次才能够完

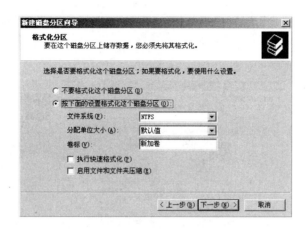

图 3.5　格式化分区

成,故将影响到系统的效率。除非有特殊的需求,否则此处一般选用默认值,系统会根据该分区的大小自动设置适当的分配单位大小。

③【卷标】:为该磁盘分区设置一个名称。默认为"新加卷"。

④【执行快速格式化】:选择此选项时,系统会重新创建 FAT、FAT32 或 NTFS 格式,但不去检查是否有坏扇区,同时磁盘内原有文件并不会真正地被删除,利用特殊的磁盘工具程序可将其恢复。

⑤【启动文件和文件夹压缩】:选择此项,则将该磁盘分区设为"压缩磁盘",以后添加到该磁盘分区内的文件及文件夹都会被自动压缩。

(8) 单击【下一步】按钮,出现"正在完成新建磁盘分区向导"对话框,单击【完成】,系统开始格式化该分区。

3.2.2　创建扩展分区

可以在基本磁盘中还没有使用(未指派)的空间中创建扩展磁盘分区,但是在一块基本磁盘中只可以创建一个扩展磁盘分区。创建好扩展磁盘分区后,就可以将该扩展磁盘分区分成一段或数段,每一段就是一个逻辑磁盘驱动器。在指派磁盘驱动器号给逻辑磁盘驱动器后,该逻辑磁盘驱动器就可供存储数据。创建扩展分区的步骤如下:

(1) 启动【磁盘管理】。

(2) 选取一块未指派的空间。

(3) 用鼠标右键单击该空间→【新建磁盘分区】,出现"欢迎使用新建磁盘分区向导"。

(4) 单击【下一步】按钮,出现如图 3.6 所示"选择分区类型"对话框,选择【扩展磁盘分区】。

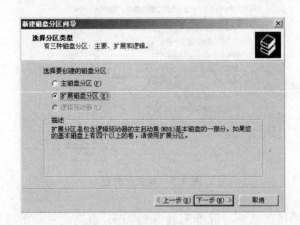

图 3.6 选择扩展磁盘分区

(5) 单击【下一步】按钮,出现"指定分区大小"对话框,输入该扩展分区的容量。

(6) 单击【下一步】按钮,出现"正在完成新建磁盘分区向导"对话框,单击【完成】按钮,该未指派空间变为可用空间。

3.2.3 创建逻辑驱动器

创建逻辑驱动器的步骤如下:

(1) 用鼠标右键单击扩展磁盘分区,在弹出菜单中选择【创建逻辑驱动器】,出现"欢迎使用新建磁盘分区向导"对话框。

(2) 单击【下一步】按钮,出现如图 3.7 所示"选择分区类型"对话框,选择【逻辑驱动器】。

(3) 单击【下一步】按钮,出现"指定分区大小"对话框,输入该逻辑驱动器的容量。

(4) 单击【下一步】按钮,出现"指派驱动器号和路径"对话框,指定一个驱动器代号。

(5) 单击【下一步】按钮,出现"格式化分区"对话框,设置适当的格式化选项值。

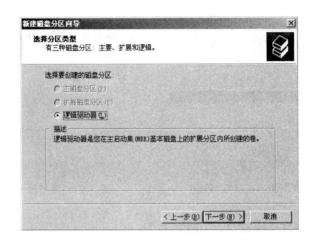

图 3.7　选择逻辑驱动器分区

（6）单击【下一步】按钮,出现"正在完成新建磁盘分区向导"对话框,单击【完成】按钮,系统开始格式化该逻辑驱动器,格式化结束后新建逻辑分区完成。

3.3　在动态磁盘上建立卷

3.3.1　从基本磁盘升级到动态磁盘

动态磁盘支持多种特殊的动态卷,它们有的可以提高访问效率,有的可以提供容错功能,有的可以扩大磁盘的使用空间。正是基于动态磁盘的这些优点,所以当安装好 Windows 2003 之后,可以将原有磁盘上的基本磁盘转化为动态磁盘。在基本磁盘升级到动态磁盘的过程中,磁盘上的数据不会丢失。需要注意的是,从基本磁盘转换为动态磁盘要求至少有 1 MB 的未分配空间,从动态磁盘转换为基本磁盘的操作会导致磁盘上的数据丢失。

将基本磁盘升级为动态磁盘的步骤如下:
（1）关闭所有正在运行的应用程序,启动【磁盘管理】。
（2）用鼠标右键单击要升级的基本磁盘（如磁盘 1 或磁盘 2,注意从基本磁盘转换为动态磁盘只能转换整个硬盘,而不能转换某个分区或驱动器）→【转换到动态磁盘】,出现"转换为动态磁盘"对话框,如图 3.8 所示。

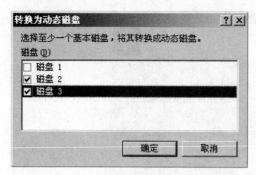 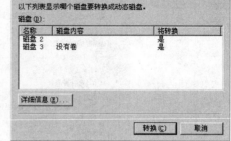

图 3.8 "转换为动态磁盘"对话框　　　　图 3.9 "要转换的磁盘"对话框

(3) 选择一个或多个磁盘,单击【确定】按钮。

① 如果要转换的磁盘上没有安装操作系统,则系统开始转换磁盘。完成操作后,在【磁盘管理】中可以看到磁盘的类型变为"动态"。

② 如果要转换的磁盘上有操作系统,将出现"要转换的磁盘"对话框,如图 3.9 所示,列表中列出了待转换磁盘的情况。单击【转换】按钮,出现如图 3.10 所示系统提示框。单击【是】确认,出现如图 3.11 所示"转换磁盘"提示框。单击【是】,出现"确认"提示框,提示"要完成转换过程,需要重新启动",单击【确认】,系统重启并完成转换。完成操作后,在【磁盘管理】中可以看到磁盘的类型变为"动态"。

图 3.10 "磁盘管理"提示框　　　　图 3.11 "转换磁盘"提示框

假设要转换的磁盘在转换之前就已经创建了磁盘分区,如果其为主磁盘分区或扩展磁盘分区,则它们会被转换为"简单卷";如果其为镜像集、带区集、带奇偶校验的带区集、卷集等由 Windows NT 4.0 升级过来的卷,则会被自动转换为对应的动态卷。

3.3.2 简单卷

创建简单卷的步骤如下:
(1) 启动【磁盘管理】。
(2) 用鼠标右键单击一块动态磁盘内的未指派空间→【新建卷】,出现"欢迎使用新建卷向导"对话框。

（3）单击【下一步】按钮，出现如图 3.12 所示的"选择卷类型"对话框，选择【简单】选项。

（4）单击【下一步】按钮，出现如图 3.13 所示的"选择磁盘"对话框，输入该简单卷的容量，或者可以在此选择在另外一台磁盘内创建简单卷。

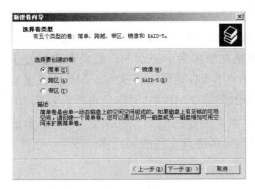
图 3.12　"选择卷类型"对话框

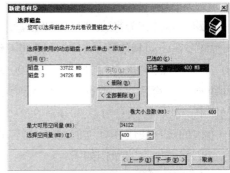
图 3.13　"选择磁盘"对话框

（5）单击【下一步】按钮，出现"指派驱动器号和路径"对话框，选择一个驱动器号来代表该简单卷。

（6）单击【下一步】按钮，出现"卷区格式化"对话框，进行文件系统、卷标等设置。

（7）单击【下一步】按钮，出现"正在完成新建卷向导"对话框，单击【完成】，系统开始格式化该简单卷。完成后如图 3.14 所示。

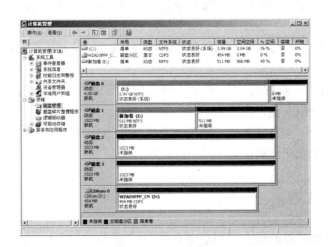
图 3.14　简单卷(E:)创建完成后

可以扩展 NTFS 格式的简单卷(FAT/FAT32 格式不能被扩展)，也就是将其他的未指派空间合并到简单卷内，以便扩大其容量，但这些未指派空间局限于本磁盘上，如果选用了其他磁盘上的空间，则扩展后就变成了跨区卷。简单卷可以成为镜像卷、带区卷或 RAID-5 卷的成员之一，但被扩展为跨区卷后，则丢失此功能。

3.3.3 跨区卷

跨区卷是将分散在多个物理磁盘上的未指派空间组合到一个逻辑卷中，对用户而言，在访问和使用的时候是感觉不到是在使用多个磁盘的。假设在磁盘 0 上有 300 MB 的空间，在磁盘 1 上有 100 MB 的空间，则可以将这 400 MB 的磁盘空间组成一个跨区卷。数据将先写入到该卷的前 300 MB 中，写满后再写入到后 100 MB 中。利用跨区卷可以将分散在多个磁盘上的小的磁盘空间组合在一起，形成一个大的统一使用和管理的卷，从而有效地提高磁盘空间的利用率。

创建跨区卷的操作如下：

（1）启动【磁盘管理】。

（2）用鼠标右键单击一块动态磁盘的未指派空间→【新建卷】，出现"新建卷向导"对话框。

（3）单击【下一步】按钮，出现如图 3.12 所示的"选择卷类型"对话框，选择【跨区】选项。

（4）单击【下一步】按钮，出现如图 3.13 所示的"选择磁盘"对话框，因为跨区卷要求两块或两块以上的磁盘，因此在【所有可用的动态磁盘】列表中选择另一个磁盘，单击【添加】按钮将其加入到【选定的动态磁盘】列表，然后输入来自不同磁盘的空间的大小。

（5）单击【下一步】按钮，出现"指派驱动器号和路径"对话框，选择一个驱动器号来代表跨区卷。

（6）单击【下一步】按钮，出现"卷区格式化"对话框，为跨区卷指定文件系统格式以及是否进行格式化。

（7）单击【下一步】按钮，出现"正在完成新建卷向导"对话框，单击【完成】，系统开始创建与格式化该跨区卷。

3.3.4 带区卷

带区卷与跨区卷的最大区别是来自不同磁盘的空间大小必须相同，而且数据写入是以 64 KB 为单位平均写入每个磁盘内的，读取的时候也一样，数据从多块磁盘中同时读取出来，因此其读写性能是最好的。但它不支持容错功能，其成员当中任何一个磁盘出现故障时，整个带区内的数据将跟着丢失。而且带区卷一旦被创建好后，就无法再被扩展。带区卷的功能类似于磁盘阵列 RAID-0 标准（条带化存储，存取速度快，但不具有容错能力）。

创建带区卷的操作与创建跨区卷的操作相似，需要注意的是不同磁盘参与带区卷的空间大小必须一样，并且最大值不能超过参与该卷的未指派空间的最小容量。最后生成的带区卷是参与该卷的未指派空间的总和。

3.3.5 镜像卷

镜像卷是一种具有容错功能的卷，组成该卷的空间必须来自于不同的磁盘。数据在写入的时候被同时写入到这两个磁盘中，当一块磁盘出现故障时，可以由另一块磁盘提供数据。镜像卷的容错性能非常好，读性能较好，但这种卷的磁盘利用率很低，仅 50%。其功能类似于磁盘阵列 RAID-1 标准。与跨区卷、带区卷不同的是，它可以包含系统卷和启动卷。

镜像卷的创建有两种形式，可以用一个简单卷与另一磁盘中的未指派空间组合，也可以用两个未指派的可用空间组合。

在两个未指派的可用空间上创建镜像卷的操作类似于前面跨区卷和带区卷的创建过程，区别是选择卷类型时选择【镜像卷】；其他与前述一致，如设置驱动器号和路径、设置磁盘空间大小以及格式化参数。

为一个已有的简单卷添加镜像的操作步骤如下：

（1）启动【磁盘管理】。

（2）用鼠标右键单击磁盘 1 的简单卷→【添加镜像】，出现"添加镜像"对话框，如图 3.15 所示。选择未指派空间所在的磁盘 2，然后单击【添加镜像】按钮。系统会在磁盘 2 中的未指派空间内创建一个与磁盘 1 的新加卷（E:）相同的简单卷，这两个简单卷内所存储的数据相同。

整个镜像卷被视为一体，如果要单独使用镜像卷中的某一个成员，则可以通过下列方法进行：

（1）中断镜像：用鼠标右键单击镜像卷中任何一个成员，在弹出菜单中选择【中断镜像】即可中断镜像关系。镜像关系中断以后，两个成员都变成了简单卷，其中的数据都会被保留；并且磁盘驱动器号也会改变，第一个卷的磁盘驱动器号沿用原来的代号，而后一个卷的磁盘驱动器号将会变成下一个可用的磁盘驱动器号。

（2）删除镜像：用鼠标右键单击镜像卷中任何一个成员，在弹出菜单中选择【删除镜像】删除其中的一个成员。被删除成员中的数据将全部被删除，它所占用的空间将被改为未指派的空间。

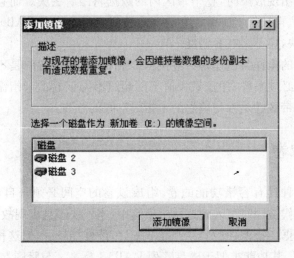

图 3.15 "添加镜像"对话框

镜像卷具有容错能力,如果其中某个成员出现故障,系统仍然能够正常运行,但是不再具有容错能力,需要修复出现故障的磁盘。修复的方法很简单,删掉出现故障的磁盘,添加一台新磁盘(该磁盘需要转换为动态磁盘),然后对镜像卷中的工作正常的成员(此时已变为简单卷)重新添加镜像即可。

3.3.6 RAID-5 卷

RAID-5 卷与带区卷相类似,也是由多个分别位于不同磁盘的未指派空间所组成。不同的是 RAID-5 在存储数据时,会另外根据数据的内容计算出其奇偶校验数据,并将该奇偶校验数据一起写入到 RAID-5 卷内,当某个磁盘因故无法读取时,系统可以利用该奇偶校验数据,推算出故障磁盘内的数据,让系统能够继续运行。不过只有在一块硬盘故障的情况下,RAID-5 卷才提供容错功能。若有两块及以上的硬盘出现问题,RAID-5 卷是无法恢复数据的。因此,在 RAID-5 卷中,若有一块硬盘出现故障要及时更换处理。

RAID-5 卷至少要有 3 个磁盘组成,系统以 64 KB 为单位写入数据,并且奇偶校验数据不是存储在固定的磁盘上,而是依序分布在每个磁盘内,例如,第一次写入时存储在磁盘 0,第二次写入时存储在磁盘 1……存储到最后一个磁盘后,再从磁盘 0 开始存储。

RAID-5 卷的写入效率相对镜像卷较差,因为写入数据的同时要进行奇偶校验数据的计算；但读取数据时性能较好，因为可以同时从多个磁盘读取数据，并且不用计算奇偶校验数据。

RAID-5 卷的磁盘空间有效利用率为 $(n-1)/n$，其中 n 为磁盘的数目。例如，n 为 4 时，利用率为 75%。从这一点上看，比镜像卷的 50% 要好。

创建 RAID-5 卷的操作步骤如下：

(1) 启动【磁盘管理】。

(2) 用鼠标右键单击一块动态磁盘的未指派空间→【新建卷】，出现"欢迎使用新建卷向导"。

(3) 单击【下一步】按钮，出现"选择卷类型"对话框，如图 3.12 所示，选择【RAID-5】选项。注意，如果可用的磁盘不足 3 个，将不允许创建 RAID-5 卷。

(4) 单击【下一步】按钮，出现"选择磁盘"对话框，系统默认会以其中容量最小的空间为单位，用户也可以自己设定容量。

(5) 单击【下一步】按钮，类似前面创建其他动态卷，依次指派驱动器号和路径、设置格式化参数之后，即可完成 RAID-5 卷的创建。创建完成后，在管理控制台中可以看到【布局】属性为"RAID-5"的逻辑卷，如图 3.16 所示。

如果 RAID-5 卷中某一磁盘出现故障（这里假定磁盘 3 出现故障），将会出现如图 3.17 所示情形，即出现标记为【丢失】的动态磁盘。

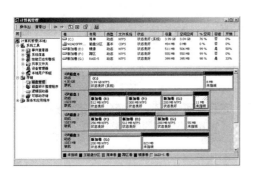

图 3.16　RAID-5 卷(G:)创建完成后

图 3.17　新加卷(G:)丢失

要恢复 RAID-5 卷，可参照如下步骤进行：

(1) 将故障盘从计算机中拔出，将新磁盘装入计算机，保证连线正确。

(2) 用鼠标右键单击【磁盘管理】，选择【重新扫描磁盘】。

(3) 用鼠标右键单击【失败】的 RAID-5 卷中工作正常的任一成员，在弹出菜单中选择【修复卷】选项，弹出如图 3.18 所示对话框，选择新磁盘来取代原来的故障磁盘，单击【确定】按钮。

(4) 完成之后将标记为【丢失】的磁盘删除掉，RAID-5 卷恢复正常。

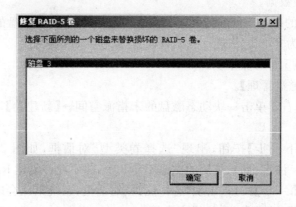

图 3.18 "修复 RAID-5 卷"对话框

3.4 使用"磁盘管理工具"进行磁盘管理

3.4.1 更改磁盘驱动器号及路径

更改磁盘驱动器号或者磁盘路径操作如下：

(1) 用鼠标右键单击要更改的磁盘分区(卷)或光驱→【更改驱动器名和路径】，弹出如图 3.19 所示对话框。

(2) 单击【更改】按钮，在如图 3.20 所示的对话框中更改驱动器号。

(3) 在图 3.19 中，单击【添加】按钮，出现如图 3.21 所示对话框，可以设置一个文件夹对应到磁盘分区。例如，用 C:\software 来代表该磁盘分区，则以后所有指定要存储到 C:\software 的文件，都会被存储到该磁盘分区内。注意该文件夹必须为空，并且必须位于 NTFS 卷内。设置好后，单击【确定】按钮即可。

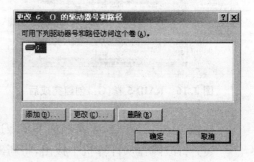

图 3.19 更改驱动器号和路径

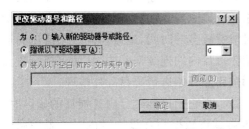
图 3.20 编辑驱动器号和路径

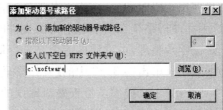
图 3.21 添加驱动器号或路径

需要说明的是,我们无法更改系统磁盘分区与启动磁盘分区的磁盘驱动器号。一般情况下,建议不要任意更改磁盘驱动器号,因为这有可能造成一些应用程序无法正常运行。

3.4.2 磁盘整理与故障恢复

Windows 2003 中自带了"碎片整理"、"磁盘查错"等几个工具。在"我的电脑"或"资源管理器"中用鼠标右键单击任意一个磁盘,选择【属性】菜单,打开"属性"对话框,选择"工具"属性页,如图 3.22 所示,其中包含了"碎片整理"、"查错"、"备份"三个常用工具。

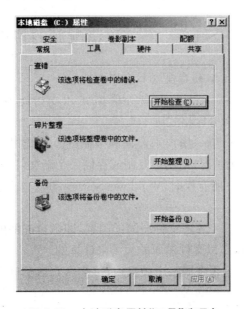

图 3.22 本地磁盘属性"工具"选项卡

"碎片整理"工具是用来消除磁盘上的碎片的,即用于整理一些零散的数据。磁盘使用一段时间后,由于不断地进行添加或删除操作,其中的数据难免会零零散散,因而使得系统在读取磁盘内的文件时浪费较多的时间,造成访问效率降低。通过磁盘碎片整理,可以让同一个文件存储在磁盘内的连续空间中,从而可提高磁盘访问效率。单击图3.22中的【开始整理】按钮即开始进行磁盘碎片整理。

"查错"工具提供了检查磁盘错误的功能,当它扫描到磁盘内有损坏的扇区时,就将该扇区标记起来,以后系统就不会再尝试将数据写在该扇区内了。若该扇区的内容可勉强读出,则会在读出数据后,将这些数据存储到其他扇区,并将该不稳定的扇区标记起来,以免以后再将数据写入其中。单击图3.22中的【开始检查】按钮即开始进行磁盘检查。

另外,在图3.22中还提供了"备份"工具,可用来进行备份/还原操作,以及创建紧急修复磁盘。

3.5 磁 盘 配 额

在安装Windows Server 2003操作系统的服务器中,系统管理员可以利用磁盘配额监视和限制每个用户使用服务器上分区或卷上的可用空间。

3.5.1 Windows Server 2003磁盘配额的特点

Windows Server 2003磁盘配额具有以下特点:

① 只有使用NTFS 5.0的磁盘分区格式才支持磁盘配额的功能,FAT/FAT32/NTFS 4.0磁盘分区格式则不支持。

② 磁盘配额是针对单一用户来监视和限制的。系统根据用户的文件和文件夹计算磁盘空间的使用情况,当用户复制或存储一个新文件到NTFS分区,或取得了NTFS分区上的文件所有权时,Windows Server 2003才会将文件使用的空间计入该用户的磁盘配额。

③ 磁盘配额的计算不考虑文件压缩的因素,即磁盘配额的功能在计算用户的磁盘空间总使用量时,是以文件的原始大小来计算的。

④ 不论几个分区是否在同一个硬盘内,每个NTFS分区的磁盘配额是独立计算的。

⑤ 只有Administrators组的成员才能对磁盘配额进行设置,并且在默认情况

下，系统管理员不受磁盘配额的限制。

⑥ 程序可以使用的自由空间的数量是基于配额限制的。当设置了磁盘配额后，Windows Server 2003 报告给程序的自由空间数量是用户的磁盘配额中的剩余量。

3.5.2 设置磁盘配额

磁盘配额的配置步骤：双击打开"我的电脑"，鼠标右键单击某驱动器图标(驱动器使用的文件系统必须是 NTFS)，在快捷菜单中选择【属性】，打开"本地磁盘属性"对话框，单击"配额"选项卡，选中【启用配额管理】和【拒绝将磁盘空间给超过配额限制的用户】复选框，激活"配额"选项卡中的所有配额设置选项。如图 3.23 所示。

说明：

① 【启用配额管理】：启用此分区的磁盘配额功能。

② 【拒绝将磁盘空间给超过配额限制的用户】：在超过磁盘配额后，用户将会收到磁盘空间不够的消息，并且被禁止向磁盘进行写操作。

③ 【将磁盘空间限制为】：指定了用户可以使用的磁盘空间数量。

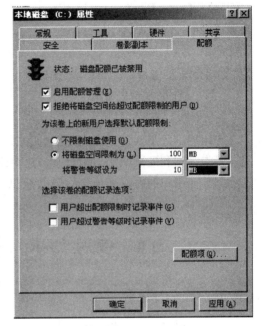

图 3.23　设置磁盘配额

④ 【将警告等级设为】：若用户所使用的磁盘空间超过此处的值时，使用 Windows Server 2003 系统日志记录此事件。

根据图 3.23 中的设置，Windows Server 2003 会跟踪磁盘的使用情况，并且当用户超过配额的数量时，不允许用户进行写入操作。用这种方式设置的磁盘配额，会作用于所有的用户，包括当前在磁盘中有文件的用户和以后在磁盘上保存文件的用户。

3.5.3 查看和修改每个用户的磁盘配额

单击图3.23中右下方的【配额项】按钮,出现如图3.24所示对话框,可查看每个用户的磁盘配额使用情况,双击某用户可单独设置该用户可使用的磁盘配额空间,执行【配额】菜单下的【新建配额项】可新建对某个用户的磁盘配额。

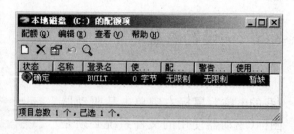

图3.24 配额项

3.5.4 删除磁盘配额

当用户不再需要使用启用配额的卷时,可通过"配额项"窗口删除用户项,除去用户警告级别和配额限制。但只有当这个用户的所有文件都已经被删除或所有权已经归其他用户的时候才可删除磁盘配额。

3.6 使用Diskpart命令管理磁盘

3.6.1 Diskpart概述

在Windows XP/2003下有一个非常有用的命令提示符工具:Diskpart,利用它可实现对硬盘的分区管理,包括创建分区、删除分区、合并(扩展)分区,完全可取代分区魔术师等第三方工具软件,它还有一些分区魔术师无法实现的功能,如设置动态磁盘、镜像卷等,而且设置分区后不用重启计算机即能生效。

Diskpart.exe是一种文本模式命令解释程序,用户能够通过使用脚本或从命令提示符直接输入来管理对象(磁盘、分区或卷)。在磁盘、分区或卷上使用Diskpart.exe命令之前,必须首先选中要给予其焦点的对象。当某个对象具有焦点时,键入的任何Diskpart.exe命令都会作用到该对象上。

选择对象时,焦点一直保留在那个对象上,直到选中不同的对象。例如,先在磁盘 0 上设置了焦点,然后选择磁盘 2 上的卷 8,焦点就从磁盘 0 转移到磁盘 2 上的卷 8。有些命令会自动更改焦点。例如,如果创建了新分区,焦点就自动转移到新分区上。

只能在选定磁盘的分区上设置焦点。某个分区具有焦点时,相关的卷(如果有的话)也具有焦点。某个卷具有焦点时,如果该卷映射到某个特定分区,则相关的磁盘和分区也具有了焦点。如果不是这样,则说明磁盘和卷上的焦点丢失。

3.6.2 Diskpart 命令的使用

要想使用 Diskpart 命令,可以按照以下步骤操作:
(1) 打开【开始】菜单→【运行】。
(2) 在弹出的对话框中键入"cmd",按回车键即可打开一个类似于 MS-DOS 的窗口。
(3) 键入"diskpart"并按回车键后进入 Diskpart 命令专用提示符状态,即"Diskpart>"(注意这不是一个路径)。

在 Diskpart 命令专用提示符下键入"?"或"help"并按回车键后显示如下信息:
Microsoft DiskPart version 5.2.3790

ADD	-将镜像添加到一个简单卷。
ACTIVE	-将当前基本分区标记为活动启动分区。
ASSIGN	-给所选卷指派一个驱动器号或装载点。
BREAK	-中断镜像集。
CLEAN	-从磁盘清除配置信息或所有信息。
CONVERT	-在不同的磁盘格式之间转换。
CREATE	-创建卷或分区。
DELETE	-删除对象。
DETAIL	-提供对象详细信息。
EXIT	-退出 DiskPart
EXTEND	-扩展卷。
HELP	-打印命令列表。
IMPORT	-导入磁盘组。
LIST	-打印对象列表。
INACTIVE	-将当前基本分区标记为非活动分区。
ONLINE	-使当前标为脱机的磁盘联机。
REM	-不起任何作用。用来注解脚本。

REMOVE	-删除驱动器号或装载点指派。
REPAIR	-修复 RAID-5 卷。
RESCAN	-重新扫描计算机,查找磁盘和卷。
RETAIN	-在一个简单卷下放置一个保留分区。
SELECT	-将焦点移到一个对象。

以上信息包含了 Diskpart 集成环境下可用的命令及其功能。对于 Diskpart 命令的用法,大家可以自己多尝试一下,利用 Diskpart 命令强大的帮助系统,可以很快上手。

下面举例说明在 Diskpart 环境下管理分区的方法。

方法一:列出磁盘分区信息

在 Diskpart 环境下列出磁盘信息要用到 list 和 select 命令,这两个命令的语法格式为:

List disk|partition|volume

Select disk|partition|volume

其中"|"两边为任一必选项。

如显示已安装的硬盘分区信息,只有一个硬盘,显示为 disk 0(如果安装了两个硬盘,第 2 硬盘将显示为 disk 1),执行结果显示如下:

DISKPART> select disk 0

磁盘 0 现在是所选磁盘。

DISKPART> list partition

分区 ###	类型	大小	偏移
分区 1	主要	20 GB	32 KB
分区 2	扩展的	706 MB	20 GB
分区 3	主要	15 GB	20 GB

方法二:删除分区 3

接方法一中的示例,现要删去其中的分区 3。执行命令"select partition 3",使分区 3 具有焦点属性,再执行命令"delete partition"即可删除该分区。具体过程如下:

DISKPART> select partition 3

分区 3 现在是所选分区。

DISKPART>delete partition

DiskPart 成功地删除了所选分区。
DISKPART>list partition

分区 ###	类型	大小	偏移
分区 1	主要	20 GB	32·KB
分区 2	扩展的	706 MB	20 GB

比较方法一和方法二中执行"list partition"命令后的显示结果,不难看出,分区 3 确实已被删除。

方法三:创建分区

创建分区使用 create 命令。create 命令使用频率很高,可以说是一项主要应用,下面列出 create 命令的详细语法参数以作参考。

创建主分区:
create partition primary [size=n] [offset=n] [ID={byte|GUID}] [noerr]
创建扩展分区:
create partition extended [size=n] [offset=n] [noerr]
创建逻辑分区:
create partition logical [size=n] [offset=n] [noerr]

参数说明:

① size 后的 n 表示分区的容量,以 MB 为单位,如果省略则将所有可用空间用于创建。要注意的是创建逻辑分区时,只能是扩展分区中的未指派空间。

② offset=n:仅应用于主启动记录(MBR)磁盘。

③ noerr:仅用于脚本。当发生错误时,指定 Diskpart 继续处理命令,就像没有发生错误一样。没有 noerr 参数,错误将导致 Diskpart 以错误代码退出。

④ ID={byte|GUID}:只适用于原始设备制造商(OEM),使用率不高。

创建分区命令执行情况如下:
DISKPART> list partition

分区 ###	类型	大小	偏移
分区 1	主要	20 GB	32 KB

DISKPART> create partition primary size=30000
DiskPart 成功地创建了指定分区。

DISKPART> create partition extended
DiskPart 成功地创建了指定分区。

DISKPART> create partition logical size=30000
DiskPart 成功地创建了指定分区。
DISKPART> create partition logical size=35000
DiskPart 成功地创建了指定分区。
DISKPART> list partition

分区 ###	类型	大小	偏移
分区 1	主要	20 GB	32 KB
分区 2	主要	29 GB	20 GB
分区 3	扩展的	100 GB	49 GB
分区 4	逻辑	29 GB	49 GB
* 分区 5	逻辑	34 GB	78 GB

方法四：分区扩容

要在 Diskpart 集成环境中进行分区扩容，首先要用 select 命令设置焦点，然后再用 extend 命令扩容。

extend 命令的语法：

extend [size=n]

参数说明："size=n"中的"n"代表添加到当前分区的空间大小（单位是 MB），如果不指定大小，磁盘就扩展为占用所有最邻近的未分配空间。

若要将方法三中的分区 5 扩大 5000 MB 的空间，执行过程如下：

DISKPART> select partition 5
分区 5 现在是所选分区。
DISKPART> extend size=5000
DiskPart 成功地扩展了卷。
DISKPART>list partition

分区 ###	类型	大小	偏移
分区 1	主要	20 GB	32 KB
分区 2	主要	29 GB	20 GB
分区 3	扩展的	100 GB	49 GB
分区 4	逻辑	29 GB	49 GB
* 分区 5	逻辑	39 GB	78 GB

比较方法三和方法四中执行"list partition"命令后的显示结果，分区 5 的大小

增加了 5 GB。

注意,将带有焦点的分区扩展为最邻近的未分配空间时,对于普通分区,未分配的空间必须在同一磁盘上,并且必须紧邻着带有焦点的分区。

如果要被扩容的分区是 NTFS 格式,扩容后不会丢失任何数据;如果是非 NTFS 的文件系统格式,此命令会失败,但不会对分区做任何更改,也不会破坏数据。

Diskpart 不能扩展当前启动分区,也不能对包含页面文件的分区进行扩容。

不管对硬盘分区做了什么样的改动,包括创建、删除、扩容等,都不用重新启动计算机即可生效。但在"我的电脑"却看不到这些分区,这是为什么呢?原因是还没有为其指定驱动器号(也就是盘符)。下面以为方法三中的分区 5 指定盘符为例进行说明。

先使分区 5 具有焦点属性,再输入命令"assign",Diskpart 就会自动为其分配一个盘符。也可用命令"assign letter=X"来手动指定,指定时不能与已存在的盘符相同。经过这样的处理后,就能在"我的电脑"中查看到这些分区了。具体操作如下:

DISKPART> select partition 5
分区 5 现在是所选分区。
DISKPART> assign
DiskPart 成功地指派了驱动器号或装载点。
DISKPART>

方法五:将分区 1 设为活动分区

先用"select partition 1"使分区 1 具有焦点属性,再执行命令"active"即可。最后执行"exit",退出 Diskpart 集成环境,让计算机自动重启。但要注意的是,在"我的电脑"上,分区 1 中必须有完整的操作系统,否则计算机不能正常启动。

从上述示例可以看出,在 Diskpart 集成环境中进行任何操作前都必须指定焦点,即指明对哪一对象进行操作,这一方面使得操作逻辑清楚;但另一方面,如果误指焦点又执行了破坏性的命令,如删除分区等,会造成无可挽回的损失,所以请随时用 list 命令查看各分区状态,焦点分区前有一个星号(*)标志。

本 章 小 结

磁盘管理是 Windows 操作系统应用中的一项重要内容,科学合理地规划与管理磁盘将更加高效地应用磁盘。本章首先详细介绍了 Windows 2003 的磁盘类型，分析了动态磁盘的优点及其包含的卷类型，然后分别介绍了在基本磁盘和动态磁盘上建立分区（卷）的详细步骤，而后介绍了如何使用"磁盘管理工具"进行磁盘管理和磁盘配额，最后通过分区（卷）管理的案例详细地介绍了 Diskpart 命令的使用。与基本磁盘相比，动态磁盘可以更加方便地管理和维护磁盘，能实现优化磁盘性能、容错等目的，因此建议在 Windows 2003 系统中应尽量使用动态磁盘。

复习思考题

1. 简述磁盘管理程序的主要功能。
2. 如何创建主磁盘分区？如何创建逻辑驱动器？
3. 如何把基本磁盘转换为动态磁盘？
4. 有哪几种动态卷？它们各适合在哪种场合使用？
5. 如何创建镜像卷？
6. 如果 RAID-5 卷中某一块磁盘出现了故障，怎样恢复？
7. 对于一个创建了动态卷的动态磁盘，能直接把它还原为基本磁盘吗？怎样把它还原为基本磁盘？
8. 创建带区卷或镜像卷时，如果不使用默认的空间大小，而是比默认值小，应该如何操作？

本 章 实 训

实训一 基本磁盘管理

使用磁盘管理控制台，分别创建主磁盘分区、扩展磁盘分区，并对已经创建好的分区进行格式化、更改磁盘驱动器号及路径等操作。

实训二 动态磁盘管理

使用磁盘管理控制台，分别创建简单卷、跨区卷、带区卷、镜像卷、RAID-5 卷，并对镜像卷和 RAID-5 卷尝试数据恢复操作。

实训三　磁盘管理工具的使用

利用磁盘整理、磁盘查错等工具，实现对磁盘的简单维护。

实训四　使用 Diskpart 命令管理磁盘

使用 Diskpart 命令显示磁盘信息，对硬盘进行创建分区、删除分区、合并（扩展）分区等操作。

第 4 章 DHCP 服务

学习目标

本章主要讲述 Windows Server 2003 的 DHCP 服务的基本概念，DHCP 服务器的安装与配置，在路由网络中 DHCP 的配置，以及 DHCP 数据库的管理和维护等内容。通过本章的学习，应达到如下学习目标：
- 掌握 DHCP 的基本概念及其作用。
- 掌握 DHCP 租约的生成过程及其更新。
- 学会 DHCP 服务器的安装及其配置方法。
- 了解在路由网络中 DHCP 的配置。
- 了解 DHCP 数据库管理和维护方法。

导入案例

某公司最近接到一个工程，工程背景是，某旅馆客房因工作需要，新进了 100 台 PC，现要求你为这些 PC 构建一台基于 Windows Server 2003 系统的服务器，并在上面构建一种服务，要求这种服务能为这些 PC 自动分配 IP、子网掩码、网关以及 DNS 等信息，具体需求如下：

(1) 为服务器部署 Windows Server 2003 系统。
(2) 将所分配的地址段中最小的 IP 地址指定给一个特定的 PC。
(3) 能够自动为每一台 PC 分配 IP、子网掩码、网关以及 DNS。
(4) 能够避免 IP 地址冲突。

4.1 DHCP 概述

4.1.1 DHCP 的基本概念

DHCP(Dynamic Host Configuration Protocol,动态主机配置协议)是一个简化主机 IP 地址分配管理的 TCP/IP 标准协议。用户可以利用 DHCP 服务管理动态的 IP 地址分配及其他相关的环境配置工作(如 DNS、WINS、Gateway 的设置)。

要使用 DHCP 方式动态分配 IP 地址,整个网络必须至少有一台安装了 DHCP 服务的服务器。其他要使用 DHCP 功能的客户端也必须要有支持自动向 DHCP 服务器索取 IP 地址的功能。DHCP 客户端第一次启动时,会自动与 DHCP 服务器通信,并由 DHCP 服务器分配给 DHCP 客户端一个 IP 地址;到租约到期(并非每次关机释放),这个地址会被 DHCP 服务器收回,并将其提供给其他的 DHCP 客户端使用。

与手动分配 IP 地址相比,DHCP 动态进行 TCP/IP 的配置主要有以下优点:

① 安全而可靠的配置。DHCP 避免了因手工设置 IP 地址及子网掩码所产生的错误,同时也避免了把一个 IP 地址分配给多台工作站所造成的地址冲突。

② 降低了管理 IP 地址设置的负担。使用 DHCP 服务器大大缩短了配置或重新配置网络工作站所花费的时间;同时,通过对 DHCP 服务器的设置可灵活地设置地址的租期。

③ DHCP 地址租约的更新过程将有助于用户确定哪个客户的设置需要经常更新(如使用便携机的客户经常更换地点),且这些变更由客户端与 DHCP 服务器自动完成,无需网络管理员干涉。

DHCP 服务器使用租约生成过程在指定时间段内为客户端分配 IP 地址。IP 地址租用通常是临时的,所以 DHCP 客户端必须定期向 DHCP 服务器更新租约。租约生成和更新是 DHCP 的两个主要工作过程。

4.1.2 DHCP 租约生成过程

DHCP 客户端第一次登录网络时,通过 4 个步骤向 DHCP 服务器租用 IP 地址:

(1) DHCPDISCOVER(IP 租约发现)。
(2) DHCPOFFER(IP 租约提供)。
(3) DHCPREQUEST(IP 租约请求)。
(4) DHCPACK(IP 租约确认)。
DHCP 的工作过程如图 4.1 所示。

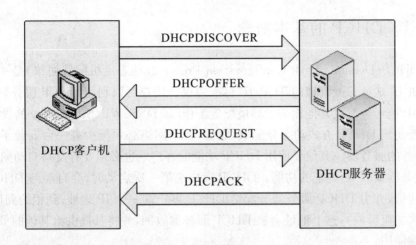

图 4.1　DHCP 的工作过程

租约生成过程开始于客户端第一次启动或初始化 TCP/IP 时，另外当 DHCP 客户端续订租约失败，终止使用其租约时(如客户端移动到另一个网络时)也会产生这个过程。具体过程如下：

1. IP 租约发现

DHCP 客户端在本地子网中先发送一条 DHCPDISCOVER 消息。此时客户端还没有 IP 地址，所以它使用 0.0.0.0 作为源地址。由于客户端不知道 DHCP 服务器地址，故用 255.255.255.255 作为目标地址，也就是以广播的形式发送此消息。在此消息中还包括了客户端网卡的 MAC 地址和计算机名，以表明申请 IP 地址的客户。

2. IP 租约提供

DHCP 服务器收到 DHCP 客户端广播的 DHCPDISCOVER 消息后，如果在这个网段中有可以分配的 IP 地址，则以广播方式向 DHCP 客户端发送 DHCPOFFER 消息进行响应。在这个消息中包含以下信息：

① 客户端的 MAC 地址。
② 提供的 IP 地址。
③ 子网掩码。

第4章 DHCP服务

④ 租约的有效时间。
⑤ 服务器标识，即提供 IP 地址的 DHCP 服务器。
⑥ 广播以 255.255.255.255 作为目标地址。

每个应答的 DHCP 服务器都会保留所提供的 IP 地址，在客户进行选择之前不会分配给其他的 DHCP 客户。

DHCP 客户会等待 1 秒来接收租约，如果 1 秒内没有收到任何响应，它将重新广播 4 次请求，分别以 2 秒、4 秒、8 秒和 16 秒（随机加上一个 0~1000 ms 延时）为时间间隔。如果经过 4 次广播仍没有收到提供的租约，则客户会从保留的专用 IP 地址 169.254.0.1~169.254.255.254 中选择一个地址，即启用自动配置 IP 地址（APIPA），这可以让所有没有找到 DHCP 服务器的客户位于同一个子网并可以相互通信。以后 DHCP 客户每隔 5 分钟查找一次 DHCP 服务器。如果找到可用的 DHCP 服务器，则客户可以从服务器上得到 IP 地址。

3. IP 租约请求

DHCP 客户如果收到提供的租约（如果网络中有多个 DHCP 服务器，客户可能会收到多个响应），则会通过广播 DHCPREQUEST 消息来响应并接受得到的第一个租约，进行 IP 租约的选择。此时之所以采用广播方式，是为了通知其他未被接受的 DHCP 服务器收回提供的 IP 地址并将其留给其他 IP 租约请求。

4. IP 租约确认

DHCP 服务器收到 DHCP 客户发出的 DHCPREQUEST 请求消息后，它便向 DHCP 客户发送一个包含它所提供的 IP 地址和其他设置的 DHCPACK 确认消息，告诉 DHCP 客户可以使用它所提供的 IP 地址。然后 DHCP 客户便使用这些信息来配置其 TCP/IP 协议，并把 TCP/IP 协议与网络服务和网卡绑定在一起，以建立网络通信。

需要注意的是，所有 DHCP 服务器和 DHCP 客户端之间的通信都使用用户数据报协议（UDP），端口号分别是 67 和 68。默认情况下，交换机和路由器不能正确地转发 DHCP 广播，为使 DHCP 工作正常，用户必须配置交换机在这些端口上转发广播，对路由器，需把它配置成 DHCP 中继代理。

4.1.3 DHCP 租约更新

当租用时间达到租约期限的一半时，DHCP 客户端会自动尝试续订租约。客户端直接向提供租约的 DHCP 服务器发送一条 DHCPREQUEST 消息以续订当前的地址租约。如果 DHCP 服务器是可用的，它将续订租约并向客户端发送一条 DHCPACK 消息，此消息包含新的租约期限和一些更新的配置参数，客户端收到确认消息后就会更新配置。如果 DHCP 服务器不可用，则客户端将继续使用当前的配置参数。

当租约时间达到租约期限的 7/8 时，客户端会广播一条 DHCPDISCOVER 消息来更新 IP 地址租约，这个阶段，DHCP 客户端会接受从任何 DHCP 服务器发出的租约。

如果租约到期客户仍未成功续订租约，则客户端必须立即中止使用其 IP 地址，然后客户端重新尝试得到一个新的 IP 地址租约。

需要注意的是，重新启动 DHCP 客户端时，客户端自动尝试续订关闭时的 IP 地址租约。如果续订请求失败，客户端将尝试连接配置的默认网关。如果默认网关响应，表明此客户端还在原来的网络中，这时客户端可以继续使用此 IP 地址到租约到期。如果不能进行续订或与默认网关无法通信，则立即停止使用此 IP 地址，从 169.254.0.1～169.254.255.254 中选择一个 IP 地址使用，并每隔 5 分钟尝试连接 DHCP 服务器。

如果需要立即更新 DHCP 配置信息，用户可以手动续订 IP 租约。例如，新安装了一台路由器，需要用户立即更改 IP 地址配置，就可以在路由器的命令行使用"ipconfig/renew"来续订租约。还可以使用"ipconfig/release"命令来释放租约，释放租约后，客户端就无法再使用 TCP/IP 在网络中通信了。运行 Windows 9x 的客户端可以使用 winipcfg 释放 IP 租约。

4.2 DHCP 服务器的安装与配置

4.2.1 DHCP 服务器和客户端的安装

1. 对 Windows Server 2003 DHCP 服务器的要求

运行 Windows Server 2003 系列中除 Web 版外的计算机都可以作为 DHCP 服务器。DHCP 服务器需要具备以下条件：

（1）DHCP 服务器本身需要静态 IP 地址、子网掩码和默认网关。
（2）包含可分配多个 DHCP 客户端的一组合法的 IP 地址。
（3）添加并启动 DHCP 服务。

2. 对 DHCP 客户端的要求

运行以下操作系统的计算机都可作为 DHCP 服务器的客户端：

(1) Windows 2000 Professional、Windows 2000 Server 和 Windows XP。

(2) Windows NT Workstation (all released versions)、Windows NT Server (all released versions)。

(3) Windows 98 或 Windows 95。

(4) 安装有 TCP/IP.32 的 Windows for Workgroups version 3.11。

(5) 支持 TCP/IP 的 Microsoft Network Client version 3.0 for MS-DOS。

(6) LAN Manager version 2.2c。

(7) 其他非微软操作系统和网络设备。

3. 启用 DHCP 客户端

打开"Internet 协议(TCP/IP)属性",选中【自动获得 IP 地址】,单击【确定】,此计算机就成为 DHCP 客户端,如图 4.2 所示。

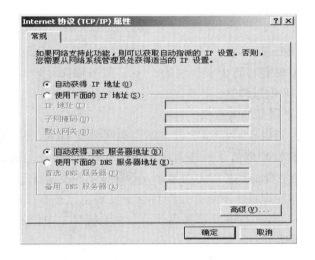

图 4.2 设置 DHCP 客户端

4. 安装 DHCP 服务

安装 DHCP 服务具体操作如下:

(1) 在控制面板中双击"添加/删除程序"。

(2) 在添加/删除程序中,单击【添加/删除 Windows 组件】。

(3) 选中【网络服务】组件,如图 4.3 所示。

(4) 单击【详细信息】,如图 4.4 所示,选中【动态主机配置协议(DHCP)】,单击【确定】。

(5) 单击【下一步】,系统将添加 DHCP 服务。

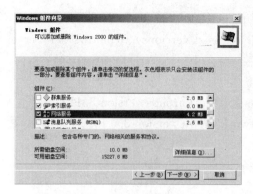
图 4.3 "Windows 组件向导"对话框

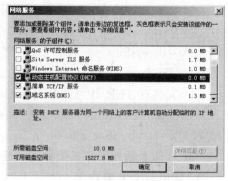
图 4.4 "网络服务"对话框

4.2.2 授权 DHCP 服务

在 Windows Server 2003 DHCP 服务器提供动态分配 IP 地址之前，必须对其进行授权。通过授权能够防止未授权的 DHCP 服务器向客户端提供可能无效的 IP 地址而造成的 IP 地址冲突。

1. 检测 DHCP 服务器的授权

当 DHCP 服务器启动时，DHCP 服务器会向网络发 DHCPINFORM 广播消息。其他 DHCP 服务器收到该信息后将返回 DHCPACK 信息，并提供自己所属的域。DHCP 将查看自己是否属于这个域，并验证是否在该域的授权服务器列表中。

如果该服务器发现自己不能连接到目录或发现自己不在授权列表中，它将认为自己没有被授权，那么 DHCP 服务启动但会在系统日志中记录一条错误信息并忽略所有客户端请求。

如果发现自己在授权列表中，那么 DHCP 服务启动并可以开始向网络中的计算机提供 IP 地址租用。

需要注意的是，DHCP 服务器会每隔 5 分钟广播一条 DHCPINFORM 消息，检测网络中是否有其他的 DHCP 服务器，这种重复的消息广播使服务器能够确定对其授权状态的更改。

2. 授权 DHCP 服务器

所有作为 DHCP 服务器运行的计算机必须是域控制器或成员服务器才能在目录服务中授权和向客户端提供 DHCP 服务。操作步骤如下：

(1) 依次单击【开始】→【程序】→【管理工具】→【DHCP】，用鼠标右键单击【DHCP】，选【管理授权的服务器】，出现如图 4.5 所示对话框。

(2) 在"管理授权的服务器"窗口单击【授权】，出现如图 4.6 所示对话框，输入

DHCP 服务器的主机名或 IP 地址,单击【确定】即可。

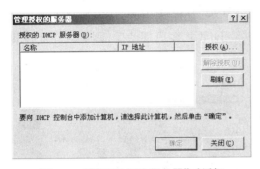
图 4.5 "管理授权的服务器"对话框

图 4.6 "授权 DHCP 服务器"对话框

4.2.3 创建和配置作用域

作用域是一个有效的 IP 地址范围,这个范围内的 IP 地址能租用或分配给某特定子网内的客户端。用户通过配置 DHCP 服务器上的作用域来确定服务器可分配给 DHCP 客户端的 IP 地址池。

1. 在 DHCP 服务器中添加作用域

具体操作如下:

(1) 在 DHCP 控制台中用鼠标右键单击要添加作用域的服务器,如图 4.7 所示。选择【新建作用域】启用"新建作用域向导",出现"欢迎使用新建作用域向导"对话框。

(2) 单击【下一步】,出现如图 4.8 所示对话框。为该域设置一个名称,还可以输入一些说明文字。

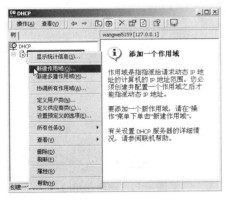
图 4.7 新建作用域

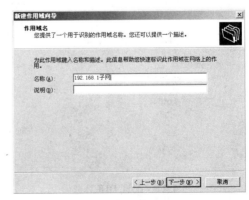
图 4.8 设置作用域名

（3）单击【下一步】，出现"IP 地址范围"对话框，如图 4.9 所示。在此定义新作用域可用 IP 地址范围、子网掩码等信息。

（4）单击【下一步】，出现"添加排除"对话框，如图 4.10 所示。如果在上面设置的 IP 作用域内有部分 IP 地址不想提供给 DHCP 客户端使用，则可以在此设置需排除的地址范围，单击【添加】。

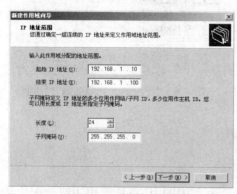

图 4.9　设置 IP 地址范围　　　　　图 4.10　添加排除 IP 地址

（5）单击【下一步】，出现"租约期限"对话框，设置 IP 地址的租约期限（默认为 8 天）。

（6）单击【下一步】，出现"配置 DHCP 选项"对话框，如图 4.11 所示。如果选择【否，我想稍后配置这些选项】，单击【下一步】，单击【完成】则结束对作用域的创建。

（7）作用域创建后，需要"激活"作用域才能发挥作用。选中新创建的作用域，用鼠标右键单击，选择【激活】，如图 4.12 所示。

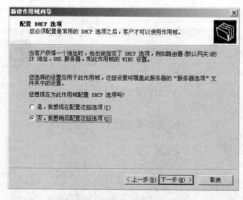

图 4.11　配置 DHCP 选项　　　　　图 4.12　激活作用域

(8) 在第(6)步中,如果选择【是,我想现在配置这些选项】,然后单击【下一步】,则可为这个 IP 作用域设置 DHCP 选项,包括默认网关、DNS 服务器、WINS 服务器等。当 DHCP 服务器在给 DHCP 客户端分派 IP 地址时,同时将这些 DHCP 选项中的服务器数据指定给客户端。

(9) 单击【下一步】,出现"路由器(默认网关)"对话框,如图 4.13 所示。输入默认网关的 IP 地址,然后单击【添加】。

(10) 单击【下一步】,出现"域名称和 DNS 服务器"对话框,如图 4.14 所示。设置客户端的 DNS 域名称,输入 DNS 服务器的名称与 IP 地址,或者只输入 DNS 服务器的名称,然后单击【解析】让其自动寻找这台 DNS 服务器的 IP 地址。

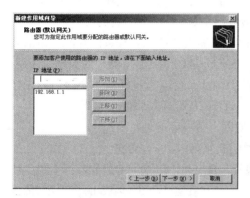 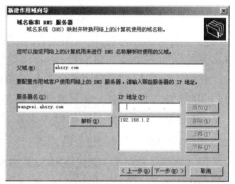

图 4.13 "路由器(默认网关)"对话框　　图 4.14 "域名称和 DNS 服务器"对话框

(11) 单击【下一步】,出现"WINS 服务器"对话框。输入 WINS 服务器的名称与 IP 地址,或者只输入名称,单击【解析】按钮让其自动解析。如果网络中没有 WINS 服务器,则可以不必输入任何数据。

(12) 单击【下一步】,出现"激活作用域"对话框,选择【是,我想现在激活此作用域】,开始激活新的作用域,然后在"完成新建作用域向导"对话框中单击【完成】即可。

完成上述设置后,DHCP 服务器就可以开始接受 DHCP 客户端索取 IP 地址的要求了。

需要注意的是,在一台 DHCP 服务器内,针对一个子网只能设置一个 IP 作用域。例如,不可以在设置一个 IP 作用域为 192.168.1.1～192.168.1.49 后,再设置另一个 IP 作用域为 192.168.1.61～192.168.1.100;正确的方法是先设置一个连续的 IP 作用域 192.168.1.1～192.168.1.100,然后将 192.168.1.50～192.168.1.60 排除掉。但可以在一台 DHCP 服务器内为不同的子网建立多个 IP 作用域。例如,可以在 DHCP 服务器内建立两个 IP 作用域,一个是为子网 192.168.1.0/24 提供服务的,另一个是为子网 172.17.0.0/16 提供服务的。

4.2.4 保留特定的 IP 地址

可以保留特定的 IP 地址给特定的客户端使用,以便该客户端每次申请 IP 地址时都拥有相同的 IP 地址。可以通过此项功能逐一为用户设置固定的 IP 地址,避免用户随意更改 IP 地址,这就是所谓"IP-MAC"绑定。这会给你的维护降低不少的工作量。

保留特定的 IP 地址设置步骤如下:

(1) 启动"DHCP 管理器",在 DHCP 服务器窗口列表下选择一个 IP 范围,鼠标右键单击→【保留】→【新建保留】,出现"新建保留"对话框,如图 4.15 所示。

(2) 在【保留名称】输入框中输入用来标识 DHCP 客户端的名称,该名称只是一般的说明文字,并非用户账号的名称。例如,可以输入计算机名称。但并不一定需要输入客户端的真正计算机名称,因为该名称只在管理 DHCP 服务器中的数据时使用。

在【IP 地址】输入框中输入一个保留的 IP 地址,可以指定任何一个保留的未使用的 IP 地址。如果输入重复或非保留地址,DHCP 管理器将发出警告信息。

在【MAC 地址】输入框中输入客户端的网卡 MAC 地址。

在【说明】输入框中输入描述客户的说明文字,该项内容可选。

网卡 MAC 地址是"固化在网卡里的编号",是一个 12 位的 16 进制数。全世界所有的网卡都有自己的惟一编号,是不会重复的。在安装 Windows 98 的机器中,依次单击【开始】→【运行】,输入 winipcfg 命令可查看本机的 MAC 地址。在安装 Windows 2000 及以上版本操作系统的机器中,依次单击【开始】→【运行】,输入 cmd 进入命令窗口,如图 4.16 所示,输入"ipconfig/all"命令可查看本机网络属性信息。

图 4.15 "新建保留"对话框

图 4.16 cmd 命令窗口

（3）在"新建保留"对话框中，单击【添加】按钮，将保留的 IP 地址添加到 DHCP 服务器的数据库中。可以按照以上操作继续添加保留地址，添加完所有保留地址后，单击【关闭】按钮。

可以通过单击 DHCP 管理器中的【地址租约】查看目前有哪些 IP 地址已被租用或用作保留。

4.2.5 配置作用域选项

要改变作用域在建立租约时提供的网络参数（如 DNS 服务器、默认网关、WINS 服务器），需要对作用域的选项进行配置。

设置 DHCP 选项时，可以针对一个作用域来设置，也可以针对该 DHCP 服务器内的所有作用域来设置。如果这两个地方设置了相同的选项，如都对 DNS 服务器、网关地址等做了设置，则单个作用域的设置优先级高。

例如，设置 006 DNS 服务器，步骤如下：

（1）用鼠标右键单击 DHCP 管理器中的【作用域选项】→【配置选项】，出现"作用域选项"对话框，如图 4.17 所示。

（2）选择【006 DNS 服务器】复选框，然后输入 DNS 服务器的 IP 地址，单击【添加】按钮。如果不知道 DNS 服务器的 IP 地址，可以输入 DNS 服务器的 DNS 域名，然后单击【解析】让系统自动寻找相应的 IP 地址，完成后单击【确定】。

（3）完成设置后，在 DHCP 管理控制台可以看到设置的选项【006 DNS 服务器】，如图 4.18 所示。

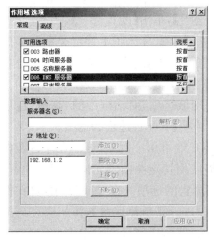

图 4.17 "作用域选项"对话框

图 4.18 DHCP 管理控制台

DHCP 服务提供的选项包括：

① 003 路由器：配置路由器的 IP 地址。

② 006 DNS 服务器：可以配置一个或多个 DNS 服务器的 IP 地址。

③ 015 DNS 域名：通过指定客户端所属的 DNS 域的域名，客户端可以更新 DNS 服务器上的信息以便其他客户进行访问。

④ 044 WINS/NBNS 服务器：可以指定一个或多个 WINS 服务器的 IP 地址。

⑤ 046 WINS/NBT 节点类型：不同的 NetBIOS 节点类型所对应的 NetBIOS 名解析方法不同，通过设置"046 WINS/NBT 节点类型"可以指定适当的 NetBIOS 节点类型。

DHCP 的标准选项还有很多，但是大部分客户端只能识别其中的一部分。如果在客户端已经为某个选项指定了参数，则优先使用客户端的配置参数。

可以选择作用域选项是应用于所有 DHCP 客户端、一组客户端或者单个客户端。因此，相应地可以在 4 个级别上配置作用域选项：服务器，作用域，类别，保留客户端。

（1）服务器选项：服务器选项应用于所有向 DHCP 服务器租用 IP 地址的 DHCP 客户端。如果子网上所有客户端都需要同样的配置信息，则应配置服务器选项。例如，可能希望配置所有客户端使用同样的 DNS 服务器或 WINS 服务器。配置服务器选项时，先展开需要配置的服务器，再用鼠标右键单击【服务器选项】，单击【配置选项】。

（2）作用域选项：作用域选项只对本作用域租用地址的客户端可用。例如，每个子网需要不同的作用域，并且可为每个作用域定义惟一的默认网关地址。在作用域级配置的选项优先于在服务器级配置的选项。具体配置方法为：展开要设置选项的地址作用域，用鼠标右键单击【作用域选项】，单击【配置选项】。

（3）类别选项：此选项只对向 DHCP 服务器标识自己属于特定类别的客户端可用。例如，运行于 Windows 2003 的客户端计算机能够接受与网络上其他客户端不同的选项。在类别级配置的选项优先于在作用域或服务器级配置的选项。要在类别级配置选项，先在"服务器选项"或"作用域选项"对话框中的"高级"选项卡上选择供应商类别或用户类别，然后在【可用选项】下配置适合的选项。

（4）保留客户端选项：此选项仅对特定客户端可用。例如，可以在保留客户端配置选项，从而使特定的 DHCP 客户端能够使用特定路由器访问子网外的资源。在保留客户端配置的选项优先于在其他级别配置的选项。在 DHCP 中，要在保留客户端配置选项，首先用鼠标右键单击【保留】，选择【新建保留】，将相应客户端的保留地址添加到相应 DHCP 服务器和作用域，然后用鼠标右键单击此客户，单击【配置选项】。

4.3 在路由网络中配置 DHCP

在大型网络中,通常会用路由器将网络划分为多个物理子网,路由器最主要的功能之一就是屏蔽各子网之间的广播,减少带宽占用而提高网络性能。而我们知道,DHCP 客户端是通过广播来获得 IP 地址的,因此,除非将 DHCP 服务器配置为在路由网络环境下工作,否则 DHCP 通信将限制在单个子网中。

通过以下三种方法之一可以在路由网络上配置 DHCP 功能:

(1) 每个子网中至少设置一台 DHCP 服务器。这将会增加设备费用和管理员的工作量。

(2) 配置一台与 RFC1542 兼容的路由器。这种路由器可转发 DHCP 广播到不同的子网,对其他类型的广播仍不予转发。

(3) 在没有 DHCP 服务器的子网内设置 DHCP 中继代理。在本地子网中,DHCP 中继代理截取 DHCP 客户端地址请求广播消息,并将它们转发给另一子网上的 DHCP 服务器。DHCP 服务器使用定向数据包应答中继代理,然后中继代理在本地子网上广播此应答,供请求的客户端使用。

下面介绍安装与配置 DHCP 中继代理的方法,以在路由网络中配置 DHCP 服务。

1. 安装 DHCP 中继代理

具体操作如下:

(1) 依次选择【开始】→【程序】→【管理工具】→【路由和远程访问】,展开【IP 路由选择】,用鼠标右键单击【常规】,选择【新路由选择协议】,如图 4.19 所示。

(2) 选择【DHCP 中继代理程序】,单击【确定】。打开 DHCP 中继代理的【属性】,在【服务器地址】框中,输入 DHCP 服务器的 IP 地址,然后单击【添加】。如图 4.20 所示。

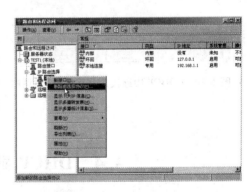

图 4.19 "路由和远程访问"对话框

2. 配置 DHCP 中继代理

在 DHCP 中继代理转发来自任意

网络接口的客户端的 DHCP 请求之前,必须配置中继代理,以应答这些请求。启用中继代理功能时,也能为跃点计数阈值和启动阈值指定超时值。

跃点计数阈值规定了广播包最多可经过多少个子网,如广播包在规定的跳跃中仍未被响应,该广播包将被丢弃。如果此值设得过高,在中继代理设置错误时将导致网络流量过大。

启动阈值设定了 DHCP 中继代理将客户端请求转发到其他子网的服务器之前,等待本子网的 DHCP 服务器响应的时间。DHCP 中继代理先将客户端的请求发送到本地的 DHCP 服务器,等待一段时间未得响应后,中继代理才将请求转发给其他子网的 DHCP 服务器。

选择【DHCP 中继代理程序】,用鼠标右键单击,选择【新接口】,选择【本地连接】,即可设定跃点计数阈值和启动阈值。如图 4.21 所示。

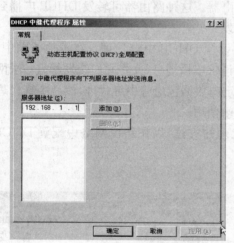

图 4.20 "DHCP 中继代理程序属性"对话框

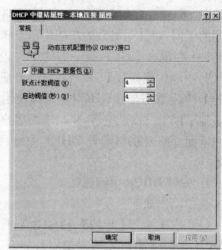

图 4.21 "DHCP 中继站"属性对话框

4.4　DHCP 数据库的管理

Windows 2003 把 DHCP 数据库文件存放在%Systemroot%\System32\dhcp 文件夹内。其中的 dhcp.mdb 是其存储数据的文件,而其他的文件则是辅助性的文件,注意不要随意删除这些文件。

4.4.1　DHCP 数据库的备份

DHCP 服务器数据库是一个动态数据库,在向客户端提供租约或客户端释放租约时它会自动更新。DHCP 服务默认会每隔 60 分钟自动将 DHCP 数据库文件备份到数据库目录的 backup\jet\new 目录中。如果想修改这个时间间隔,可以通过修改 BackupInterval 这个注册表参数实现,它位于注册表项"HKEY_LOCAL_MACHINE\SYSTEM|CurrentControlSet\Services\DHCPserver\Parameters"中。也可以先停止 DHCP 服务,然后直接将 DHCP 内的文件复制起来进行备份。

4.4.2　DHCP 数据库的还原

DHCP 服务在启动时,会自动检查 DHCP 数据库是否损坏,如有损坏,则自动恢复故障,还原损坏的数据库。也可以用手动的方式来还原 DHCP 数据库,其方法是将注册表项"HKEY_LOCAL_MACHINE\SYSTEM|CurrentControlSet\Services\DHCPserver\Parameters"下的参数 RestoreFlag 设为 1,然后重新启动 DHCP 服务器即可。也可以先停止 DHCP 服务,然后直接将 backup 文件夹中备份的数据复制到 DHCP 文件夹。

4.4.3　IP 作用域的协调

如果发现 DHCP 数据库中的设置与注册表中的相应设置不一致,例如,DHCP 客户端所租用的 IP 数据不正确或丢失时,可以用协调的功能让二者数据一致。因为在注册表数据库内也存储着一份在 IP 作用域内租用数据的备份,协调时,利用存储在注册表数据库内的数据来恢复 DHCP 服务器数据库内的数据。方法是用鼠标右键单击相应的作用域,然后选择【协调】即可。为确保数据库的正确性,定期执行协调操作是良好的习惯。

4.4.4　DHCP 数据库的重整

DHCP 服务器使用一段时间后,数据库内部必然会存在数据分布凌乱,为了提高 DHCP 服务器的运行效率,要定期重整数据库。Windows Server 2003 系统会自动定期在后台运行重整操作,不过也可以通过手动的方式重整数据库,其效率要比自动重整更高,方法如下:进入到\winnt\system32\dhcp 目录下,停止 DHCP 服

务器,运行 jetpack.exe 程序完成重整数据库,再运行 DHCP 服务器即可。其命令操作过程如下:

  cd\winnt\system32\dhcp   '进入 DHCP 数据库目录
  net stop dhcpserver   '停止 DHCP 服务
  jetpack dhcp.mdb temp.mdb   '压缩数据库
  net start dhcpserver   '重新启动 DHCP 服务

4.4.5 DHCP 数据库的迁移

要想将旧的 DHCP 服务器内的数据迁移到新的 DHCP 服务器内,并改由新的 DHCP 服务器提供服务,步骤如下:

(1) 备份旧的 DHCP 服务器内的数据:首先停止 DHCP 服务器,在 DHCP 管理器中用鼠标右键单击服务器,选择【所有任务】→【停止】菜单,或者在命令行方式下运行"net stop dhcpserver"命令将 DHCP 服务器停止;然后将%systemroot%\system32\dhcp 下整个文件夹复制到新的 DHCP 服务器内任何一个临时文件夹中。

运行 Regedt32.exe,选择注册表项 HKEY_LOCAL_MACHINE\SYSTEM\Current ControlSet\Services\DHCPserver,选择【注册表】→【保存项】,将所有设置值保存到文件中。最后删除旧 DHCP 服务器内的数据库文件夹,删除 DHCP 服务。

(2) 将备份数据还原到新的 DHCP 服务器:安装新的 DHCP 服务器,停止 DHCP 服务器,方法如上。将存储在临时文件夹内的所有数据(由旧的 DHCP 服务器复制来的数据)整个复制到%systemroot%\system32\dhcp 文件夹中。

运行 Regedt32.exe,选择注册表项 HKEY_LOCAL_MACHINE\SYSTEM\Current ControlSet\Services\DHCPserver,选择【注册表】→【还原】,将上一步中保存的旧 DHCP 服务器的设置还原到新的 DHCP 服务器。重启 DHCP 服务器,协调所有作用域即可。

本 章 小 结

DHCP 服务是 Windows Server 2003 网络服务中最重要的服务之一,也是最常用的服务之一。本章首先讲述了 Windows Server 2003 DHCP 服务的基本概念及其作用,然后详细地讲述了 DHCP 租约的生成过程及其更新原理,而后又详细地讲述了 Windows Server 2003 DHCP 的安装与配置,并讨论了在路由网络中配置 DHCP 的方法，最后讲述了 DHCP 数据库的管理与维护。DHCP 服务具有容易部署的特性，在实际应用中非常广泛，熟练掌握 DHCP 服务的配置和应用是网络工作者的基本技能要求。本章实训中有安装配置 DHCP 的内容和要求，读者应反复进行实践，以达到熟练的程度。

复习思考题

1. 列出处理 DHCP 租约的各个步骤。
2. 在创建了一个作用域之后，是否可以修改该作用域的子网掩码？
3. 网络由多个网段构成，网段之间通过路由器相互连接。应该怎样配置该网络，才能使得所有客户端计算机都能够利用 DHCP 接收 IP 地址？
4. 如何实现 IP 地址与 MAC 地址的绑定？
5. DHCP 客户端是如何实现租约更新的？

本 章 实 训

某公司因业务扩展需要，新进了 100 台 PC，为了减少网络管理员的负担，现要求配置一台基于 Windows Server 2003 系统的 DHCP 服务器，具体要求如下：

1. 所有 PC 都在同一子网，能够直接通信。
2. 所有 PC 机的 IP 地址租约期为 6 天。
3. 给所有 PC 机指定 DNS 服务器的 IP 地址为 202.99.238.11。
4. 公司总经理的 IP 地址要求是 192.168.1.88。
5. 部署完成后，能为公司 100 台 PC 提供服务，IP 地址段为 192.168.1.1 到 192.168.1.105。
6. 排除其中连续的 5 个 IP 地址 192.168.1.22 到 192.168.1.26，留给广告部使用。

第 5 章　DNS 服务

学习目标

本章主要讲述域名解析的工作原理、DNS 服务安装方法、配置正反搜索区域、创建资源记录、设置 DNS 条件转发以及管理与测试 DNS 服务等内容。通过本章的学习，应达到如下学习目标：
- 理解并掌握域名解析的工作原理。
- 理解并掌握 DNS 服务器的工作原理及其安装和配置方法。
- 掌握规划大型网络中多台 DNS 服务器配置和管理的方法。
- 掌握 DNS 服务的测试与管理。

导入案例

现要求你为某公司申请一个域名，同时为生产部、计划部、销售部三个部门设置相应的子域，并为每个部门配置对应的 DNS 服务器，具体要求如下：

（1）本部门任一客户机通过本部门 DNS 服务器能访问本部门带域名的 Web 网站。

（2）在生产部子域里再配置一台辅助区域 DNS 服务器，并指定主 DNS 服务器向辅 DNS 服务器传输区域。

（3）配置计划部 DNS 服务器的转发功能，使计划部里任一客户机通过 DNS 服务能访问生产部和销售部带域名的 Web 网站。

（4）使用最优方法，使得任一客户机通过本部门 DNS 服务能访问公司内部以及 Internet 上的所有带域名的 Web 网站。

要实现上述目标，首先要安装 DNS 服务器，其次要能够在相应的 DNS 服务器上创建搜索区域、资源记录等，再次要学会在企业网中合理部署 DNS 服务。通过本章的学习，我们可以轻松地解决上述案例中提到的问题。

5.1 DNS 概述

在 TCP/IP 网络里,计算机之间的通信是通过为网络上的每台计算机分配独立的 IP 地址来实现的。但是一旦网络的规模足够大,直接使用 IP 地址就非常不方便了,于是就出现了主机名和 IP 地址之间的这样一种对应关系,即给每台网络上的计算机起一个容易记的名字来实现通信,这样网络的访问就轻松多了。但是,单独使用主机名是无法实现网络通信的,网络通信最终还是归结到 IP 地址,因此,在主机名和 IP 地址之间就需要一个翻译。

最初,因为网络的规模比较小,那时使用单纯的配置文件 Hosts 来进行主机名和 IP 地址的映射。在 Windows 2003 中,Hosts 文件在\%Systemroot%\system32\drivers\etc 文件夹中,可以使用任何文本编辑器进行编辑。

但当 Internet 上的计算机数量越来越多的时候,使用 Hosts 文件就出现了很多的困难,例如,Hosts 文件越来越大,导致域名查询效率降低,也使维护和下载极为困难;Hosts 文件中采用了平面名称结构,计算机名不能重复等等。

于是人们开始设计出 DNS(Domain Name Service)来完成域名查询的工作,DNS 是一个有多层次名称结构的分布式数据库,域名记录存放在多个 DNS 服务器上,查询域名的时候由一个或多个 DNS 服务器协同完成查询工作。

5.1.1 域名空间

整个 DNS 的结构是一个如图 5.1 所示的阶梯式树状结构,该树状结构称为域名空间。

图 5.1 中,位于结构最上层的为根域(.),其中有多台 DNS 服务器。根域之下的域称为顶级域(top-level domain),每个顶级域内都有数台 DNS 服务器。顶级域可以再细分为第二层子域(second-level domain),如"Microsoft"为公司名称,它隶属于 com 域。在第二层子域下还可以有多层的子域(sub domain),例如,可以在 Microsoft.com 下再建立子域 example.microsoft.com。需要注意的是,新建一个子域到某域名空间内时,此域的名称最后必须附加其父域的名称。

最下面一层被称为主机名称(hostname),如"host-a"。一般用完全合格域名来表示这些主机,如"host-a.example.microsoft.com.",其中"host-a"是最基本的信息(一台计算机的主机名称),"example"表示主机名称为"host-a"的计算机在这个子域中注册和使用它的主机名称，"microsoft"是"example"的父域或相对的根域（即 second-level domain），"com"是用于表示商业机构的 top-level domain，最后的句点表示域名空间的根（root）。这个完整的名称也就是所谓的 Fully Qualified Domain Name(FQDN)，即完全合格域名。

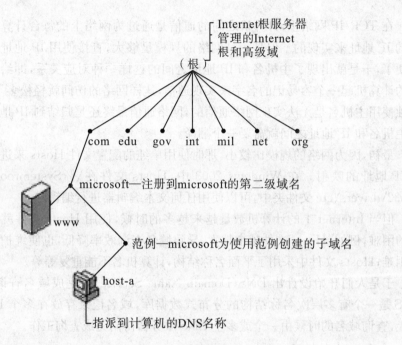

图 5.1　域名空间

5.1.2　DNS 查询模式

DNS 客户端向 DNS 服务器查询 IP 地址时，或 DNS 服务器(DNS 服务器本身也具备 DNS 客户端的角色)向另外一台 DNS 服务器查询 IP 地址时，有两种模式：

（1）迭代查询

迭代查询是客户机向 DNS 服务器进行的查询。在这种查询中，DNS 服务器首先查看它自己的高速缓存和区域数据，如果有，则返回这个查询的答案。如果没有客户机要求的数据，则 DNS 服务器提供给客户机一个顶层空间的服务器的 IP 地址；如果这个顶层空间的 DNS 服务器仍没有客户需要的数据，则它返回给客户一个它的下层的 DNS 服务器的 IP 地址，这样直到找到答案或者出现错误或超时。

(2) 递归查询

递归查询也是客户机向 DNS 服务器进行的查询。在这种查询中,客户机首先向它的 DNS 服务器提出请求,如果该 DNS 服务器没有答案,则该 DNS 服务器承担查询的全部工作和责任。接下来,该 DNS 服务器向其他 DNS 服务器执行独立的迭代查询。

实际工作中,客户机向 DNS 服务器提出的请求通常都为递归查询。如图 5.2 所示。

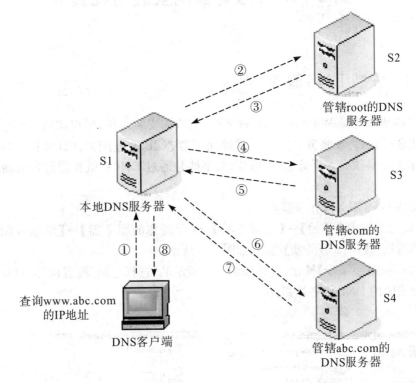

图 5.2 域名查询过程

结合图 5.2,递归查询具体过程如下:

① DNS 客户端向其本地的 DNS 服务器(S1)查询 www.abc.com 的 IP 地址。

② 如果 S1 内没有所需要的数据,则 S1 将此查询要求转送到根域的 DNS 服务器(S2)。

③ S2 从要查询的主机名称(www.abc.com)得知该主机位于 .com 的顶级域名下,因此,它会将负责管辖 .com 的 DNS 服务器(S3)的 IP 地址发送给 S1。

④ S1 得到 S3 的 IP 地址后,它会直接向 S3 查询 www.abc.com 的地址。

⑤ S3 从要查询的主机名称(www.abc.com)得知该主机位于 abc.com 的域下,因此,它会将负责管辖 abc.com 的 DNS 服务器(S4)的 IP 地址传送给 S1。
⑥ S1 得到 S4 的 IP 地址后,它会向 S4 查询 www.abc.com 的 IP 地址。
⑦ 管辖 abc.com 的 DNS 服务器(S4)将 www.abc.com 的 IP 地址传送给 S1。
⑧ S1 将 www.abc.com 的 IP 地址传送给 DNS 客户端。

5.2 DNS 服务器的安装与配置

5.2.1 安装 DNS 服务

DNS 服务不是 Windows Server 2003 默认的安装组件,所以需通过添加安装的方式来安装 DNS 服务。同时必须确保用静态 IP 地址配置该计算机。即一台 DNS 服务器必须有一个静态 IP 地址,而不能是通过 DHCP 服务器得到的动态 IP 地址。

安装 DNS 服务操作步骤如下:

(1) 依次选择【开始】→【管理工具】→【管理您的服务器】→【添加或删除角色】,然后选择【DNS 服务器】选项,如图 5.3 所示。

(2) 单击【下一步】按钮,出现如图 5.4 所示的"选择总结"配置向导,这里列出了所要安装的 DNS 服务器组件。

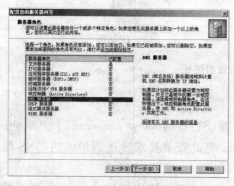

图 5.3 选择 DNS 服务器角色

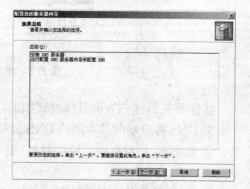

图 5.4 选择总结

(3) 单击【下一步】按钮,出现如图 5.5 所示的"正在配置组件"配置向导,向导

第 5 章　DNS 服务

自动进行 DNS 组件的安装。

（4）DNS 组件安装完毕后，出现如图 5.6 所示的"欢迎使用配置 DNS 服务器向导"窗口。系统将自动运行配置 DNS 服务器向导，以进一步地配置 DNS 服务器。

图 5.5　正在配置组件

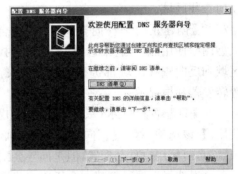

图 5.6　欢迎使用配置 DNS 服务器向导

至此，DNS 服务器安装成功。在【开始】→【程序】→【管理工具】内会多出一个【DNS】选项用来管理与设置 DNS 服务器，同时会创建一个％systemroot％\system32\dns 文件夹，其中存储与 DNS 运行有关的文件，例如缓存文件、区域文件、启动文件等。接下来的工作就是服务器配置了。

下面介绍一下 DNS 客户端的设置。

以 Windows 2003 计算机来说，可以用鼠标右键单击【网上邻居】→选择【属性】，打开【网络和拨号连接】→用鼠标右键单击【本地连接】→选择【属性】→【Internet 协议（TCP/IP）】→【属性】，然后在【首选 DNS 服务器】处输入 DNS 服务器的 IP 地址，如果还有其他的 DNS 服务器可供服务的话，在【备用 DNS 服务器】处输入另外一台 DNS 服务器的 IP 地址。

如果要指定 2 台以上的 DNS 服务器，可单击【高级】按钮，选择【DNS】标签，然后在【DNS 服务器地址（按使用顺序排列）】处单击【添加】按钮，以便输入多个 DNS 服务器的 IP 地址，DNS 客户端会依序向这些 DNS 服务器查询。

5.2.2　利用向导配置 DNS 服务

DNS 服务器安装成功后，在"欢迎使用配置 DNS 服务器向导"窗口单击【下一步】按钮，就会出现如图 5.7 所示的"选择配置操作"界面。

这里有三个选项：

①【创建正向查找区域(适合小型网络使用)】：如果选择这个选项进行配置的话，向导只配置正向查找区域，如果请求的域名不在本域内，则转发给其他 DNS 服务器。在这个选项中配置根提示，但不创建反向查找区域。

②【创建正向和反向查找区域(适合大型网络使用)】：在这个选择中，正向查找区域和反向查找区域都进行创建，并且配置转发器和根提示。

③【只配置根提示(只适合高级用户使用)】：该选项不配置正向和反向查找区域，而是留给用户自己配置，但是向导会配置一个根域名服务器的列表。

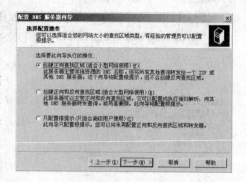

图 5.7　选择配置操作

这里选择选项①创建一个正向查找区域，操作步骤如下：

(1) 在图 5.7 中单击【下一步】按钮，将显示如图 5.8 所示的"主服务器位置"对话框。当在网络中安装第一台 DNS 服务器时，可以选择【这台服务器维护该区域】选项，以将该 DNS 服务器配置为主 DNS 服务器。当再次添加其他的 DNS 服务器时，可以选择【ISP 维护该区域，一份只读的次要副本常驻在这台服务器上】选项，从而将其配置为辅助 DNS 服务器。

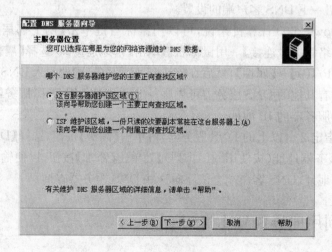

图 5.8　主服务器位置

(2) 单击【下一步】按钮，将显示如图 5.9 所示的"区域名称"对话框，在这里键入所在域名服务机构的名称,如"ahszy.com"。

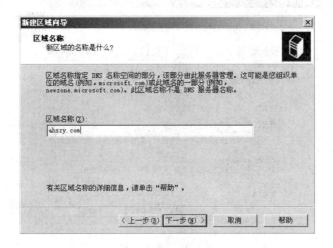

图 5.9　区域名称

（3）单击【下一步】按钮,将显示如图 5.10 所示的"区域文件"对话框,在这里选择【创建新文件,文件名为】选项,并采用系统默认的文件名保存区域文件。

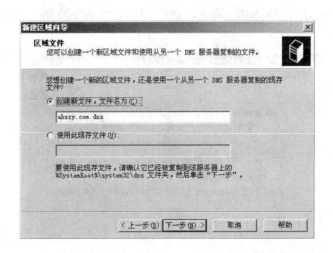

图 5.10　区域文件

（4）单击【下一步】按钮,显示如图 5.11 所示的"动态更新"对话框。使用动态更新技术时,计算机和服务会自动注册它们的资源记录,而不需要 DNS 管理员的人工参与。在此选择【允许非安全和安全动态更新】选项。

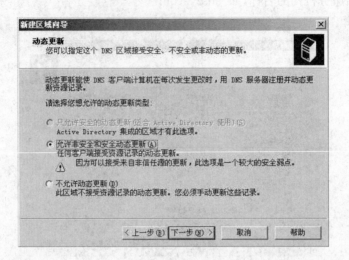

图 5.11 动态更新

(5) 单击【下一步】按钮,显示如图 5.12 所示的"转发器"对话框。在这里选择【是,应当将查询转发到有下列 IP 地址的 DNS 服务器上】选项,并键入 ISP 提供的 DNS 服务器的 IP 地址。当 DNS 服务器接收到客户端发出的 DNS 请求时,如果该请求本地无法解析,那么 DNS 服务器将自动把 DNS 请求转发给 ISP 的 DNS 服务器。

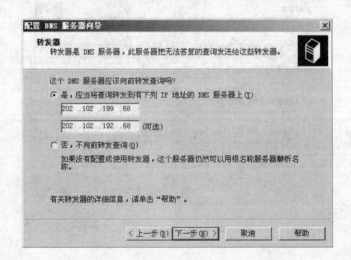

图 5.12 转发器

(6) 单击【下一步】按钮,出现"正在完成配置 DNS 服务器向导"对话框,显示有关该 DNS 服务器的主要设置。单击【完成】按钮,出现"此服务器现在是 DNS 服务器"对话框,提示该服务器已经成为 DNS 服务器。

5.2.3 区域和资源记录

在进一步配置 DNS 服务之前,我们先来学习几个相关的概念。

1. 区域(zone)

区域是域名空间树状结构的一部分。使用区域能够将域名空间分区为较小的区段,便于管理。DNS 服务器是以 zone 为单位来管理域名空间的,zone 中的数据保存在管理它的 DNS 服务器中,而用来存储这些数据的文件就称为区域文件。一个 DNS 服务器可以管理一个或多个 zone,一个 zone 可以由多个 DNS 服务器同时来管理。

用户可以将一个 domain 划分成多个 zone 分别进行管理以减轻网络管理的负荷,例如,图 5.13 中,将域 xyz.com 分为 zone1(涵盖子域 sales.xyz.com)和 zone2(涵盖域 xyz.com 与子域 mkt.xyz.com),每个区域各有一个区域文件。zone1 的区域文件内存储着包含域内所有主机(PC1~PC50)的数据,zone2 的区域文件内存储着包含域内所有主机(PC51~PC59 与 PC60~PC90)的数据。这两个区域文件可以放在同一台 DNS 服务器内,也可以分别放在不同的 DNS 服务器内。可以指派两个不同的管理员,分别负责管理这两个区域,减轻管理上的负担。

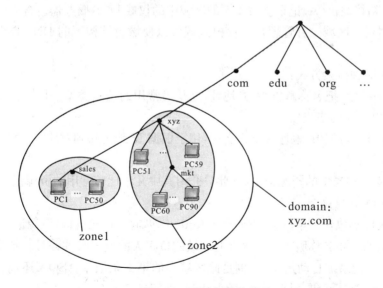

图 5.13 区域和域的关系

注意,一个区域所包含的范围必须是在域名空间中连续的区域,例如,不可以创建一个包含 sales.xyz.com 与 mkt.xyz.com 两个子域的区域,因为这两个子域位于不连续的空间中。但是,可以创建一个包含 xyz.com 与 mkt.xyz.com 的区域,因为它们位于连续的空间中(xyz.com)。

每个区域都是针对一个特定域来设置的,例如,zone1 针对 sales.xyz.com,而 zone2 针对 xyz.com(包括域 xyz.com 与其子域 mkt.xyz.com),则该域称为该区域的根域;也就是说,zone1 的根域为 sales.xyz.com,zone2 的根域为 xyz.com。

Windows 2003 的 DNS 服务器内共支持以下 3 种区域类型:

① 主要区域:主要区域用来存储此区域内所有主机数据的正本。在 DNS 服务器内创建一个主要区域与区域文件后,这个 DNS 服务器就是这个区域的主要名称服务器。

② 辅助区域:辅助区域用来存储此区域内所有主机数据的副本,这份数据是从其主要区域利用区域转送复制过来的,存储此数据的区域文件是只读的。在 DNS 服务器内创建一个辅助区域后,这个 DNS 服务器就是这个区域的辅助名称服务器。

③ 存根区域:Windows Server 2003 的 DNS 技术中,增加了一种区域类型——存根(Stub)区域。存根区域也是区域数据库的拷贝,不过存根区域中只包含了区域中的授权 DNS 服务器的资源记录。存根区域是标准主要区域或者辅助区域数据库的子集,其中只包含 SOA 记录、NS 记录以及被委派的区域的粘接主机(A)记录。粘接主机(A)记录是被委派的区域中的权威 DNS 服务器。含有存根区域的服务器对该区域没有管理权。存根区域可以使域树结构下的 DNS 查询得到优化。

区域有两种搜索方式:

① 正向搜索:把名称解析为 IP 地址,这是最常用的搜索类型。用于得到主机的 IP 地址以建立网络连接。

② 反向搜索:把 IP 地址解析为名称,用于根据 IP 地址得到对应的主机名。

2. 资源记录

DNS 支持相当多的资源记录,在此只介绍其中几种比较常用的资源记录。

(1) SOA 资源记录

每个区域都包含一个 SOA(Start of Authority,起始授权机构)资源记录,用来记录此区域的主要名称服务器与管理此区域的负责人的电子邮件账号。新建一个区域后,SOA 记录被自动建立,它也是此区域内的第 1 条记录。SOA 还包含序列号、刷新间隔、重试间隔、过期时间、最小 TTL 等信息。

(2) NS 资源记录

NS(Name Server,名称服务器),用来记录管辖此区域的名称服务器。每个区域必须在根域中至少包含一个 NS 资源记录。此记录也是自动建立的。

(3) A 资源记录

A(Address,主机地址),用来记录在正向搜索区域内的主机与 IP 地址的映射,以提供把 FQDN 映射为 IP 地址的正向查询服务。

(4)CNAME 资源记录

CNAME(Canonical Name,别名),用来记录某台主机的别名,可以为一台主机设置多个别名。这样允许使用多个名称指向单个主机,使得某些任务更容易执行,例如在同一台计算机上执行 FTP 服务器和 Web 服务器。

(5) MX 资源记录

MX(Mail Exchanger,邮件交换器),指明域名对应的邮件服务器。邮件服务器负责处理或转发此域中的邮件。需要注意的是,每个邮件服务器还需要有一个对应的 A 记录。如果有多个邮件服务器,就需要多个 MX 资源记录。在 MX 记录中,可以设定邮件服务器的优先级,以确定选择邮件服务器的先后顺序。

(6) PTR 资源记录

PTR(Pointer,指针),用于支持基于在 in-addr.arpa 域中创建的区域的反向搜索过程,其作用是指派"主机 IP 地址到 DNS 域名"的反向映射。

(7) SRV 资源记录

SRV(Service Locator,服务定位器),用来记录提供特殊服务的服务器的相关数据。服务被注册之后,客户端就可以使用 DNS 查找服务。例如,Windows 2003 域控制器有许多网络服务,这些服务执行诸如验证用户登录和检查组成员的功能,域控制器通过在 DNS 数据库中创建适当的 SRV 记录来注册这些服务,然后客户机就可以在 DNS 数据库中查找必要的信息来找到域控制器。一般无需添加 SRV 资源记录,因为服务使用动态更新协议自动创建 SRV 资源记录,并将 SRV 资源记录添加到 DNS 数据库中。

5.2.4 设置正向搜索区域

所谓正向搜索区域,是指将域名解析为 IP 地址的过程。当用户键入某个服务器的域名时,借助于正向搜索区域可以将域名解析为一个具体的 IP 地址,从而实现对服务器的访问。在 5.2.2 节中,我们已经掌握利用向导配置 DNS 服务并创建了一个正向搜索区域,但是如果网络中存在两个或两个以上的域时,就必须执行添加正向搜索区域操作。具体步骤如下:

(1) 在"管理您的服务器向导"对话框中单击【DNS 服务器】右侧的【管理此 DNS 服务器】超级链接,或者依次单击【开始】→【所有程序】→【管理工具】→

【DNS】选项,将显示如图 5.14 所示的 DNS 控制台窗口。

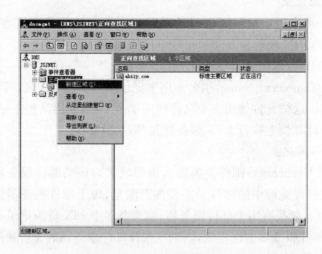

图 5.14　DNS 控制台

(2) 单击"+"号以展开左侧控制台树,用鼠标右键单击【正向查找区域】选项,在弹出的快捷菜单中选择【新建区域…】项,显示"新建区域向导"窗口。

(3) 单击【下一步】按钮,将显示如图 5.15 所示的"区域类型"页面。在这个页面中选择【主要区域】,以将该计算机设置为主 DNS 服务器。

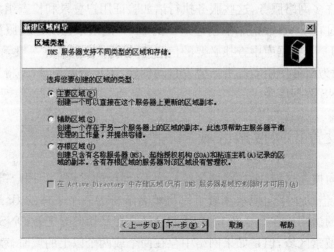

图 5.15　区域类型

(4) 单击【下一步】按钮,将显示"区域名称"区域向导对话框。在【区域名称】

框中键入第 2 个域的域名:ahu.edu.cn,域名最好是申请的正式域名,这样就可以实现在 Internet 上的解析了。

(5) 以下步骤和 5.2.2 节利用向导配置 DNS 正向搜索区域操作相同。

5.2.5 设置反向搜索区域

反向搜索区域可以让 DNS 客户端利用 IP 地址查询其主机名称。反向搜索区域不是必要的,但是在某些场合会用得到,例如,运行 Nslookup 诊断程序时需要用到它,在 IIS 内可能需要利用它限制连接的客户端。

设置反向搜索区域具体步骤如下:

(1) 在"管理您的服务器向导"对话框中单击【DNS 服务器】右侧的【管理此 DNS 服务器】超级链接,或者依次单击【开始】→【所有程序】→【管理工具】→【DNS】选项,显示 DNS 控制台窗口。选择【反向搜索区域】并用鼠标右键单击,选择【新建区域】,启动"新建区域"向导。

(2) 单击【下一步】,显示"区域类型"设置对话框,选择【标准主要区域】。

(3) 单击【下一步】,出现如图 5.16 所示的"反向搜索区域"对话框,直接在【网络 ID】处输入此区域所支持的反向查询的网络号,如 192.168.0,向导自动颠倒字节顺序并加上 in-addr.arpa 域名。也可直接在【反向搜索区域名称】处设置其区域名。

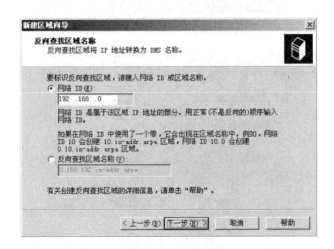

图 5.16 反向查找区域名称

(4) 单击【下一步】按钮,出现"区域文件"设置对话框,选择【创建新文件,文件名为】,使用默认的区域文件名即可。

(5) 单击【下一步】按钮,显示"动态更新"对话框,选择【不允许动态更新】。

(6) 单击【下一步】按钮,显示"正在完成新建区域向导"提示窗口。单击【完成】按钮,返回 DNS 控制台窗口。至此,DNS 服务器的反向搜索区域设置完成。

5.2.6 创建资源记录

DNS 服务器创建完成之后,还需添加主机记录才能真正实现 DNS 解析服务。也就是说,必须为 DNS 服务添加主机名和 IP 地址一一对应的数据库,从而将 DNS 主机名与其 IP 地址一一对应起来,这样,当用户键入主机名时,才能解析成相应的 IP 地址从而实现对服务器的访问。

1. 创建主机记录

主机记录即 A 记录,用于静态地建立主机名与 IP 地址之间的对应关系,以便提供正向查询的服务。因此,必须为每种服务都创建一个 A 记录,如 FTP、WWW、MEDIA、MAIL、NEWS、BBS 等。创建主机记录操作步骤如下:

(1) 打开 DNS 控制台窗口,展开左侧控制台树中的【正向搜索区域】,用鼠标右键单击要添加主机的域名,如 ahszy.com,在弹出的快捷菜单中选择【新建主机】选项,将显示如图 5.17 所示的"新建主机"对话框。

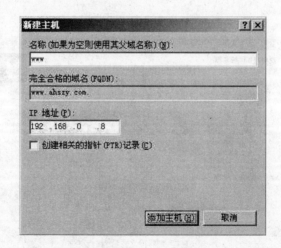

图 5.17 新建主机

(2) 输入服务名称(如 WWW、MAIL、FTP、NEWS 等)和与该名称相对应的 IP 地址。例如,在名称为 WWW 的服务器中,IP 地址为 192.168.0.8,那么该计算机的域名就是 www.ahszy.com；当用户在 Web 浏览器中输入"www.ahszy.com"来进行访问时，IP 地址将被解析为 192.168.0.8。

（3）单击【添加主机】按钮，将显示创建成功的 DNS 提示框。

（4）重复上述操作，以创建其他的多个主机，如 MAIL、FTP、NEWS 等。在主机全部创建完成之后，单击【完成】按钮以返回 DNS 控制台窗口，将显示所有已经创建的 IP 地址映射记录。

2. 创建 MX 邮件交换记录

一个邮件交换记录可以告诉用户哪些服务器可以为该域接收邮件。当局域网用户与其他 Internet 用户进行邮件的交换时，将由在这里指定的邮件服务器与其他 Internet 邮件服务器之间完成。也就是说，如果不指定 MX 邮件交换记录，那么网络用户就无法实现与 Internet 的邮件交换，也就不能实现 Internet 电子邮件的收发。

创建 MX 邮件交换记录具体操作如下：

（1）先添加一个主机名为 mail 的主机记录，并使该 mail 主机名指定的计算机作为邮件服务器。

（2）在 DNS 控制台树的【正向搜索区域】中，用鼠标右键单击要添加 MX 邮件交换记录的域名，在弹出的快捷菜单中选择【新建邮件交换器（MX）】选项，将显示如图 5.18 所示的"新建资源记录"对话框，以用于创建一个 MX 记录，并实现对邮件服务器的域名解析。需要注意的是，【主机或子域】框保持为空，这样才能得到诸如 user@ahu.edu.cn 之类的信箱。如果在【主机或子域】框中键入"mail"，那么信箱名将会变为 user@mail.ahu.edu.cn。

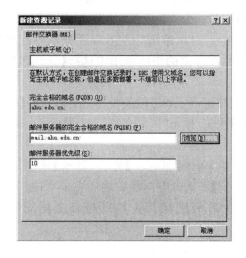

图 5.18　新建资源记录

(3) 在【邮件服务器的完全合格的域名(FQDN)】文本框中直接键入邮件服务器的域名,例如 mail.ahu.edu.cn。也可单击【浏览】按钮,显示"浏览"对话框,在"浏览"对话框的列表中选择作为邮件服务器的主机名称,如 mail。

(4) 当区域内有多个 MX 记录(即有多个邮件服务器)时,可以在【邮件服务器优先级】处输入一个数字来确定其优先级,其中的数字越小表示优先级越高(0 为最高),邮件服务器默认优先级值为 10。当一个区域中有多个邮件服务器时,如果其他的邮件服务器要传送邮件到此区域的邮件服务器中,它会先选择优先级最高的邮件服务器。如果此次邮件传送失败,再选择优先级较低的邮件服务器。如果有两台以上的邮件服务器的优先级相同时,会从中随机选择一台邮件服务器。

(5) 单击【确定】按钮,以完成 MX 邮件记录添加操作。

重复上述操作,可为该域添加多个 MX 记录,并在【邮件服务器优先级】文本框中分别设置其优先级值。当优先级值小的邮件服务器发生故障后,可使用优先级值较高的服务器继续完成邮件服务,从而实现服务器的冗余和容错。

5.2.7 创建辅助区域及区域复制

一般情况下,域名注册公司通常要求用户配置两台 DNS 服务器,一台作为主服务器,一台作冗余使用,这样就提供了比较高的可靠性。作冗余的服务器通常配置成辅助区域服务器。辅助区域从其主要区域通过区域传送的方式复制数据,与主要区域文件不同的是,辅助区域文件是只读的,不允许被修改。建立辅助名称服务器只需要在 DNS 中创建域名解析的辅助区域。

首先在备份 DNS 服务器上安装 DNS 服务,操作步骤如下:

(1) 打开 DNS 控制台窗口,单击"十"号以展开左侧控制台树,用鼠标右键单击【正向查找区域】选项,在弹出的快捷菜单中选择【新建区域…】,显示"新建区域向导"对话框。

(2) 单击【下一步】按钮,显示"区域类型"对话框,选择【辅助区域】选项。

(3) 单击【下一步】按钮,显示"区域名称"对话框,填入辅助区域的名称,如 ah-szy.com。

(4) 区域名称确定后,单击【下一步】按钮,显示如图 5.19 所示的"主 DNS 服务器"对话框,在【IP 地址】下面的空白框中填入主 DNS 服务器的 IP 地址,然后单击【添加】按钮,这样 DNS 区域就会从主 DNS 服务器复制到这台辅 DNS 服务器上。

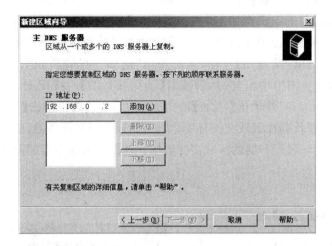

图 5.19　主 DNS 服务器

(5) 单击【下一步】按钮,显示"正在完成新建区域向导"对话框,提示已经成功完成了新建区域,并且会给出刚刚进行的设定。

(6) 单击【完成】按钮完成新建区域的创建,但是这时会看到区域复制失败的信息,如图 5.20 所示。发生这种情况的原因是主服务器并未指定向此辅助服务器进行复制。

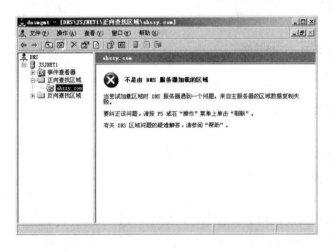

图 5.20　复制失败

(7) 在主 DNS 服务器上的"ahszy.com"区域单击鼠标右键,选择【属性】,在

"属性"窗口中,选择"区域复制"选项卡,如图 5.21 所示。在"区域复制"窗口中,在【允许区域复制】前的空白框中打勾,并且选取【只允许到下列服务器】,在【IP 地址】下的空白框中输入辅助域名服务器的 IP 地址"192.168.0.9"并单击【添加】按钮完成添加;然后单击【通知】按钮,系统弹出"通知"对话框,如图 5.22 所示。在【自动通知】前的空白框中打勾,然后选取【下列服务器】,在【IP 地址】下的空白框中输入"192.168.0.9"并单击【添加】按钮完成添加,然后再单击【确定】按钮。这样,主域名服务器就会在区域文件有变化时通知辅助域名服务器,然后辅助域名服务器开始读取主域名服务器的区域文件数据。辅助域名服务器的两个区域也会加载起来。

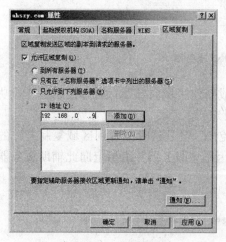

图 5.21 区域复制

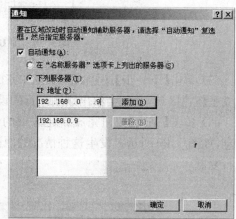

图 5.22 "通知"对话框

5.2.8 创建子域

子域是直接位于 DNS 分层目录结构中某一个域下面的域。例如,mkt.ahszy.com 是 ahszy.com 域的子域。

划分子域可以改善 DNS 名称空间的组织结构。把名称空间划分为子域就好比在硬盘上创建文件夹和子文件夹。一般地,可以按照一个组织的部门或地理分布来划分子域。例如,ahszy.com 下,可以按部门划分出"mis"、"mkt"、"sales"、"personnel"等子域。

子域的创建可以分为自动创建和手动创建。自动创建是基于 DNS 服务器的动态更新。

下面在 xyz.com 下手动创建一个子域 mkt。只需用鼠标右键单击 xyz.com，然后选择【新建域】，在"新建域"对话框中输入子域的名称 mkt 即可，如图 5.23 所示，接下来就可以在此子域内输入主机资源记录等数据。

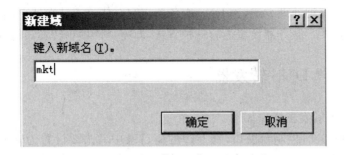

图 5.23 "新建域"对话框

5.3 条件转发和 Internet 上的 DNS 配置

5.3.1 DNS 转发器简介

一般情况下，DNS 服务器在收到 DNS 客户端的查询请求后，它将在所管辖区域的数据库中寻找是否有该客户端的数据。如果该 DNS 服务器的区域数据库中没有该客户端的数据（即在 DNS 服务器所管辖的区域数据库中并没有该 DNS 客户端所查询的主机名），该 DNS 服务器需将该请求转发给其他的 DNS 服务器进行查询。

在实际应用中，以上这种现象经常发生。例如，当网络中的某台主机要与位于本网络外的主机通信时，就需要向外界的 DNS 服务器进行查询，并由其提供相应的数据。但为了安全起见，一般不希望内部所有的 DNS 服务器都直接与外界的 DNS 服务器建立联系，而是只让某一台 DNS 服务器与外界建立直接联系，同时网络内的其他 DNS 服务器则通过这台 DNS 服务器来与外界进行间接的联系。这台直接与外界建立联系的 DNS 服务器便称之为转发器。

有了转发器，当 DNS 客户端提出查询请求时，DNS 服务器将通过转发器从外界 DNS 服务器中获得数据，并将其提供给 DNS 客户端。如果转发器无法查询到

所需的数据,则 DNS 服务器一般提供以下两种处理方式:

① DNS 服务器直接向外界的 DNS 服务器进行查询。

② DNS 服务器不再向外界的 DNS 服务器进行查询,而是告诉 DNS 客户端找不到所需的数据。

如果是后一种处理方式,该 DNS 服务器将完全依赖于转发器。出于安全上的考虑,最好将 DNS 服务器设置为后一种方式,即完全依赖于转发器的方式。

5.3.2 配置 DNS 转发器

配置 DNS 转发器操作如下:

(1) 打开 DNS 控制台窗口,在左边的树目录中右击要设置为转发 DNS 服务器的名称,在弹出的快捷菜单中选择【属性】选项,出现"属性"对话框。

(2) 在"属性"对话框中选择"转发器"选项卡,如图 5.24 所示,其中可以添加或修改转发器的 IP 地址。

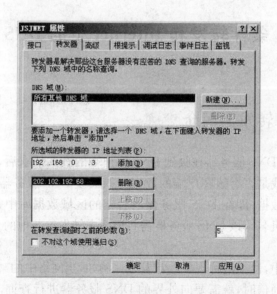

图 5.24 设置转发器

(3) 在【DNS 域】列表框中选择【所有其他 DNS 域】选项,然后在【所选域的转发器的 IP 地址列表】框中键入 ISP 提供的 DNS 服务器的 IP 地址,并单击【添加】按钮。重复以上操作步骤,可添加多个 DNS 服务器的 IP 地址。需要注意的是,除了可以添加本地 ISP 的 DNS 服务器的 IP 地址外,也可以添加其他著名 ISP 的

DNS 服务器的 IP 地址。

（4）在转发器的 IP 地址列表中选择要调整顺序或要删除的 IP 地址，单击【上移】、【下移】或【删除】按钮，即可执行相关操作。需要注意的是，应该将响应最快的 DNS 服务器的 IP 地址调整至最顶端，以提高 DNS 查询速度。

（5）单击【确定】按钮，以保存对 DNS 转发器所做的设置。

5.3.3 条件转发

在 Windows Server 2003 中，除了基本的 DNS 转发器功能外，还有条件转发的功能。条件转发器是网络上用于根据查询中的 DNS 域名转发 DNS 查询的 DNS 服务器。例如，可以配置 DNS 服务器，将它接收到的名称结尾为"xyz.com"的所有查询转发到特定 DNS 服务器的 IP 地址或转发到多个 DNS 服务器的 IP 地址。

条件转发器可用来改进 Intranet 内的域名解析。具体方法是：将 DNS 服务器配置为对特定内部域名使用转发器。例如，域 xyz.example.com 中的所有 DNS 在 Windows Server 2003 的 DNS 系统中，DNS 转发器可以把不同的查询转发给不同的 DNS 服务器，相对于以前版本的 DNS 服务器更具智能化。

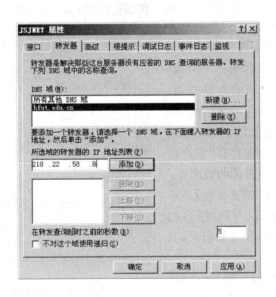

图 5.25　设置条件转发器

转发器条件转发的设置步骤为：打开 DNS 服务器的"属性"对话框，选择"转发器"选项卡，如图 5.25 所示；在【DNS 域】中单击【新建】按钮，输入域名"hfut.edu.

cn";选中此域,在【所选域的转发器的 IP 地址列表】中输入 hfut. edu. cn 域的 DNS 服务器的 IP 地址(假设为 218.22.58.8),然后单击【确定】按钮。

这样设置后,解析所有 hfut. edu. cn 域中的主机的工作都固定地转发给 IP 地址为 218.22.58.8 的 DNS 服务器。

5.3.4　Internet 上的 DNS 配置

在 Internet 上,为了解析一个域名,DNS 服务器先在本机数据库进行查询,如果不成功,再从根服务器开始,并继续在顶级和二级服务器中搜索,直至可以解析主机名。

然而,DNS 服务器如何知道根域内有哪些 DNS 服务器呢?答案是通过位于%Systemroot%\System32\DNS 文件夹中的缓存文件 Cache. dns。

可以直接修改此文件,但最好通过以下途径来修改此文件的内容:在 DNS 控制台内,用鼠标右键单击【DNS 服务器】→【属性】→【根提示】,如图 5.26 所示,进行相应修改。

DNS 服务启动时,会自动加载这些记录。当用户向这个 DNS 查询一个主机的名称时,DNS 首先检查自己的缓存,如果其中没有对应的主机名,也没有对应域名的 NS 记录,则 DNS 会向这些根域服务器查询。根域服务器会返回相应的域名的 NS 记录,DNS 再向这个域的 DNS 查询。返回的结果都会保存在"缓存的查找"中,以提高以后查询的效率。

在 DNS 管理窗口的【查看】菜单下选择【高级】,就可以看到"缓存的查找"中保存过的 DNS 名称记录,其中最高域就是"."。

如果 DNS 没有和 Internet 连接,只用于本地网内的查询,那么就需要删除 Cache. dns 文件。如果本地网比较大,有多个 DNS 服务器,其中有一个就是根域服务器,所有下一级域名都是在根域服务器上委派,那么在下级的 DNS 服务器上也需要建立自己的 Cache. dns 文件。

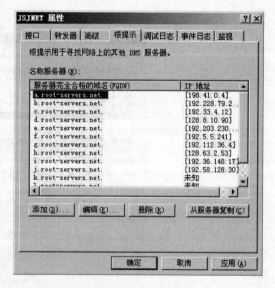

图 5.26　"根提示"选项卡

5.4 DNS 的测试

安装完 DNS 之后,在使用之前应该先对 DNS 服务器进行测试。可以使用 Windows Server 2003 DNS 服务器提供的 DNS 管理工具来完成 DNS 服务器的测试。

测试方法是产生一个查询来验证 DNS 服务是否正确工作。要产生查询,可以用鼠标右键单击 DNS 服务器,选择【属性】,单击【监视】选项卡,如图 5.27 所示。

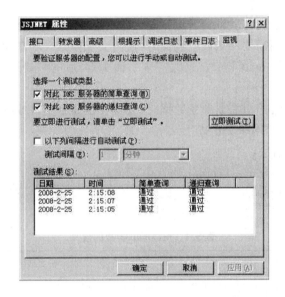

图 5.27 DNS 服务器"监视"属性对话框

说明:

(1)【对此 DNS 服务器的简单查询】:进行客户对 DNS 服务器查询的本地测试。

(2)【对此 DNS 服务器的递归查询】:通过向其他 DNS 服务器转发递归查询来测试 DNS 服务器。

单击【立即测试】,查询测试的结果将显示在"测试结果"中。

要进行自动查询,则要选中【以下列间隔进行自动测试】复选框,设置【测试间隔】的时间,查询测试将按间隔定期执行。

需要注意的是,在添加或删除区域后,需要在重启 DNS 服务后再进行查询测试,否则可能会产生错误的结果。

ipconfig 和 nslookup 是两个用来检查 DNS 服务的常用命令行工具。

使用 ipconfig 可以查看、清除和续订 DNS 的客户注册信息。具体命令如下:

(1) ipconfig /displaydns:查看客户端的 DNS 缓存。客户端的 DNS 缓存包括自本地主机文件中预加载的项目,以及最新获得的有关系统所解析的名称查询的任何资源记录。

(2) ipconfig /flushdns:清除客户端的 DNS 缓存中动态添加的记录。

(3) ipconfig /registerdns:可以手动启动 DNS 名称和 IP 地址的动态注册。

(4) ipconfig /registerdns [adapter]:adapter 是计算机上要更新注册的特定网卡的名称。

使用 nslookup 可以验证资源记录是否正确。nslookup 有两种模式:

(1) 交互式:当需要一条以上数据时,使用交互模式。要在命令行提示符中运行交互式模式输入"nslookup↙"("↙"表示回车键,后同);要退出交互式模式,输入"exit↙"。

(2) 非交互式:当只需要单条数据时,或者要在命令文件或批处理文件中包括 nslookup 命令时,使用非交互式。

nslookup 的语法:

nslookup [-option…][computer_to_find|-[server]]

参数含义见表 5.1。

表 5.1 nslookup 参数的含义

参 数	含 义
-option…	指定一个或多个 nslookup 命令。输入"?"获得可用命令的列表。
computer_to_find	如果指定计算机的 IP 地址,则 nslookup 返回主机名称。如果指定计算机名称,则 nslookup 返回 IP 地址。如果要找的计算机是主机名称而且没有尾随的句点,则默认的 DNS 域名将被附加到名称后。要查找不在现有的 DNS 域中的计算机,需在名称后附加一个句点。
-server	指定用作 DNS 服务器的服务器。如果省略这个选项,则使用现有默认配置的 DNS 服务器。

需要注意的是,为了保证 nslookup 正常工作,执行搜索的服务器上必须存在 PTR 资源记录。

本 章 小 结

DNS 服务是 Windows 2003 网络服务中的一项重要内容,无论是在 Internet 上还是在 Intranet 上都有广泛的应用。本章首先详细介绍了域名空间以及 DNS 查询模式的基本概念,着重讲述了在 Windows Server 2003 环境下安装和配置 DNS 服务的方法,在管理 DNS 服务中讲解了如何创建正反向搜索区域、创建资源记录;在较复杂的网络环境中配置多个 DNS 服务器时如何创建和管理辅助区域、如何设置转发器的方法。最后讲解了多种 DNS 服务的测试方法。DNS 服务与第 7 章活动目录有紧密的联系,请读者加以注意。

复习思考题

1. 什么是 DNS 的域名空间、区域和授权名称服务器?
2. 迭代查询和递归查询之间的区别是什么?
3. 标准主要区域和标准辅助区域之间的区别是什么?
4. 什么时候必须创建根区域?
5. 什么是 DNS 的资源记录? 常用的资源记录有哪些?
6. DNS 服务器转发器的作用是什么?

本 章 实 训

实训一 配置基于 Windows Server 2003 系统的 DNS 服务

1. 安装并配置两台 DNS 服务器,一台做主服务器,一台做备份服务器。
2. 在 DNS 服务器中配置两个正反向搜索区域和一个子区域,区域里添加相应的资源记录。
3. 设置 DNS 服务器转发器,能将查询记录转发到其他 DNS 服务器上。

实训二　DNS 客户端测试

1. 配置 DNS 客户端。
2. 使用工具和命令对 DNS 服务器进行查询测试，并管理客户端的 DNS 缓存。

第 6 章　Internet 信息服务

学习目标

本章主要讲述 Internet 信息服务的相关概念、IIS 6.0 服务器的安装与配置、安装和配置 Web 服务、安装和配置 FTP 服务、安装和配置邮件服务等内容。通过本章的学习，应达到如下学习目标：
- 了解 IIS 6.0 安装、配置及管理方法。
- 理解并掌握 Web 服务器的工作原理，学会 Web 服务器的安装和配置方法。
- 理解并掌握 FTP 服务器的工作原理，学会 FTP 服务器的安装和配置方法。
- 理解并掌握邮件服务器的工作原理，学会邮件服务器的安装和配置方法。

导入案例

现要求你为某公司发布站点信息，出于网络安全考虑，网站中生产部、财务部、销售部三个部门站点信息设置为虚拟目录，财务部站点信息设置需要用户验证和客户机 IP 地址及域名的限制。另为公司创建一个 FTP 服务器，供员工上传和下载相应资料；同时配置一台邮件服务器，让员工能收发公司内部邮件。具体要求如下：

(1) 用户在客户机上能够根据权限访问公司网站上特定的信息。
(2) 网站管理员能通过 FTP 服务器远程上传公司网站信息管理 Web 网站。
(3) 用户通过登录 FTP 服务器访问和上传公司共享文件资源。
(4) 用户能通过邮件服务器收发企业内部电子邮件。

要实现上述目标，首先要安装 IIS6.0，其次要在相应的 IIS 6.0 上创建网站、配置和管理相应的网站信息，然后创建和配置 FTP 服务，最后安装邮件服务器并配置 POP3 服务和 SMTP 服务。通过本章的学习，我们可以轻松地解决上述案例中提到的问题。

6.1 Internet 信息服务概述

IIS(Internet Information Server,简称 IIS)是集 Web 服务、FTP 服务、SMTP 服务等多种服务于一体的 Internet 信息服务系统。Windows Server 2003 提供的 IIS 6.0 是众多服务中应用最多的一种服务。

IIS 6.0 提供的基本服务有以下两个:

(1) Web 服务:Web 服务是指在网上发布可以通过浏览器打开的网页的服务。IIS 6.0 允许用户架设数目不限的虚拟 Web 站点,并支持超文本传输协议(HTTP)1.1 标准,从而能够提供较高的安全性和更好的性能。

(2) FTP 服务:支持文件传输协议(File Transfer Protocol,简写为 FTP),是用来建立用于网上文件传输的服务。IIS 6.0 允许用户设定数目不限的虚拟 FTP 服务器,但是每一个虚拟 FTP 站点都必须拥有一个惟一的 IP 地址。

相较于 Windows 2000 中的 IIS 5.0,IIS 6.0 在安全性和元数据库(Metabase)等方面加入了一些新的特性。

为了防止 IIS 服务被恶意地攻击或者利用,Windows Server 2003 默认的安装中不包含 IIS 6.0,要使用 Windows Server 2003 作为 Web 服务器或 FTP 服务器,必须安装 IIS 6.0。另一个安全措施是在 IIS 初始安装后被设置为"锁定"模式。默认只支持静态的页面。如果要让 IIS 支持动态内容,必须显式地启用并进行配置。

在 IIS 5.0 中,保存 IIS 服务配置和架构信息的元数据 Metabase 以二进制的方式存储在 MetaBase.bin 文件中,用户无法读取或编辑。在 IIS 6.0 中,不再使用二进制文件存储元数据库,而是使用 XML 格式的文件 MateBase.xml 和 MBSchema.xml,文件存放的路径是%systemroot%\system32\inetsrv,用户可以进行合理编辑。

同时,IIS 6.0 体系设计中还加入了 HTTP 协议堆栈(http.sys)驱动程序。http.sys 驱动程序在内核模式下处理 HTTP 请求并进行 HTTP 的解析和缓存,从而大大提高了系统的伸缩性和性能表现。将处理 HTTP 请求的任务从 IIS 5.0、IIS 4.0 的用户模式改变为 IIS 6.0 的内核模式,标志着新一代的 Internet 信息服务的诞生。

6.2 配置 Web 服务

6.2.1 安装 IIS 6.0

IIS 6.0 是内嵌在应用程序服务器里的一个组件。安装 IIS 6.0 既可以在"管理您的服务器"窗口中以添加"应用程序服务器"的方式来完成,也可以在"控制面板"中以"添加/删除 Windows 组件"的方式来实现。

步骤如下:

(1) 打开"管理您的服务器"窗口,单击其中的【添加或删除角色】超级文本链接,弹出"预备步骤"对话框,在这里将提示安装各种硬件设备等准备工作。

(2) 单击【下一步】按钮,显示"检测网络设置"对话框,表明系统正在检测网络设置。

(3) 检测网络设置完成后,显示"配置选项"对话框,选择【自定义配置】选项,以将该服务器配置为 Web 服务器。

(4) 单击【下一步】按钮,显示如图 6.1 所示的"服务器角色"对话框。在左边的【服务器角色】列表框中选择【应用程序服务器(IIS,ASP.NET)】项。

(5) 单击【下一步】按钮,显示如图 6.2 所示的"应用程序服务器选项"对话框。这里有【FrontPage Server Extension】和【启用 ASP.NET】两个复选框,选中前者可为 Web 服务提供一些扩展功能,如制作搜索引擎等,选中后者则表示 Web 服务应用程序将支持 ASP.NET。

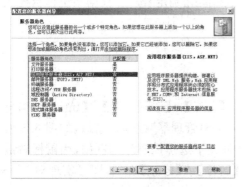

图 6.1 "服务器角色"对话框

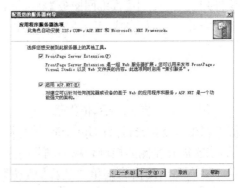

图 6.2 "应用程序服务器选项"对话框

(6) 单击【下一步】按钮,显示如图 6.3 所示的"选择总结"对话框。这里列出了 Web 服务的一些配置功能的选项,即用户自定义的选项内容,可检查是否有漏缺内容。

(7) 单击【下一步】按钮,显示"正在应用选择"对话框,这表明系统正在处理,请耐心等待系统的处理过程。

(8) 应用选择完成后,显示"插入磁盘"对话框,在这里要求插入系统安装盘。

(9) 单击【确定】按钮,开始进行配置组件,显示"正配置组件"对话框。

(10) 在组件配置完成后,将显示如图 6.4 所示的服务器已经完成的窗口。

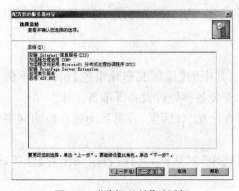

图 6.3 "选择总结"对话框

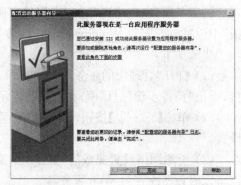

图 6.4 配置完成

(11) 单击【完成】按钮,系统完成服务器的配置,返回"管理您的服务器"窗口。至此 IIS 6.0 安装成功。

IIS 6.0 安装完成后,系统即创建一个默认的 Web 网站,提供 Web 服务。Web 服务也可以通过手工方式借助"添加或删除程序"来完成。在"控制面板"中依次打开【应用程序服务器】→【Internet 服务器(IIS)】,在"Internet(信息服务 IIS)"的子组件列表框中选中【万维网服务】复选框,然后单击【确定】按钮,根据系统提示插入系统安装盘,即可完成 Web 服务的安装。

6.2.2 创建网站

IIS 6.0 安装完成后,依次选择【开始】→【程序】→【管理工具】→【Internet 信息服务(IIS)管理器】,打开"Internet 信息服务(IIS)管理器"控制台窗口,如图 6.5 所示,依次展开左侧的控制台树,在【网站】文件夹下选择欲管理的网站,用鼠标右键单击并在弹出的快捷菜单中选择【启动】、【暂停】或【停止】选项,即可实现对 Web 网站的相关操作。

在 Windows Server 2003 安装应用程序服务器模块时，系统默认将创建一个 Web 网站，该网站的名称为"默认网站"。要建立一个 Web 网站，可以配置默认的网站，也可以新建一个网站来实现。在控制台树中用鼠标右键单击【默认网站】，在弹出的快捷菜单中选择【属性】子菜单，显示如图 6.6 所示"默认网站属性"对话框，在对话框中修改网站属性即可配置出新的网站。

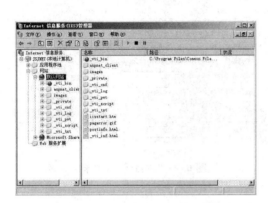

图 6.5 "Internet 信息服务(IIS)管理器"控制台　　　　图 6.6 "默认网站"属性

1. 网站基本概念

在创建一个新的网站之前，需要解释一些关于网站的基本概念。

(1) 网站标识

为 Web 站点配置标识参数是为了使 Web 浏览器能够定位到 Web 服务器。如图 6.6 所示，在"网站"选项卡中可以设置下列标识：

① 【描述】：指定 Web 站点出现在"Internet 服务管理器"中的名称。

② 【IP 地址】：分配给该站点的 IP 地址。【IP 地址】框中的"全部未分配"表示默认的 Web 站点使用尚未指派给其他站点的 IP 地址。只能设置一个站点使用未指派的 IP 地址。

③ 【TCP 端口】：默认值为 80，可以把它改成任何未分配的 TCP 端口号，但这需要在访问时指定该端口号，如将 TCP 端口号改为 8080，则访问时应在浏览器地址栏输入 http://ServerName:8080。

④ 【SSL 端口】：指定使用安全套接字层(SSL)的端口，默认值为 443。当使用 SSL 加密时，就需要使用 SSL 端口号。

(2) 主目录

每个 Web 站点都必须有一个主目录。主目录是站点访问者的起始点，也是

Web 发布树的顶端。其中包含主页或索引文件，用来欢迎访问者并包含指向 Web 站点中其他页的链接。主目录映射到站点的域名。例如，如果站点的 Internet 域名是 www.microsoft.com，主目录是 C:\Website\Microsoft，则 Web 浏览器使用网址 http://www.microsoft.com／来访问 C:\Website\Microsoft 目录中的文件。

在指定主目录时，可以使用本地目录或者共享文件夹。使用本地目录可以在本地计算机上存储要发布的页面。使用共享文件夹则可以在网络上的另一台计算机上存储要发布的页面，而在浏览器看来就像存储在 Web 服务器上。

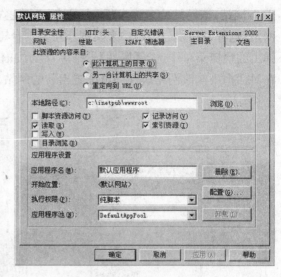

图 6.7 "主目录"选项卡

可以在站点"属性"对话框的"主目录"选项卡中为站点指定主目录，如图 6.7 所示。

说明：

① 【此计算机上的目录】：可以在【本地路径】文本框中输入主目录的路径，也可以单击【浏览】来指定主目录。

② 【另一计算机上的共享位置】：在【网络目录】文本框中输入 UNC 路径名称（\\{服务器名}\{共享名}），再单击【连接为】来指定该站点用来连接共享文件夹的用户名和密码。

③ 【重定向到 URL】：表示将连接请求重新定向到别的网络资源，如某个文件、目录、虚拟目录或其他的站点等。选择此项后，在【重定向到】文本框中输入上述网络资源的 URL 地址。

(3) 文档

在 IIS 中，"文档"可以是 Web 站点的主页或索引页面。默认文档可以是 HTML 文件或 ASP 文件，当用户通过浏览器连接至 Web 站点时，若未指定要浏览哪一个文件，则 Web 服务器会自动传送该站点的默认文档供用户浏览。例如，我们通常将 Web 站点主页 default.htm、default.asp 和 index.htm 设为默认文档，当浏览 Web 站点时就会自动连接到主页上。指定默认文档的操作步骤如下：

① 打开 Web 站点的"属性"对话框，单击"文档"选项卡，如图 6.8 所示。

② 选中【启用默认内容文档】复选框，单击【添加】按钮添加新的默认文档。

当指派了多个默认文档时，Web 服务器将按这些文件的排列顺序搜索默认文档列表。服务器返回它找到的第一个文档。可以改变搜索顺序，选择默认文档列表中的一个文档，然后单击【上移】或【下移】按钮把选中的文档按需要上移或下移。

(4) 站点的启动、停止或暂停

默认情况下，站点将在计算机重新启动时自动启动。停止站点将停

图 6.8 "文档"选项卡

止 Internet 服务，并从计算机内存中卸载 Internet 服务。暂停站点将禁止 Internet 服务接受新的连接，但不影响正在进行处理的请求。启动站点将重新启动或恢复 Internet 服务。操作步骤如下：

① 在"Internet 信息服务"管理单元中，选择要启动、停止或暂停的站点。

② 单击工具栏中的【开始】、【停止】或【暂停】按钮。

注意，如果站点意外停止，"Internet 信息服务"管理单元将无法正确显示服务器的状态。重新启动之前，请先单击【停止】，而后单击【启动】重新启动站点。

2. 创建网站

下面来介绍如何创建一个新的 Web 网站。在服务器容量允许的前提下，可以按照需要添加新的站点。步骤如下：

(1) 在控制台目录树中，展开"Internet 信息服务"节点和服务器节点。

(2) 用鼠标右键单击"网站"节点，在弹出的快捷菜单中选择【新建】→【网站】命令，打开"网站创建向导"对话框。

(3) 单击【下一步】按钮，打开如图 6.9 所示的"网站描述"对话框。在【描述】文本框中输入站点说明。

(4) 单击【下一步】按钮，打开如图 6.10 所示的"IP 地址和端口设置"对话框。在【网站 IP 地址】下拉列表框中选择或直接输入 IP 地址；在【网站 TCP 端口】文本框中输入 TCP 端口值，默认值为 80；如果有主机头，可在【此网站的主机头】文本框

中输入主机头。

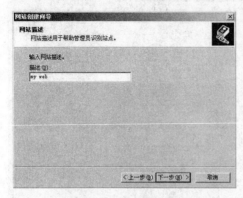

图 6.9 "网站描述"对话框　　　图 6.10 "IP 地址和端口设置"对话框

（5）单击【下一步】按钮，打开如图 6.11 所示的"网站主目录"对话框。在【路径】文本框中输入主目录的路径或单击【浏览】按钮选择路径。

（6）单击【下一步】按钮，打开如图 6.12 所示的"网站访问权限"对话框。在【允许下列权限】选项区域中设置主目录的访问权限。启用【读取】复选框，则只给访问者读取权限；启用【写入】复选框，则给访问者修改权限；一般情况下，禁用【写入】复选框，不给访问者修改权限。

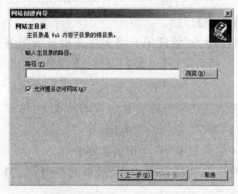 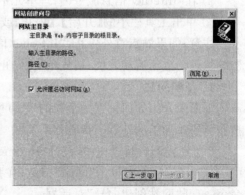

图 6.11 "网站主目录"对话框　　　图 6.12 "网站访问权限"对话框

（7）单击【下一步】按钮，打开"您已成功完成'网站创建向导'"对话框。单击【完成】按钮，完成站点创建。

6.2.3 在一台服务器上标识多个 Web 站点

在 Windows Server 2003 中,可以在一台服务器上创建多个 Web 站点。此时,每个站点都必须具有惟一的 Web 站点标识。在 IIS 中,可以用下面三种方式之一来标识站点。

① 使用不同端口号的单个 IP 地址:通过使用非默认的端口号,可以把一个 IP 地址分配给很多站点,但这需要在访问时在输入相应站点的 URL 或 IP 地址之后再加上冒号(:)和相应的端口号。例如,输入 http://www.ahszy.com:1048 或 http://192.168.0.3:1048(1048 是端口号)。

② 使用多个 IP 地址:通过为多个站点中的每个站点都分配一个或多个惟一的 IP 地址。

③ 使用具有主机头名的单个静态 IP 地址:通过使用主机头,可以区分对同一 IP 地址进行响应的多个站点。设置主机头需要在 DNS 服务器中将一台计算机的 IP 地址映射到多个域名。

需要注意的是,当添加一个主机头名时,必须去除默认的 IP 地址属性【全部未分配】,否则该站点将对本 Web 服务器收到的所有请求做出响应。

6.2.4 创建虚拟目录

建立 Web 站点时,需指定包含要发布文档的目录。Web 服务器无法发布未包含在指定目录中的文档。要计划创建 Web 站点,必须首先确定如何组织发布目录中的文件。主目录当然是发布目录。另外,要从主目录以外的目录发布信息,可以通过创建虚拟目录来实现,因此,虚拟目录也是发布目录。

虚拟目录是在服务器上未包含在主目录中的物理目录。通过使用虚拟目录,能够以单个目录树的形式来显示分布在不同位置的内容,这样可以更有效地组织站点结构,并可以简化 URL。

对虚拟目录需要分配"别名",客户端浏览器会用此别名来访问该目录。别名一般要比目录的路径名称短,更便于用户键入。使用别名也更加安全,用户不知道文件在服务器上的物理位置,也无法使用此信息更改您的文件。使用别名使得在站点上移动目录非常容易。可以更改网页别名和物理位置之间的映射,而并不更改网页的 URL。

在默认情况下,系统会设置一些虚拟目录,供存放要在 Web 站点上发布的任何文件。但是,如果站点变得太复杂,或决定在网页中使用脚本或应用程序,就需

要为要发布的内容创建附加虚拟目录。要创建虚拟目录,可参照下面的步骤:

(1) 打开"应用程序服务器"控制台窗口,展开左侧控制台树,用鼠标右键单击【默认网站】选项,在弹出的快捷菜单中选择【新建】→【虚拟目录】,显示"虚拟目录创建向导"对话框。

(2) 单击该向导中的【下一步】按钮,显示如图 6.13 所示的"虚拟目录别名"对话框。在【别名】文本框中键入该虚拟目录的名称。注意,客户浏览该虚拟目录时需要使用该别名,因此一般将该别名设置成有一定意义并便于记忆的英文名称,以便客户访问。

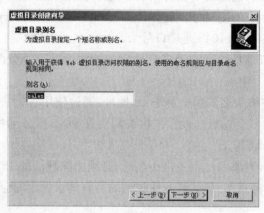

图 6.13 "虚拟目录别名"对话框

(3) 单击【下一步】按钮,显示如图 6.14 所示"网站内容目录"对话框。在其中的【路径】文本框键入该虚拟目录要引用的文件夹,或单击【浏览】按钮来进行查找。

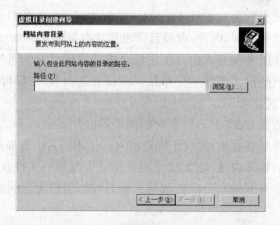

图 6.14 "网站内容目录"对话框

(4)单击【下一步】按钮,显示如图 6.15 所示"虚拟目录访问权限"对话框。选择该虚拟目录要授予用户的权限,通常可选择默认的【读取】和【运行脚本】权限。

(5)单击【下一步】按钮,显示"创建虚拟目录完成"对话框。单击【完成】按钮,将完成虚拟目录向导,返回"应用程序服务器"控制台窗口,如图 6.16 所示,在默认网站树型目录下,可以看到已经成功添加了一个 sales 虚拟目录。

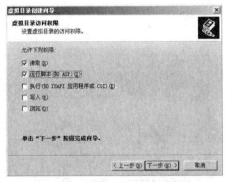

图 6.15 "虚拟目录访问权限"对话框

图 6.16 创建完成

6.2.5 管理 Web 站点的安全性

由于 Web 网站从某种意义上代表着一个机构的形象,甚至作为网络办公的平台,其中往往保存着非常重要的数据资料,因此 Web 网站的安全也就显得越来越重要。

1. 设置用户验证

默认状态下,任何用户都可以访问一个 Web 服务器,也就是说,Web 服务器实际上允许用户以匿名方式来访问,允许用户不用用户名和密码就可以访问 Web 站点的公共区域。匿名身份验证默认是启用的。当用户尝试连接网站公共区域时,Web 服务器就为该用户分配一个名为"IUSR_computername"的用户账户,其中"computername"是 IIS 服务器的名称。然而,有些内部网站可能要求仅仅允许本机构的用户访问,此时,对用户的身份进行验证就成为必要的手段。也就是说,当欲限制普通用户对 Web 网站的访问时,对用户身份进行验证无疑是最简单也是最有效的方式之一。

若要取消对匿名访问的允许,可取消"验证方法"对话框中的【匿名访问】复选框,从而要求所有访问该站点的用户都必须通过身份验证。需要注意的是,必须要首先创建一个有效的 Windows 用户账户,然后再授予这些账户以某些目录和文件

(必须采用 NTFS 文件系统)的访问权限,这样服务器才能验证用户的身份。

设置用户身份验证具体操作如下:

(1) 在"默认网站属性"对话框中,选择【目录安全性】选项卡,如图 6.17 所示,在这里可以设置 Web 网站的访问安全。

(2) 在【身份验证和访问控制】栏中单击【编辑】按钮,将显示如图 6.18 所示的"身份验证方法"对话框。在这里取消对【启用匿名访问】复选框的选中,以后当用户访问该 Web 网站时,需要进行身份验证。

图 6.17 "目录安全性"选项卡

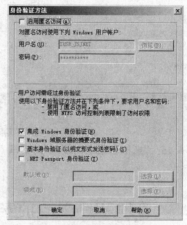

图 6.18 "身份验证方法"对话框

(3) 在图 6.18 所示对话框中选择身份验证方式。身份验证有以下几种方式:

①【集成 Windows 身份验证】:选中【集成 Windows 身份验证】复选框,当匿名访问被禁用时,IIS 将使用集成的 Windows 身份验证,并且由于设置了 Windows 文件系统权限而匿名访问将被拒绝。该权限要求用户在与受限的内容建立连接之前,提供 Windows 用户名和密码。选择这种方式,可以确保用户名和密码是以哈希值的形式通过网络来发送的,从而提供了一种身份验证的安全形式。

②【Windows 域服务器的摘要式身份验证】:选中【Windows 域服务器的摘要式身份验证】复选框,将使用活动目录进行用户身份验证,要求在【领域】框中键入用于验证用户或组的域或其他操作系统的身份验证控制器。该身份验证方式在网络上将发送哈希值而不是明文密码,并可以越过代理服务器和其他防火墙。

③【基本身份验证(以明文形式发送密码)】:选中【基本身份验证(以明文形式发送密码)】复选框,系统将以明文方式通过网络发送密码。基本身份验证是 HTTP 规范的一部分并被大多数浏览器支持,但是由于用户名和密码并没有加密,因此可能存在安全性风险。

④【.NET Passport 身份验证】：选中【.NET Passport 身份验证】复选框，将启用网站上的.NET Passport 身份验证服务，要求在【默认域】框中键入用于用户身份验证控制的 Windows 域。.NET Passport 允许一个站点的用户创建单个易记的登录名和密码，以保证对所有启用.NET Passport 的网站和服务访问的安全。要注意的是，启用了.NET Passport 的站点将依赖于.NET Passport 中央服务器来对用户进行身份验证，而不是维护其自己的专用身份验证系统。但是，.NET Passport 中央服务器不对单个启用.NET Passport 的站点授权，或拒绝特定用户的访问权限，这是因为控制用户的访问权限是网站的职责。

（4）依次单击【确定】按钮，以保存所做的设置修改。

2. 配置用户对 Web 页面的访问权限

权限不同于身份验证：身份验证用于确定用户的标识，权限用于确定合法用户在通过身份验证后能访问的内容。权限指定了特定用户或组对服务器上的数据进行访问和操作的类型。通过对权限的有效管理，可以控制用户对服务器内容的操作。配置访问权限具体操作为：打开"Internet 信息服务"管理单元，用鼠标右键单击要配置权限的网站，在弹出的快捷菜单中选择【权限】选项，显示如图 6.19 所示"权限设置"对话框，在对话框中，根据不同的用户设置对应的访问权限。

图 6.19 "权限设置"对话框

3. 设置授权访问的 IP 地址范围

虽然可以通过用户身份验证的方式来解决敏感信息的访问问题，但对于那些授权用户而言，操作过于麻烦。而"IP 地址及域名限制"是一种更为简捷的控制对

Web 网站(网站、目录或文件)访问的方法。系统通过适当的配置,即可以实现允许或拒绝特定计算机、计算机组或域来访问 Web 站点、目录或文件。例如,可以阻止 Internet 用户访问 Web 服务器,方法是仅授予 Intranet 成员访问权限,而明确拒绝外部用户的访问。具体操作如下:

(1) 在图 6.17 中的【IP 地址和域名限制】区域单击【编辑】按钮,系统显示如图 6.20 所示的"IP 地址和域名限制"对话框。选择其中的【拒绝访问】单选项时,系统将拒绝所有计算机和域对该 Web 服务器的访问,但特别授予访问权限的计算机除外。选择其中的【授权访问】选项时,将允许所有计算机和域对该 Web 服务器的访问,但特别授予拒绝访问权限的计算机除外。因此,当仅授予少量用户以访问权限时,应当选择【拒绝访问】选项;当仅拒绝少量用户访问时,应当选择【授权访问】选项。以下的操作将以"拒绝访问"为例来说明。

(2) 单击【添加】按钮,将显示如图 6.21 所示"拒绝访问"对话框,根据要拒绝访问该计算机的网络类型选择【一台计算机】、【一组计算机】或【域名】选项。

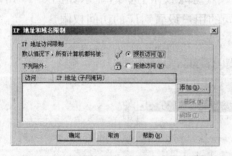

图 6.20 "IP 地址和域名限制"对话框

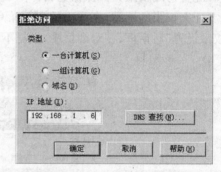

图 6.21 "拒绝访问"对话框

6.3 配置 FTP 服务

6.3.1 FTP 服务概述

FTP(File Transfer Protocol,文件传输协议)是用于在 TCP/IP 网络中的计算机之间传输文件的协议。如果用户要将文件从客户机上发送到服务器上,称之为 FTP 的上传(Upload);而更多的情况是用户从服务器上把文件等资源传送到客户机上,称之为 FTP 的下载(Download)。普通的 FTP 服务要求用户必须在 FTP 服务器上有相应的用户账户和口令,但大多数站点提供了匿名 FTP 服务,用户在登录这些服务器时不用事先注册一个账户和密码,而是以"anonymous"为用户名,以自己的电子邮件地址为密码即可连接登录。

FTP 是基于客户机/服务器模式的服务系统,它由客户软件、服务器软件、FTP 通信协议三部分组成。FTP 客户软件作为一种应用程序,运行在用户计算机上。用户使用 FTP 命令与 FTP 服务器建立连接或传送文件。一般操作系统内置标准 FTP 命令,标准浏览器也支持 FTP 协议。当然还可以使用一些专用的 FTP 软件,如 Cuteftp 等。FTP 服务器软件运行在远程主机上,并设置一个名叫"anonymous"的公共用户账户,向用户开放。FTP 客户与服务器之间在内部建立两条 TCP 连接:一条是控制连接,主要用于传输命令和参数;另一条是数据连接,主要用于传送文件。控制连接和数据连接使用不同的服务端口号,分别为 21 和 20。

IIS 的 FTP 服务充当文件传输的服务器端。

6.3.2 FTP 服务的安装

作为 IIS 的重要组成部分,与 Windows 2000 Server 一样,Windows Server 2003 也内置有 FTP 服务模块。所以在以应用程序服务器搭建 Web 服务时,已经创建了 FTP 站点。如果没有安装 FTP 服务,则可以采用添加 Windows 组件方式来单独安装 FTP 服务。具体操作如下:

(1) 打开"Windows 组件向导"对话框,在【Windows 组件】列表框中选中【应用程序服务器】复选框,并单击【详细信息】按钮,将显示如图 6.22 所示"应用程序服务器"对话框,在这里选中【Internet 信息服务(IIS)】复选框。

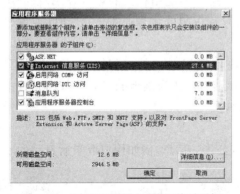

图 6.22 "应用程序服务器"组件对话框

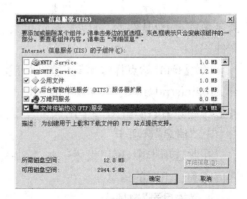

图 6.23 "Internet 信息服务(IIS)"组件对话框

(2) 单击【详细信息】按钮,将显示如图 6.23 所示"Internet 信息服务(IIS)"组件对话框,选中【文件传输协议(FTP)服务】复选框。

(3) 单击【确定】按钮,根据系统提示信息插入安装盘,即可完成 FTP 服务的安装。

6.3.3 FTP 站点属性

打开"Internet 信息服务"管理器窗口,在要管理的 FTP 站点上用鼠标右键单击,选择【属性】命令,即可打开"默认 FTP 站点属性"对话框,如图 6.24 所示。

1. "FTP 站点"选项卡

"FTP 站点"选项卡如图 6.24 所示,其主要选项有:

(1)【IP 地址】:设置此站点的 IP 地址,即本服务器的 IP 地址。如果服务器设置了两个以上的 IP 站点,可以任选一个。FTP 站点可以与 Web 站点共用 IP 地址以及 DNS 名称,但不能设置使用相同的 TCP 端口。

(2)【TCP 端口】:设置 FTP 服务端口。FTP 服务器默认使用 TCP 协议的 21 端口。若更改此端口,则用户在连接到此站点时,必须输入站点所使用端口,例如,命令"ftp 192.168.0.3:802"表示连接 FTP 服务器的 TCP 端口为 8021。

2. "安全账户"选项卡

"安全账户"选项卡如图 6.25 所示,其主要选项有:

(1)【允许匿名连接】:FTP 站点一般都设置为允许用户匿名登录,除非想限制只允许 Windows 用户登录使用。在安装时系统自动建立一个默认匿名用户账号"IUSR_COMPUTERNAME"。注意,用户在客户机上登录 FTP 服务器使用的匿名用户名为"anonymous",并不是上面给出的名字。

(2)【只允许匿名连接】:选择此项,表示用户不能用私人的账号登录,只能用匿名来登录 FTP 站点,可以用来防止具有管理权限的账号通过 FTP 访问或更改文件。

(3)【FTP 站点操作员】:设置拥有管理此 FTP 站点的权限的域用户,默认只有 Administrators 组的成员才能管理 FTP 站点。作为该组的成员,可以利用【添加】及【删除】按钮,针对每个站点来设置操作员。

3. "消息"选项卡

在此选项卡中,可以设置一些类似站点公告的信息,例如用户登录后显示的欢迎信息和退出时的信息。

4. "主目录"选项卡

"主目录"选项卡如图 6.26 所示。该属性页用于设置供网络用户下载文件的站点是来自于本地计算机,还是来自于其他计算机共享的文件夹。

图 6.24 "默认 FTP 站点属性"对话框　　图 6.25 "安全账户"选项卡

选择【此计算机上的目录】,还需指定 FTP 站点目录,即站点的根目录所在的路径。选择【另一台计算机上的目录】,需指定来自于其他计算机的目录,按【连接为】按钮设置一个有权访问该目录的 Windows 2003 域用户账号。

对于站点的访问权限,可进行几种复选设置:

(1)【读取】:即用户拥有读取或下载此站点下的文件或目录的权限。

(2)【写入】:即允许用户将文件上传至此 FTP 站点目录中。

(3)【记录访问】:如果 FTP 站点启用了记录访问功能,则用户访问此站点文件的行为会以记录的形式被记载到日志文件中。

5. "目录安全性"选项卡

"目录安全性"选项卡如图 6.27 所示。该属性页用于设定客户访问 FTP 站点的范围,具体方式为授权访问和拒绝访问。

(1)【授权访问】:开放访问此站点的权限给所有用户,同时可以在【下面列出的除外】列表中加入不受欢迎的用户 IP 地址。

(2)【拒绝访问】:不开放访问此站点的权限,默认所有人不能访问该 FTP 站点,但可以在【下面列出的除外】列表中加入允许访问站点的用户 IP 地址,使他们具有访问权限。

可以利用【添加】、【删除】、【编辑】按钮来增加、删除或更改【下面列出的除外】列表中的内容。可选择【单机】模式,即直接输入 IP 地址,或者单击【DNS 查找】按钮,输入域名,让 DNS 服务器找出对应的 IP 地址。选择【一组计算机】,在网络标识栏中输入这些计算机的网络标识,在子网掩码中输入这一组计算机所属子网的子网掩码,即确定用户输入某一逻辑网段。

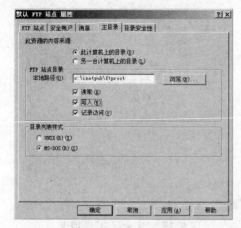

图 6.26 "主目录"选项卡

图 6.27 "目录安全性"选项卡

6.4 配置邮件服务

邮件服务器系统由 POP3 服务、简单邮件传输协议(SMTP)服务、电子邮件客户端三个组件组成。其中 POP3 为用户提供邮件下载服务,SMTP 用于发送邮件以及支持邮件在服务器之间的传递,电子邮件客户端则是用于读取、撰写以及管理电子邮件的软件。

Windows Server 2003 初始安装完毕后,POP3 服务组件并没有被安装,因此在设置 POP3 服务之前,必须首先安装相应的组件,然后才可以进行诸如身份验证方法的设置、邮件存储区设置、域及邮箱的管理等工作。

6.4.1 安装电子邮件服务

安装电子邮件服务具体操作如下:

(1) 打开"管理您的服务器"窗口,单击其中的【添加或删除角色】超级文本链接,弹出"预备步骤"对话框,在这里将提示安装各种硬件设备等准备工作。

(2) 单击【下一步】按钮,将显示"服务器角色"对话框,选中【邮件服务器(POP3,SMTP)】选项,将该计算机安装为邮件服务器。

(3)单击【下一步】按钮,显示如图 6.28 所示的"配置 POP3 服务"对话框,在【选择用户身份验证方法】下拉列表中设置用户身份的验证方式。身份验证方法包括"本地 Windows 账户身份验证"和"加密密码文件身份验证"两种方式。如果该计算机升级为域控制器,则会有"Active Directory 集成的身份验证"和"加密密码文件身份验证"两种方式。有关身份验证方法的设置及转换,将在下一节中做详细介绍。同时,在【电子邮件域名】文本框中键入电子邮件的域名。例如,在这里键入域名 ahszy.com,并且设置用户名为 jsjx,那么用户的电子信箱就将是 jsjx@ahszy.com。

(4)单击【下一步】按钮,显示"选择总结"对话框,此时将 Windows Server 2003 的安装光盘放到光盘驱动器中。

(5)单击【下一步】按钮,显示"正在配置组件"对话框,Windows 组件向导将开始安装所选择的 POP3 服务组件。

(6)邮件组件安装完毕后,显示如图 6.29 所示的"此服务器现在是邮件服务器"对话框,提示邮件服务器已经安装成功。

(7)单击【完成】按钮,以完成邮件服务器组件配置向导,返回到"管理您的服务器"对话框,这时显示邮件服务器已经安装成功。

图 6.28 "配置 POP3 服务"对话框

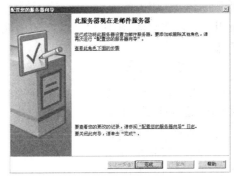

图 6.29 配置完成

6.4.2 身份验证

在邮件服务器上创建任何电子邮件域之前,首先必须要选择一种身份验证方法。系统中的邮件服务提供了 3 种不同的身份验证方法来验证连接到邮件服务器的用户。只有在邮件服务器没有安装为域控制器时,才可以更改身份验证方法。下面将详细讲述这 3 种身份验证方法的设置。

1. 本地 Windows 账户身份验证

如果邮件服务器不是活动目录域的成员，并且希望在安装了邮件服务的本地计算机上存储用户账户，那么可以使用"本地 Windows 账户身份验证"方法来进行邮件服务的用户身份验证。本地 Windows 账户身份验证将邮件服务集成到本地计算机的安全账户管理器(SAM)中，通过使用安全账户管理器，在本地计算机上拥有用户账户的用户就可使用与由 POP3 服务提供的和本地计算机进行身份验证的相同的用户名和密码。

本地 Windows 账户身份验证可以支持一个服务器上的多个域，但是不同域上的用户名必须是惟一的。例如，webmaster@ahszy.com 和 webmaster@ahu.edu.cn 不能同时在一个服务器上存在。

本地 Windows 账户身份验证同时支持明文和安全密码身份验证(SPA)的电子邮件客户端身份验证。其中的明文以不安全和非加密的格式传输用户数据，所以不推荐使用明文身份验证。SPA 要求电子邮件客户端使用安全的身份验证传输用户名和密码，因此推荐使用该方法。

2. Active Directory 集成的身份验证

如果安装 POP3 服务的服务器是活动目录域的成员或者是活动目录域控制器，则可以使用活动目录集成的身份验证。同时，使用活动目录集成的身份验证，可以将 POP3 服务集成到现有的活动目录域中。如果创建的邮箱与现有的活动目录用户账户相对应，则用户就可以使用现有的活动目录域用户名和密码来收发电子邮件。

可以使用活动目录集成的身份验证来支持多个 POP3 域，这样就可以在不同的域中建立相同的用户名。例如，webmaster@ahszy.com 和 webmaster@ahu.edu.cn 能同时在一个服务器上存在。

3. 加密密码文件身份验证

"加密密码文件身份验证"对于还没有安装活动目录，并且又不想在本地计算机上创建用户的大规模部署来说十分理想，同时从一台本地计算机上就可以很轻松地管理可能存在的大量账户。

加密密码文件身份验证将使用用户的密码来创建一个加密文件，该文件存储在服务器上用户邮箱的目录中。在用户的身份验证过程中，用户提供的密码将被加密，然后与存储在服务器上的加密文件进行比较，如果加密的密码与存储在服务器上的加密密码相匹配，则用户通过身份验证。使用加密密码文件身份验证，可以在不同的域中使用相同的用户名。

6.4.3 设置邮件存储位置

默认状态下，系统将用户邮件保存在 C:\Inetpub\mailroot\Mailbox\ 文件夹中。如果想设置邮件的存储位置，则必须是本地计算机 Administrators 组中的成员，或者必须被委派适当的权限。如果将计算机加入到一个域中，则 Domain Admins 组的成员可能也可以执行该项设置。设置邮件存储位置步骤如下：

（1）打开"管理您的服务器"窗口，在【邮件服务器(POP3, SMTP)】栏单击【管理此邮件服务器】超级链接，或者依次单击【开始】→【控制面板】→【管理工具】→【POP3 服务】选项，显示如图 6.30 所示的"POP3 服务"控制台窗口。

（2）用鼠标右键单击【计算机名】节点，在弹出的快捷菜单中选择【所有任务】→【停止】子菜单，以停止电子邮件服务。

（3）用鼠标右键单击【计算机名】节点，在弹出的快捷菜单中选择【属性】子菜单，将显示如图 6.31 所示邮件服务器"属性"对话框，在【根邮件目录】文本框中键入新的邮件存储文件夹及路径，例如"D:\Mailbox"。也可以单击【浏览】按钮，以查找并定位要保存用户邮件的文件夹。

（4）单击【确定】按钮，将显示"POP3 服务"警告框，提示已有的域将无法正确存储邮件，必须将域目录复制到新根邮件目录以保留当前账户。

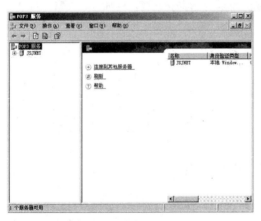

图 6.30 "POP3 服务"控制台

图 6.31 "属性"对话框

（5）单击【确定】按钮，将显示"POP3 服务"提示框，提醒用户需要重新启动 POP3 服务和 SMTP 服务才能使所做的更改生效。单击【是】按钮，以重新启动邮件服务。

(6)用鼠标右键单击【计算机名】节点,在弹出的快捷菜单中选择【所有任务】→【启动】子菜单,以启动电子邮件服务。

(7)用鼠标右键单击【计算机名】节点,在弹出的快捷菜单中选择【所有任务】→【刷新】子菜单,以使新的域目录生效。

6.4.4 创建和管理邮件域

在邮件服务器安装过程中,已经添加并设置一个新的域名用于 E-mail 服务。如果企业申请有两个或多个域名,或者该服务器作为虚拟主机来提供邮件服务,也可以添加多个域名以实现多邮件虚拟服务的共存。

1. 创建域

创建域操作如下:

(1)打开"POP3 服务"控制台,用鼠标右键单击其中的【计算机名】节点,在弹出的快捷菜单中选择【新建】→【域】选项,将显示如图 6.32 所示"添加域"对话框,在其中的【域名】文本框中键入新域名,并确保该域名已经在 DNS 服务中设置了 MX 记录。

(2)单击该对话框中的【确定】按钮,以完成新域名的添加。

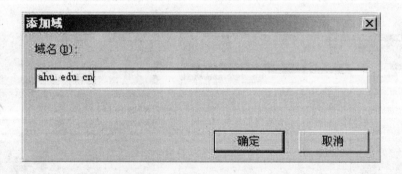

图 6.32 "添加域"对话框

2. 管理域

在 POP3 控制台树中,可以对电子邮件域进行必要的管理,如删除域、锁定/解除锁定域等操作。

具体操作如下:

(1)删除域。在"POP3 服务"控制台树中,单击【计算机名】,用鼠标右键单击要删除的域,然后单击【删除】菜单命令,将显示确认删除该域的提示框,单击该提示框中的【确定】按钮,将删除该域、域中所有邮箱以及存储在域中的所有邮件。

操作时应当注意以下几点:

① 如果域中有用户正连接到运行 POP3 服务的服务器,则不能删除该域。

② 如果使用本地 Windows 账户或活动目录集成的身份验证,并且已经创建了用户账户,则在删除相应的邮箱时,该用户账户不会被删除。

③ 如果正在使用活动目录集成的身份验证,则必须登录到活动目录域(而不是本地计算机)才能执行此过程。

(2) 锁定/解除锁定域。用鼠标右键单击要锁定的域,在弹出的快捷菜单中选择【锁定】菜单命令,即锁定该域。在解除锁定域时,只需在弹出的快捷菜单中选择【解除锁定】菜单命令即可。

6.4.5 创建和管理邮箱

在邮件服务器安装过程中,已经添加并设置了一个新的域名,利用这个邮件域,我们就可以建立邮箱账户了。

创建和管理邮箱具体操作如下:

(1) 打开"POP3 服务"控制台窗口,用鼠标右键单击要创建新邮箱的域,在弹出的快捷菜单中依次选择【新建】→【邮箱】子菜单;或者选定要添加用户信箱的域,然后在右侧栏中用鼠标右键单击空白处,在弹出的快捷菜单中选择【新建】→【邮箱】选项,将显示如图 6.33 所示的"添加邮箱"对话框,在其中的【邮箱名】文本框中键入邮箱名(字母不区分大小写),同时在【密码】及【确认密码】框中键入相同的用户名密码。

(2) 单击【确定】按钮,将显示如图 6.34 所示的"POP3 服务"对话框,提示用户信箱已经添加成功。若不想再显示该对话框,可选中【不再显示此消息】复选框。

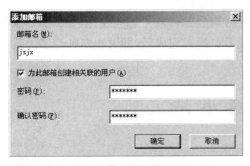

图 6.33 "添加邮箱"对话框

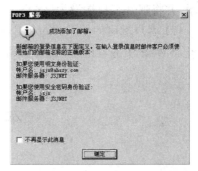

图 6.34 "POP3 服务"对话框

(3) 单击【确定】按钮,信箱添加完成。

重复上述操作,可以为所有网络用户都添加一个电子信箱。

(4) 设置 SMTP 属性。依次选择【开始】→【管理工具】→【Internet 信息服务管理器】命令,用鼠标右键单击【默认 SMTP 虚拟服务器】,在快捷菜单中选择【属性】,显示如图 6.35 所示的"常规"选项卡对话框,在此可以配置 SMTP 服务使用的 IP 地址等信息。

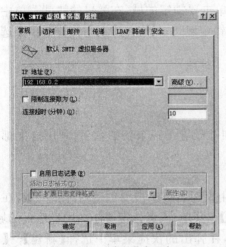
图 6.35 "常规"选项卡

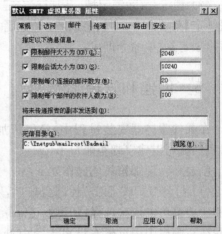
图 6.36 "邮件"选项卡

(5) 单击"邮件"选项卡,显示如图 6.36 所示的对话框,在此可以配置 SMTP 服务对发送邮件大小、会话大小、每个连接的邮件数等的限制。进行相应设置后,单击【确定】按钮。

(6) 邮件服务器配置完成后,用户要在 DNS 服务器上添加邮件交换器(MX)记录,并将邮件客户端设为该 DNS 服务器的客户机。

(7) 客户端可使用 Outlook Express 配置邮件账号相应属性,如 POP3 服务器地址、SMTP 服务器地址,如图 6.37 所示。配置完成后,即可收发邮件了。

本 章 小 结

Internet 信息服务是 Windows Server 2003 网络中应用最多的服务之一。本章首先介绍了 Internet 信息服务器(IIS 6.0)的基本功能,着重演示在 Windows

2003 环境下安装和配置 IIS 6.0 的方法;然后详细地介绍了利用 IIS 6.0 创建和管理 Web 站点的方法;而后较详细地讲述了 FTP 服务的基本工作原理及 FTP 站点的创建与管理;最后,在较复杂的网络环境中讲解了利用 POP3 和 SMTP 服务配置邮件服务器的方法。

复习思考题

1. IIS 6.0 提供的 Internet 服务有哪些? 怎样安装与配置 IIS 6.0?

2. 在 IIS 6.0 中,可以使用哪些方法来识别多个不同的 Web 站点?

3. 什么是发布目录、主目录和虚拟目录? 虚拟目录一般都使用别名,请说明使用别名的好处。

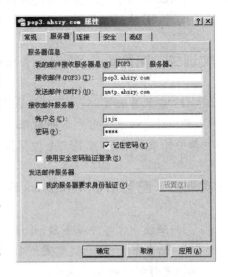

图 6.37 客户端邮件账号属性

4. 假设您的 IIS 服务器有 3 个 Web 站点。在 WWW 服务主属性为缺省配置的情况下,该站点允许 100 个连接。您对 1 号 Web 站点配置了 1000 个连接,对 2 号 Web 站点配置了 2000 个连接。将默认主属性调整为允许 500 个连接。出现提示时,不覆盖任何设置。请问,Web 站点 1、2、3 各允许有多少个连接?

5. 假设您对一个 Web 站点设置了匿名身份验证和集成 Windows 身份验证。用户登录到域中,并从运行 Windows XP 的计算机上访问此 Web 服务器。Web 站点内容是以 NTFS 方式配置的,因此用户能够修改文档。请问,当用户通过 IE 访问 Web 内容时,IIS 使用什么账号?

本 章 实 训

实训一 配置基于 Windows Server 2003 的 Web 服务系统

1. 安装并配置一台 Web 服务器,并发布两个独立的 Web 网站。

2. 在其中一个网站中创建虚拟目录,在另一个网站中利用站点安全性设置身份验证和 IP 地址访问限制。

实训二　配置基于 Windows Server 2003 的 FTP 服务系统

1. 安装并配置一台 FTP 服务器。
2. 创建和配置用户访问权限。具体权限为:匿名用户部分只读权限,普通用户部分修改权限,管理员完全控制权限。

实训三　配置基于 Windows Server 2003 的邮件服务系统

1. 安装一台邮件服务器,并设置 POP3 服务、SMTP 服务。
2. 结合第 5 章知识,配置好 DNS 服务。客户端使用 Outlook Express 设置相应属性进行邮件的收发操作。

第7章 活动目录

学习目标

本章主要讲述活动目录的相关概念,活动目录域、树和森林之间的关系,域控制器的安装与配置方法,活动目录中的用户、组和组织单位的功能和特点,管理用户、组和组织单位以及配置与管理组策略的方法等内容。通过本章的学习,应达到如下学习目标:

● 了解 Windows Server 2003 的活动目录的逻辑结构和物理结构。
● 掌握 Windows Server 2003 活动目录的安装与配置方法。
● 学会创建与管理域用户账户。
● 了解在活动目录上发布资源的方法以及组织单元的管理、组策略的应用。

导入案例

某公司采用域模式网络结构,异地有两个子公司 A、B,两个子公司互为信任关系。公司有成员服务器若干台,员工数百名,通过域控制器统一管理公司的资源,并通过组策略提高公司网络的安全性。具体要求如下:

（1）在总公司配置域控制器,并在子公司创建相应的子域。
（2）根据网络资源创建活动目录中的用户、组和组织单位。
（3）通过组策略设置用户对网络资源的访问。

要实现上述目标,首先要在相应的网络中安装域控制器并建立关系;其次要在域控制器中创建相应的网络资源,如用户、计算机等;再次要能根据实际网络要求通过配置组策略管理网络;最后要能结合活动目录的知识实现活动目录的架构。通过本章的学习,我们可以轻松地解决上述案例中提到的问题。

7.1 活动目录的概念

7.1.1 什么是活动目录(Active Directory,AD)

Windows Server 2003 的活动目录是一种目录服务,那么什么是目录服务呢?

1. 目录服务

目录服务决定了在目录服务系统里可以存放哪些东西(对象)以及这些东西如何进行存放等等。这正如同库房管理员管理库房一样:由管理员决定库房里可以存放什么东西,如桌子、凳子、工具、零件等等,并合理地摆放这些东西——这样当要提取某一样东西时,才能迅速准确地拿出来。

在网络环境中,目录服务把网络中的资源(如用户、计算机、数据、打印机等)集中存储起来,并将其提供给用户和应用程序使用,它为网络资源提供了一种一致化的命名、描述、定位、管理和设置相应安全性的方法。

2. 活动目录

活动目录是 Microsoft 目录服务的解决方案,它提供了对网络资源的集中组织、管理和访问控制功能。活动目录能组织有关真实网络资源,如用户、共享、计算机、打印机以及应用程序等信息,从而帮助用户能够快速找到所需资源。客户在访问网络资源时,不会意识到网络资源存在的物理位置、网络拓扑结构的具体情况,而只需要根据自己的权限进行访问就可以了。活动目录也被设计用于为网络管理员提供单一的管理点,使得资源访问、安全授权以及用户和组账号能够集中统一管理。

3. 活动目录(AD)的作用

活动目录具有以下作用:

(1) AD 存储整个网络上的资源信息,可以方便地查找和管理多种网络资源。Windows 网络中的网络资源以"对象"的形式存在,例如,用户、组、计算机、打印机、服务器(提供特定网络功能的)、域和网络中的"站点"都是对象。另外,活动目录是动态的目录,可以不断地扩展,也就是说,随着新的资源的加入,目录中的对象也在不断地增加。

(2) 网络上的用户可以访问任何网络资源,而不必知道资源所在的位置。例如,一台打印机从某个位置搬到另一个位置,这对于 AD 来说是没有任何影响的,在活动目录中它还是原来的共享名称,就像它根本没有移动过,这对于实际情况是非常有益的。

（3）便于管理,即可以集中管理整个网络系统中的资源。通过管理活动目录来管理整个网络中的所有资源。

（4）一次登录即能访问所有资源,即允许用户登录一次网络就可以访问网络中的所有该用户有权限访问的资源。

4. AD 的对象和属性

AD 将网络资源以"对象"的形式进行存储和管理。AD 中的对象可以是用户、组、计算机、打印机,也可以是服务器、域和站点等。AD 中的每一个对象,都包含着区别于其他对象的一些属性,它记录了对象的描述信息。因此,尽管 AD 是一个分布式数据库的形式,管理员仍可以根据这些属性轻易地定位到要查找的某一个对象,实现集中式管理。

例如,假设要为用户 Wangping 建立一个账户,则必须添加一个对象类别为"用户"的对象（也就是账户）,然后在这个账户内输入 Wangping 的姓、名、电话号码、电子邮件、地址等数据,其中的用户账户就是对象,而姓、名、电话号码等数据就是该对象的属性。

5. 轻型目录访问协议（LDAP）

LDAP 是用于访问 AD 数据库的协议,它用一种层次结构来定位某一资源。LDAP 规范表明,一个 AD 对象可以由一系列 DC（域控制器）、OU（组织单位）、CN（普通名字）等层次结构来代表,组成一个 AD 中的命名路径（就像文件路径一样）。

LDAP 命名路径包括两类:绝对标识名和相对标识名。绝对标识名用来确定对象所在的域和可以找到对象的完整路径。相对标识名用来标识容器中的对象。例如,表 7.1 说明在域 AHSZY.COM 的 Manager 这个 OU 上存在着 Wang 这个对象。

表 7.1　绝对标识名和相对标识名

绝对标识名（DN）	相对标识名（RDN）
CN=Wang　OU=Manager　DC=AHSZY　DC=COM	CN=Wang

需要注意的是,这里的域 AHSZY.COM 可以是公司或单位注册登记的 DNS 域名。Windows Server 2003 的 AD 与域名系统 DNS 紧密集成在一起,也就是说 Windows Server 2003 内的"名称空间"采用了 DNS 结构。

6. AD 对象的名称

在 AD 内,每个对象都有一个名称,并且利用这个名称来识别每一个对象。

AD 的对象名称除了上面的绝对标识名(DN)和相对标识名(RDN)外,还有以下两种名称:

(1) 全局标识符(GUID)。GUID 是一个 127 位的数值,所建立的任何一个对象,系统都会自动给这个对象指定一个惟一的 GUID。虽然可以改变对象的名称,但它的 GUID 值永远不会改变。

(2) 用户主名称(UPN)。每个用户还可以有一个比绝对标识名(DN)更短、更容易记忆的 UPN。例如,上例中的 Wang 属于 AHSZY.COM,则他的 UPN 是 Wang@AHSZY.COM。用户在登录时最好采用 UPN 输入,因为 UPN 与 DN 无关,因此无论该用户的账户被移到什么位置或者被改为其他的名称,都不会影响到它的 UPN。

7.1.2 活动目录的逻辑结构

所谓逻辑结构,就是不以物理区域划分,用于组织资源的形式。

1. 域

域是活动目录中逻辑结构的核心单元,是由管理员定义的一些计算机与用户的管理单位,它们共享一个共同的目录数据库,并为管理提供对用户账户和组账户集中的管理维护能力。

每个域都有一个标识,用以区分于其他域,称为域名。在整个网络中,域名应该是惟一的。域中的目录数据库,是整个 Windows Server 2003 域的管理与安全核心。在一个域中,只有一个目录数据库,它存在于被称作"域控制器"的网络服务器上。

域的特点:

(1) 域是一个安全的边界。一方面,要访问网络资源的用户,需要在某个域的目录数据库中有一个账号,以标明其身份,只有通过身份验证的用户,才能访问网络资源;另一方面,这样的用户,在访问网络资源时,只能访问添加该用户账号的管理员所维护的域中的资源。

(2) 域是一个复制的单元。域是一个安全信息复制的单元。在一个域中,"域控制器"保存着 AD 的副本。特定域中的所有域控制器,全都可以改变 AD 的内容,并且可以将这种改变复制给所有其他的域控制器。

需要注意的是,登陆计算机和登陆域是有区别的。在一台刚装好 Windows 操作系统的计算机上,在未将它加入域之前,它只能登录本机,而将它加入域之后,既可以选择登录域,也可以选择登录本机。登录本机时,必须输入存储在本地计算机中的有登录权限的账户名和密码,此时,这台计算机属于自己管理自己;当一台计算机加入一个 Windows 2003 域之后,它就可以用域控制器上的账户名和密码登录到域中,此时这台计算机就受到域的管理,并且可以在网络上访问域中的资源,而不用再输入任何账户名和密码,这就是一次登录即能访问所有的资源。当只登录本机,又通过网上邻居访问其他计算机的资源时,计算机会弹出对话框,让用户输入其他计算机的账户名和密码,方能访问对方计算机,这实际上是二次登录。

2. 容器与组织单位(OU)

容器(Container)和对象类似,也有自己的名称,也是一些属性的集合。但容器并不代表一个实体,容器内可以包含一组对象及其他的容器。

组织单位(OU)就是一个用来组织一个域中对象的容器,它可以包括用户账号、计算机、打印机和组等对象,也可以包括其他的 OU。将一个域分为多个不同的 OU,便于分别对这些 OU 应用不同的组策略,以增大灵活性。

OU 一般对应一个行政部门,如财务部门、销售部门。这些部门里有员工、计算机、组、打印机等,而对应的 OU 里可以放进员工的用户账号、计算机账号、组和打印机等。这样就便于对这些 OU 分别进行管理。

3. 域目录树

假设需要设置一个包含多个域的网络,则可以将网络设置成域目录树的结构,也就是说,这些域是以树状的形式存在的。每一个域目录树都有一个根域,根域的作用是为我们提供一个连续命名空间的开始。如图 7.1 所示。

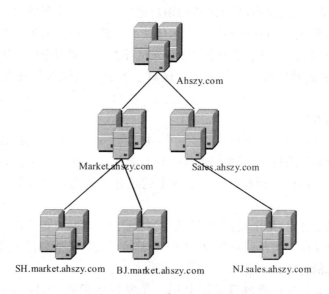

图 7.1 一个树状结构的域目录树结构

图 7.1 中,最上层的域名为 Ahszy.com,是根域;其下有两个子域,分别是 Market.ahszy.com 和 Sales.ahszy.com;这两个子域下又有 3 个子域。

从图 7.1 中可以看出,子域的域名包含着父域的域名。例如,NJ.sales.ahszy.com 内包含着上一层(父域)的域名 sales.ahszy.com,而 sales.ahszy.com 内包含着上一层的域名 ahszy.com。因此,我们说,此域目录树的命名空间是连续的。Windows Server 2003 采用这种 Internet 域名空间的命名方式,能有效地反映组织上的层次结构。实际上,域目录树就是指一组连续命名的域所构成的层次空间。

域目录树内的所有域共享一个 AD,即在这个域目录树之下只有一个 AD。这个 AD 内的数据是分散地存储在各个域内的,每个域内只存储该域内的数据。Windows Server 2003 将存储在各个域内的数据合并为一个 AD。可以将任何一个新的 Windows Server 2003 域加入到一个现存的域目录树内。

两个域之间,必须建立了信任关系,才可以访问对方域内的资源。而任何一个 Windows Server 2003 域被加入到域目录树后,这个域会自动信任其上一层的父域,并且父域也自动信任这个新域,而且这些信任关系具备双向传递性。这个信任功能是通过 Kerberos 安全协议来实现的,因此双向传递性也被称为 Kerberos 信任。

这样,当任何一个 Windows Server 2003 域加入到域目录树后,它会自动双向信任这个域目录树内所有的域,因此只要拥有适当的权限,这个域内的用户就可以访问其他域内的资源;同理,其他域内的用户也可以访问这个新域内的资源。

Windows Server 2003 中的域传递信任关系一般是系统自动创建的,在安装活动目录时,如果含有多个域,系统会提示创建信任关系。但对于同一域目录树内部的域,也可以手工创建传递信任关系。这对于形成交叉链接信任关系是非常重要的。

4. 域目录林

如果一个公司和另一个公司发生合并,由于每一个公司都有自己的域目录树,为了达到资源共享的目的,需要将这两个域目录树合并成一棵域目录林。域目录林由一棵或多棵域目录树构成。目录林中的域并不共用连续的名字空间。如图 7.2 所示。

建立域目录林时,每个域目录树的根域之间存在双向、可传递信任关系,因此,任何一个域目录树中的任何一个域内的用户都可以访问其他域目录树中的资源。

域目录林的特点:

(1) 目录林中的所有域目录树共用一个共同的架构(Schema)和全局编目(Global Catalog)。

(2) 一个不与其他域目录树相连的单一域目录树形成一个只有一棵域目录树

第 7 章　活动目录　　151

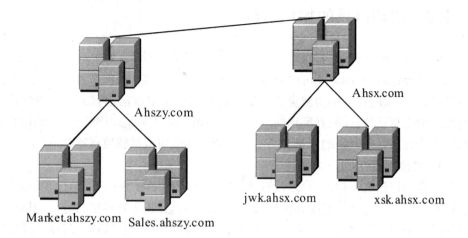

图 7.2　目录林

的目录林。

(3) 目录林中第一域目录树的根域为这个目录林的根域。

(4) 把目录林根域的名字指定为此目录林的名字。

(5) 每个域目录树的根域与目录林的根域之间存在双向、可传递信任关系。

5. 全局编目(Global Catalog)

一个域的活动目录类似于一本书的目录,那么全局编目就好像是一系列书的总目录。为了让每个用户、应用程序能够快速找到位于其他域内的资源,Windows Server 2003 内设计了"全局编目"。

在全局编目中,包含着 AD 内的每个对象,不过只存储每个对象的部分属性,而不是全部属性。存储的这些属性是常用于搜索的属性。全局编目可以让用户即使在不知道对象处在哪个域内的情况下,仍然可以很快找到所需的对象。

那么全局编目放在哪里呢? 全局编目就放在全局编目服务器上,活动目录中建立的第一个域控制器自动成为全局编目服务器。

全局编目的用途:

(1) 假设一个用户想搜索目录林中的所有打印机,如果有全局编目,就能很快返回结果,如果没有这个全局编目,将要搜索目录林中的所有域,速度就会减慢,产生不必要的网络流量。

(2) 全局编目还包含每个对象和属性的访问权限,如果用户对某对象无访问权限,那么搜索结果中将不出现那个对象。

一个域目录林内的所有域目录树共享一个相同的全局编目。

7.1.3 活动目录的物理结构

活动目录的逻辑结构就好像一个国家的行政管理体系,如中央政府、部委、厅局、处、科等;而一个国家又可以按地域划分,如中国、北京市、广东省、芜湖市、南陵县等,活动目录的物理结构就类似从地区这个角度来审视活动目录。逻辑结构与物理结构是相互独立的、有区别的。用户使用逻辑结构来组织网络资源,使用物理结构来配置和管理网络的流量。活动目录的物理结构包括域控制器和站点。

1. 域控制器(DC)

所谓域控制器,就是一台运行着 AD 服务的 Windows Server 2003 计算机。它存储着 AD 中的目录数据库,同时负责更改目录信息,并将这些更改复制到同一个域的其他域控制器中去。一个域至少要有一台域控制器,也可以有多台域控制器。

域和域控制器是相互依存的关系,域存在于域控制器上,而一台 Windows Server 2003 计算机也因为提供了域服务而成为域控制器。所以,当建立一个域的时候,也就是建立了这个域中的第一台域控制器。

DC 上有两种复制模式:

(1) 多宿主复制模式。在这种模式下,每一个 DC 都保存了一个 AD 的可修改的副本。当某一台 DC 上的内容发生了变化时,系统会自动将变化的信息复制到网络中所有的 DC 上。

(2) 单主机操作模式。多宿主复制肯定会有一定的网络延时,也就会在某一时期内造成 DC 上所维持的内容不一致,因此某些更改以多宿主方式进行是不实际的。如对于密码修改之类的复制,如果有延迟,可能会造成本来有权限的用户无法登录。可以设定只有一个被称作操作主机的 DC 才能接受这些更改请求,利用它来处理这些请求。这就是单主机操作模式。

2. 站点(Site)

站点指的是一个或多个高速连接的 IP 子网,这些子网通过高速网络设备连接在一起。一般与地理位置相对应。站点往往由企业的物理位置分布情况决定,可以依据站点结构配置活动目录的访问和复制拓扑关系,这样使得网络能更有效地连接。使用站点就是要将本地子网内的计算机整合在一起,运用策略进行管理。

域是逻辑的分组,而站点是实体的分组。在 AD 内,每个站点可以包含多个域,而一个域也可以包含多个站点。

使用站点的好处:

(1) 优化复制。由于一个站点内的 DC 之间肯定是高速连接的,因此它们之间进行实时的复制应该没有问题。而和别的站点内的 DC 之间进行复制时,由于是慢速连接,就应该设置在网络不繁忙的时候进行。

(2) 快速登录。可以利用站点限制用户在本地子网内的 DC 上登录,而不必通过慢速连接到远程网络上的 DC 登录。

7.2 建立域控制器

7.2.1 建立域控制器的准备工作

活动目录是 Windows Server 2003 非常关键的服务,同时它又不是孤立的网络服务,而是与许多协议和服务有着非常紧密的关系,并涉及到整个网络系统的结构和安全,因此,活动目录的安装并非如一般 Windows 组件那样简单,而必须在安装活动目录前完成一系列的策划和准备。

1. 文件系统和网络协议

文件系统和网络协议方面需要做的准备工作包括:

(1) 需要 250 MB 的空闲磁盘空间,其中 200 MB 用于存放 AD 数据库,50 MB 用于存放 AD 数据库的日志文件。

(2) 必须有一个被格式化为 NTFS 的分区或卷,用来存放 SYSVOL 文件夹。

(3) 服务器需要配置使用 TCP/IP 协议,并且在网络中需要有该服务器可以配置使用的 DNS 服务器。如果 DNS 服务器不是本机,则应把将要安装 AD 的服务器作为 DNS 的客户端。也可以同时将本机安装成 DNS 服务器。

(4) 需要有在现有网络或域中创建域控制器的权限。

2. 规划域结构

活动目录可包含一个或多个域,只有合理地规划了目录结构,才能充分发挥活动目录的优越性。同时选择根域最为关键,根域名字的选择可以有以下几种方案:

(1) 使用一个已经注册的 DNS 域名作为活动目录的根域名,以使得企业的公共网络和私有网络使用同样的 DNS 名字。由于使用活动目录的意义之一,就在于使内、外部网络使用统一的目录服务,采用统一的命名方案,以方便网络管理和商务往来,因此推荐采用该方案。

(2) 使用一个已经注册的 DNS 域名的子域名作为活动目录的根域名。

(3) 活动目录使用与已经注册的 DNS 域名完全不同的域名,使企业网络在内部网络和因特网上呈现出两种完全不同的命名结构。

7.2.2 安装活动目录

将一台独立服务器或成员服务器提升为域控制器步骤如下：

(1) 在"管理您的服务器"窗口中单击【添加或删除角色】超级链接，并进行与安装其他网络服务相同的步骤。在如图 7.3 所示的"服务器角色"对话框中，【服务器角色】列表框列出了所有可以安装的服务器，选择其中的【域控制器】选项，将该计算机设置成域控制器，同时安装活动目录。

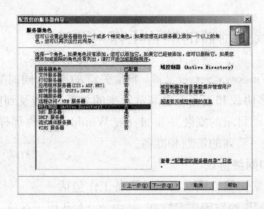

图 7.3 "服务器角色"对话框

(2) 单击【下一步】按钮，显示"选择总结"对话框，此处说明将"运行 Active Directory 安装向导来将此服务器设置成域服务器"。

(3) 单击【下一步】按钮，显示如图 7.4 所示的"Active Directory 安装向导"对话框，利用此向导便可以在这台服务器上安装活动目录服务。

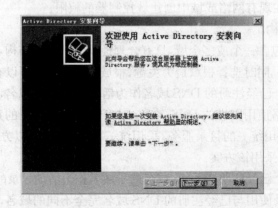

图 7.4 "Active Directory 安装向导"对话框

（4）单击【下一步】按钮，显示如图 7.5 所示的"操作系统兼容性"对话框，此处对安装活动目录以后的情况进行了简单说明。

（5）单击【下一步】按钮，显示如图 7.6 所示的"域控制器类型"对话框，在这里需要选择此服务器要担任的角色。如果以前没有安装过活动目录，并且要保留这个服务器上的所有账户，则建议选择【新域的域控制器】选项。

图 7.5 "操作系统兼容性"对话框

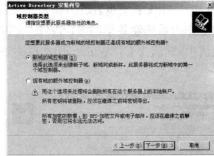

图 7.6 "域控制器类型"对话框

（6）选择【新域的域控制器】选项，然后单击【下一步】按钮，显示如图 7.7 所示的"创建一个新域"对话框。如果以前曾在该服务器上安装过活动目录，可以选择【在现有域树中的子域】或【在现有的林中的域树】选项；如果是第一次安装，则建议选择【在新林中的域】选项。

（7）选择其中的【在新林中的域】选项后，单击【下一步】按钮，显示如图 7.8 所示的"新的域名"对话框。在其中的【新域的 DNS 全名】文本框中键入该服务器的 DNS 全名，例如 ahszy.com。如果尚未申请正式域名，也应当键入拟申请的域名。但是要注意的是，此时的域名一定要与网络 DNS 服务中的域名相对应。

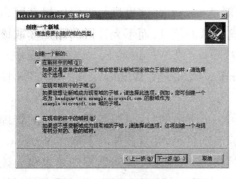

图 7.7 "创建一个新域"对话框

图 7.8 "新的域名"对话框

（8）单击【下一步】按钮，显示"NetBIOS 域名"对话框。在其中的【域 NetBIOS 名】文本框中输入显示该服务器的新域的 NetBIOS 名称。NetBIOS 名称的作用是让其他早期 Windows 版本的用户可以识别这个新域。建议采用默认名称。

（9）单击【下一步】按钮，将显示如图 7.9 所示的"数据库和日志文件文件夹"对话框，在这里设置活动目录数据库和保存活动目录日志的位置。默认位于 C:\Windows 文件夹下，也可以单击【浏览】按钮更改为其他路径，建议不做任何更改。

（10）单击【下一步】按钮，将显示如图 7.10 所示的"共享的系统卷"对话框，用来指定作为系统卷共享的 SYSVOL 文件夹的位置。该文件夹必须在 NTFS 格式的分区中，默认为 C:\Windows 文件夹下，建议不做任何修改。

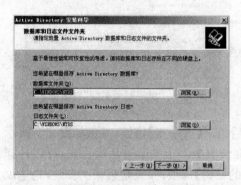
图 7.9 "数据库和日志文件文件夹"对话框

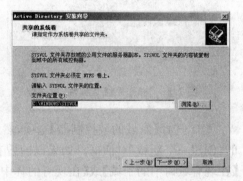
图 7.10 "共享的系统卷"对话框

（11）单击【下一步】按钮，将显示如图 7.11 所示的"DNS 注册诊断"对话框，系统会对该服务器进行 DNS 诊断测试并显示出诊断结果。如果该服务器上还没有安装 DNS 服务，建议选择【在这台计算机上安装并配置 DNS 服务器，并将这台 DNS 服务器设为这台计算机的首选 DNS 服务器】选项。

（12）单击【下一步】按钮，显示"权限"对话框。可在这里进行设置以提高网络安全性，使只有经过验证的用户才能读取这个域的信息，而不允许匿名用户读取该域的信息，同时限制只能在 Windows 2000 Server 或 Windows Server 2003 操作系统上运行服务器程序，建议选择【只与 Windows 2000 或 Windows Server 2003 操作系统兼容的权限】选项。

（13）单击【下一步】按钮，将显示如图 7.12 所示的"目录服务还原模式的管理员密码"对话框。由于有时需要备份和还原活动目录，并且还原时不能在 Windows 状态下，而是需要进入"目录服务还原模式"状态下，所以在该对话框中要求输入该服务器进入"目录服务还原模式"时的管理员密码。由于该密码和管理员密码可能不同，所以管理员一定要牢记该密码。在【还原模式密码】和【确认密码】文本框中分别键入相同的密码，当然也可以使用密码为空。

图 7.11　"DNS 注册诊断"对话框　　图 7.12　"目录服务还原模式的管理员密码"对话框

（14）单击【下一步】按钮，显示"摘要"对话框，在这里列出了前面所有的配置信息。如果发现某些配置有错误，可以单击【上一步】按钮返回去检查并进行修改。

（15）单击【下一步】按钮，显示"配置活动目录"对话框，表示正在根据所设置的选项来配置活动目录。由于这个过程一般比较长，可能要花几分钟或更长一点的时间，所以要耐心等待。

（16）配置完成时，将会显示"正在完成 Active Directory 安装向导"对话框，此对话框表示至此活动目录已安装成功。

（17）单击其中的【完成】按钮，显示"重新启动"提示框。安装完活动目录后必须重新启动服务器，单击【立即重新启动】按钮重启计算机。

（18）计算机重新启动后，将显示如图 7.13 所示的"此服务器现在是域控制器"对话框，表示活动目录已经安装完成，并且该服务器现在已是域控制器。

（19）单击【完成】按钮，返回"管理您的服务器"窗口，至此活动目录安装完成。

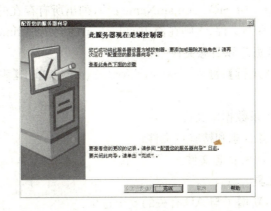

图 7.13　安装完成

7.2.3 安装 AD 后，观察系统的变化

1. 验证 SYSVOL 文件夹

（1）验证 SYSVOL 文件夹的结构是否被创建。应该能看到系统卷包含以下几个子文件夹：

① domain(域)；

② staging(分级)；

③ staging areas(分级区域)；

④ sysvol(系统卷)。

如果 SYSVOL 文件夹创建得不正确，那么存储在 SYSVOL 中的数据，如组策略、脚本，将不能在域控制器之间复制。

（2）验证必要的共享文件夹是否被创建。在命令行提示符窗口输入命令"net share↙"，可以看到以下两个共享：

① NETLOGON；

② SYSVOL。

2. 验证 SRV 资源记录

在 AD 安装完成后，重启时，新生成的 DC 会在 DNS 的数据库中注册它的 SRV 资源记录。有两种方法可以验证 SRV 资源记录是否正确注册：

（1）使用 DNS 管理器。从"管理工具"中打开"DNS"，展开"正向查询区域"，展开以域名命名的区域，如果 SRV 资源记录了正确的注册信息，则会存在_ms-dcs、_sites、_tcp、_udp 四个文件夹。

（2）使用 nslookup 命令。在命令行状态下键入"nslookup↙"，连接到 DNS Server，然后键入"ls - t SRV domainName↙"，列出所有存在的 SRV 资源记录。此时需要建立反向查询文件，否则在使用 nslookup 时会出现 timeout 报告。

3. 验证目录数据库和日志文件

单击【开始】→【运行】，键入"％systemroot％\ntds"，单击【确定】，将出现下列文件：

① Ntds.dit：目录数据库文件；

② Edb.＊：事务日志和检验点文件；

③ Res＊.log：保留日志文件。

4. 查看管理工具

安装完 AD 后，新增了与 AD 有关的 5 个选项：

① Active Directory 用户和计算机；

② Active Directory 站点和服务；

③ Active Directory 域和信任关系；

④ 域安全策略；

⑤ 域控制器安全策略。

5. 查看计算机属性

在"计算机名"选项卡中，完整的计算机名称已经由"jsjnet"转变为"jsjnet.ahszy.com"，所属域为"ahszy.com"，如图 7.14 所示。

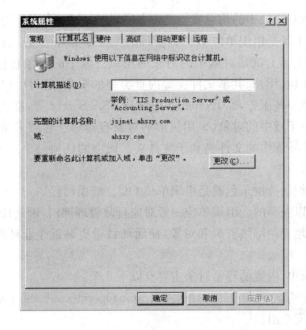

图 7.14 "计算机名"选项卡

7.2.4 删除活动目录

可以通过运行 dcpromo 来删除活动目录。如果该域控制器是这个域内的最后一台域控制器，那么删除 AD 后，它将被降级为独立服务器。如果该域内还有其他的域控制器存在，则它会被降级为成员服务器。

7.3 域的组织和委派管理控制

7.3.1 域的组织

组织的目的是让域中的信息变得整齐有序,然后才能顺利地完成对域的管理。在域中,组织的工具是组织单位 OU,而管理的工具是委派管理控制。

域的组织,实际上就是对域中的对象的组织。域中的对象包括计算机、联络人、组、OU、打印机、用户、共享文件夹等内置类型的对象,还可以包括用户自己定义的对象。其他一些服务,如 Exchange Server、ISA Server 等,都会在 AD 中建立自己的对象。对于域中的对象,采用树形的对象容器和子容器来组织。容器和子容器相当于文件系统中的文件夹和子文件夹。域中的任何一个对象,都必须位于一个指定的容器当中。

在域中,组织的关键角色就是组织单位 OU。前面已经讲过,组织单位是一个容器,并且是可以嵌套的。组织单位一般对应行政管理部门,因此使用组织单位可以直观地、集中地管理网络资源和对象,使活动目录更贴近企业环境,更像一张企业部门分布图。

在活动目录中,内置的容器对象主要有以下几个:

① Builtin。存放 Administrators、Account Operators、Backup Operators、Users 等本地内置安全组。

② Computers。存放所有加入到域中的计算机的计算机账号对象。

③ Domain Controllers。存放域中所有域控制器的计算机账号对象。

④ Users。缺省存放所有用户对象的容器,内有一些内置的用户对象和域中的全局组对象,如 Domain Admins、Domain Computers、Domain users 和 Domain Guests 等。

以上 4 个容器对象中,Domain Controllers 在建立域时由系统自动建立,其他的 OU 一般由用户自己建立。

OU 的建立操作如下:

(1) 打开"Active Directory 用户和计算机"管理工具。

(2) 在域中或任何一个 OU 中,用鼠标右键单击,选择【新建】→【组织单位】。

(3) 输入组织单位名,单击【确定】。

在 OU 中创建子 OU 及其活动目录对象的方法是用鼠标右键单击已存在的 OU，选【新建】，然后选择要创建的对象。

7.3.2 域的委派管理控制

委派管理控制是指把管理对象的任务分配给若干个人，从而实现分散管理。管理员可以把某些权限分配给用户或用户组，使他们可以进行某些管理控制。

这样做的主要目的就是在各个层次上分别设置管理员，赋予他们一定的管理权限，以后他们就可以在相应的层次中行使管理职能，而公司的最高管理人员就可以把精力集中在活动目录的总体管理上，从而避开琐碎的日常管理工作。

因为在组织单位层次上管理权限比跟踪单个对象的权限要容易得多，所以管理控制的委派往往是在组织单位层次上进行的。例如，可以分配给销售部门管理员组"完全控制"Sales 组织单位的权限，从而实现管理控制的委派。

通过把组织单位的控制委派给部门管理员组，可以分散管理操作。另外，把管理控制向底层分散可以减少管理的时间和费用，提高响应速度。

委派管理控制经常在 OU 上进行，步骤如下：

(1) 在"Active Directory 用户和计算机"中，用鼠标右键单击要委派权限的 OU，选【委派控制】，出现"控制委派向导"。

(2) 单击【下一步】按钮，出现"用户和组"向导页，单击【添加】指定要委派的用户和组，该用户或组就是将来该 OU 的管理员。

(3) 单击【下一步】按钮，出现"要委派的任务"向导页。

若选择【委派下列公用任务】选项，则可以从 6 项公用的任务中选择要分派的任务，然后单击【下一步】按钮，出现"完成"页。

若选择【创建自定义任务去委派】，单击【下一步】按钮，则出现"Active Directory 对象类型选择"页。这个页面用来选择管理的任务范围。若选择【这个文件夹，这个文件夹中的对象，以及创建在这个文件夹中的新对象】，说明是对这个 OU 全面进行管理；若选择【只是在这个文件夹中的下列对象】，还需要人为地选取所要管理的对象。

(4) 选好管理范围后，单击【下一步】按钮，出现"权限"向导页。

根据显示这些权限的【常规】、【特定属性】和【特定子对象的创建/删除】复选框的选中不同，权限中出现的项数会出现较大的变化，如只选中【常规】，下面的"权限"只有 7 项；选中【特定属性】，"权限"有 31 项；而选中【特定子对象的创建/删除】，"权限"有 45 项之多。

(5) 选择适当的"权限"后，单击【下一步】按钮，出现"完成"向导页，单击【完成】完成委派管理控制。

委派完成后,可以使用被委派的用户或组的成员登录,并在活动目录中相应的 OU 上验证一下相应的权限。

7.4 域中的用户和组

7.4.1 创建域用户账户和计算机账户

域用户账户在域的 DC 上被创建,并会被自动复制到域中的其他 DC 上。可以使用"Active Directory 用户和计算机"管理单元来建立域用户账户。在建立用户账户时,需要选择一个组织单位(OU),以便将用户账户建立到此组织单位内。可以将账户建立在内置的 Users 组织单位或其他自行创建的组织单位内。

1. 创建单个用户账户

创建单个用户账户操作如下:

(1) 依次单击【开始】→【程序】→【管理工具】→【Active Directory 用户和计算机】,打开"Active Directory 用户和计算机"窗口,然后再单击 AHSZY.COM(域名)→用鼠标右键单击【Users】→【新建】→【用户】,出现如图 7.15 所示的对话框。

(2) 输入以下内容:

①【姓】与【名】:至少要输入其中一个信息。

②【姓名】:用户的全名,默认是前面姓与名的组合。此名称在创建它的容器内必须惟一。

③【用户登录名】:这是用户用来登录域的名称。此名称在整个域内必须惟一。在【用户登录名】右侧的下拉列表中可以更改域。"用户登录名@域名"构成用户主名(UPN),登录时可以直接使用 UPN 名来进行登录,UPN 名在整个森林内必须是惟一的。

④【用户登录名(Windows 2000 以前版本)】:如果用户需要从 Windows 2000 以前的版本登录到网络上,则必须使用这个名称来接受验证。

(3) 完成以上输入后,单击【下一步】按钮,出现"密码设置"对话框,有以下选项:

①【密码】与【确认密码】:可以输入最长不超过 127 个字符的密码,密码的大小写是有区别的。

②【用户下次登录时须更改密码】：选择此项可以强迫用户在下次登录时必须更改密码。这样可以确保只有用户自己知道此密码。

③【用户不能更改密码】：如果是多人共享一个账户，则可以选择此项，避免某个用户改变密码后他人无法登录的情况发生。

④【密码永不过期】：若选择此项，则系统永远不会要求用户更改密码，即使在"账户策略"的"密码最长存留期"设置了定期更改密码，也不会要求更改密码。若同时选择②和④，则"密码永不过期"起作用。

图 7.15　创建域用户

⑤【账户停用】：阻止用户利用此账户登录。对一些暂时不使用但又不希望删除的账户，例如，预先为尚未报到的新员工所建立的账户，或者某个请长假的员工的账户，都可以进行暂时停用，而不是删除，这样在需要时可以再启用。

需要注意的是，如果用户密码设置过于简单而不符合系统的基本要求，系统将显示如图 7.16 所示的警告框。单击【确定】按钮关闭该警告框，用户可以在域策略中对密码策略进行修改，并在运行对话框中输入"gpupdate"命令对域策略进行更新。

图 7.16　警告框

（4）设置符合要求的密码后，单击【下一步】按钮，单击【完成】，域用户账户创建完成。

建立的域用户账户，可以被用来在成员服务器或其他工作站上登录，但却不能在域控制器上登录，除非给该账户赋予"本地登录"的权限。这个权限可以利用组策略进行设置,依次单击【开始】→【程序】→【管理工具】→【域控制器安全策略】→【Windows 设置】→【安全设置】→【本地策略】→【用户权利指派】→【在本地登录】,完成设置后,输入命令"Secedit /RefreshPolicy MACHINE＿＿POLICY",可以使此策略尽快生效,而无需重新启动机器。

2. 生成多个用户账户

如果网络的用户数量非常大,则管理员创建账户并设定账户参数的工作量将会非常大并且十分繁琐。可以先创建一个文本文件,将你所想要创建的用户账户输入,然后一次性地、大批量地在 AD 中生成。创建此文本文件需要注意以下几点:

① 文本文件必须包括用户账户在 AD 中的路径(即所属 OU 等信息)、对象类型(是用户还是组)、用户登录名(Windows 2000 以前的系统所用)。

② 应该包括用户主名,以及账户是激活还是禁止(默认是禁止的)。

③ 可以包括一些个人信息,如电话号码、家庭住址等。

④ 文本文件中不能包括密码。默认情况下,用户第一次登录时会提示更改密码。

根据所使用的文本格式不同,我们可以用两种命令来导入数据。

(1) 使用 CSVDE 生成多个用户账户

使用 CSVDE 命令要求使用逗号分隔的格式建立文本文件,如图 7.17 所示。

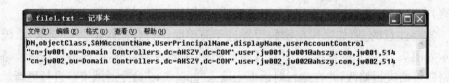

图 7.17　生成多个域用户账户的文本文件

从图 7.17 中可以看出,文本文件分为两大部分,一部分是属性行,一部分是用户账户行。

① 属性行用来定义用户账户的属性。属性行的每一项相当于一个字段,彼此之间用逗号分隔。各项具体含义如下:

DN:LDAP 路径。

objectClass:对象类别。

SAMAccountName:用户登录名。

UserPrincipalName:用户主名。

displayName:显示名。

userAccountControl:对象创建完后,是被禁用还是被启用。"512"代表启用,

"514"代表禁用。

② 账户行用来包含用户的个性信息。它的顺序要按照属性行中的规定来写入,彼此之间也用逗号分隔。若某一项信息没有,可以不添加,但逗号不能省略。

文本文件创建完后,在命令行模式下输入"csvde – i – f filename"即可一次创建多个账户。其中"i"意味着向 AD 中导入文件,"f"是指紧跟的是文件名,"filename"用具体的文本文件名代入。

(2) 使用 LDIFDE 创建多个用户账户

使用 LDIFDE 命令需要使用行分隔的格式建立文本文件。创建文本文件的方法与上面的类似,不同的是每一项后均要加上换行符。实例如下:

DN:cn=jw003,ou=Domain Controllers,dc=AHSZY,dc=COM
objectClass:user
SAMAccountName:jw003
UserPrincipalName:jw003@ahszy.com
displayName:jw003
userAccountControl:512

DN:cn=jw004,ou=Domain Controllers,dc=AHSZY,dc=COM
objectClass:user
SAMAccountName:jw004
UserPrincipalName:jw004@ahszy.com
displayName:jw004
userAccountControl:514

文本文件创建好后,在命令行模式下输入"ldifde – i – f filename"即可。若没有 i,则代表从 AD 中导出。

使用 CSVDE 只能创建对象,而使用 LDIFDE 则可以在 AD 中创建、修改和删除对象。

3. 创建计算机账户

在一个域中,每台计算机都拥有一个惟一的计算机账户。在向一个域中添加新的计算机时,必须在"Active Directory 用户和计算机"中创建一个新的计算机账户。如果在一个域控制器上创建新的计算机账户,这个域控制器会把账户信息复制到其他域控制器,从而确保该计算机可以登录并访问任何一个域控制器。计算机用户创建完成后,每个使用该计算机的用户都可以使用该账户进行登录。用户可以根据系统管理员赋予该计算机账户的权限来访问网络资源。需要注意的是,不能将计算机账户指派给运行 Windows 98/Me 的计算机,因此,用户使用 Windows 98/Me 计算机时,只能使用一个用户的账户登录到域。

创建计算机账户具体操作为:依次单击【开始】→【程序】→【管理工具】→【Active Directory 用户和计算机】,打开"Active Directory 用户和计算机"窗口;单击 AHSZY.COM(域名)→用鼠标右键单击【Users】→【新建】→【计算机】,出现如图 7.18 所示的"新建对象-计算机"对话框;在【计算机名】文本框中键入该计算机账号的计算机名,【计算机名(Windows 2000 以前版本)】文本框处可采用系统默认值。

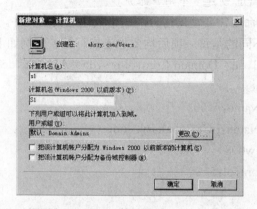

图 7.18 "新建对象-计算机"对话框

7.4.2 管理域用户账户

在"Active Directory 用户和计算机"控制台窗口中,右击右侧栏中的用户名,可以在弹出的快捷菜单中做一些简单的设置,其中包括对用户账户的一些操作,如重设密码、禁用账户、删除账户及添加到用户组等。若需对用户属性做详细的设置,可右击用户名并在快捷菜单中选择【属性】选项,在如图 7.19 所示的用户属性对话框中进行修改。

(1) 输入用户的个人信息

在用户属性对话框的"常规"标签中可以输入有关用户的描述、办公室、电话、电子邮件地址及个人主页地址;在"地址"标签中可输入用户所在地区及通信地址;在"电话"标签中可输入有关

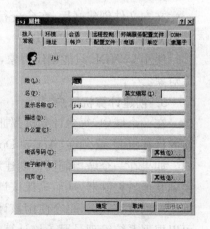

图 7.19 用户账户属性

用户的家庭电话、寻呼机、移动电话、传真、IP 电话及相关注释信息。输入用户的个人信息，便于以后在活动目录中查找用户并获得相关信息。

（2）用户配置文件设置

在用户属性对话框的"配置文件"标签中可以设置每个用户的环境，如用户配置文件、登录脚本、主文件夹等。

（3）设置用户登录时间

在"账户"标签中单击【登录时间】按钮，出现如图 7.20 所示对话框，图中一个小方块代表一个小时，蓝色方块表示允许用户使用的时间，空白方块表示该时间不允许用户使用，默认是开放所有时间段。

当用户在允许登录的时间段内登录到网络中，并且一直持续到超过允许登录的时间时，此时可能会发生两种情况：

① 用户可以继续连接使用，但不允许做新的连接，如果用户注销后，则无法再次登录。

② 强迫中断用户的连接。

至于会发生哪一种情况，将根据在"组策略"的"安全选项"中的"当登录时间用完时自动注销用户"的设置而定。有关"组策略"的内容我们将在以后章节介绍。

（4）限制用户由某台客户机登录

在"账户"标签中单击【登录到】按钮，出现如图 7.21 所示对话框，默认情况下用户可以从所有的计算机登录，也可以设置让用户只可以从某些计算机登录，设置时输入计算机名称（NetBIOS 名），然后单击【添加】按钮即可。这些设置对于非 Windows NT/2000 计算机是无效的。

（5）设置账户的有效期限

在"账户"标签的下方，用户可以选择账户的使用期限。默认情况下账户是永久有效的，但对于临时员工来说，设置账户的有效期限就非常有用，在有效期限到期后，该账户被标记为失效，默认为一个月。

（6）更改域用户账户

在创建用户账户后，可以根据需要对账户进行重设密码、账户移动、重命名、删除账户、停用/启用账户以及解除被锁定账户等操作。

① 重设密码：选择某用户账户→【重设密码】，在密码设置对话框中输入新的密码，如果要求用户在下次登录时修改密码，则选中【用户下次登录时须更改密码】选项。

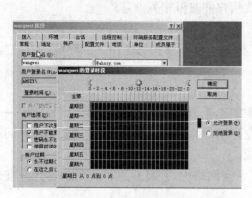
图 7.20　设置登录时段

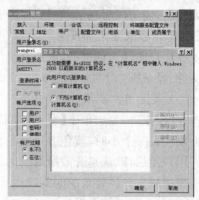
图 7.21　设置登录工作站

② 账户的移动：选择某用户账户→【移动】，在移动对话框中选择相应的容器或组织单位。

③ 重命名：选择某用户账户→【重命名】，更改用户的名称（内置的账户也可以更改，如更改系统管理员的账户名称，这样有利于提高系统的安全性）。更改名称后，由于该账户的安全标识 SID 并未被修改，所以账户的属性、权限等设置均不发生改变。

④ 删除账户：选择某用户账户→【删除】。可以一次删除一个或多个账户。删除账户后，如再添加一个相同名称的账户，由于 SID 不同，它无法继承已被删除账户的属性和权限，所以它是一个全新的账户。

7.4.3　Windows Server 2003 组的类型和作用域

组是将具有相同特点及属性的用户组合在一起的一种逻辑组合。在一个拥有众多用户的网络中，给每一个用户分别授予访问资源的权限将使工作量大幅增加。例如，假设销售部共有 50 个用户，他们都享有相同的权限，如果一个用户一个用户地授予权限，这种操作将是十分繁琐的。可以将此 50 个用户账户归入到同一个组内，比如命名为 SALES 组，此时只要设置此 SALES 组的权限，则该组内的所有用户就同时享有此权限，不需要对每个用户分别进行设置。使用组而不是单独的用户账户可简化网络的管理和维护。

1. 组的类型

Windows Server 2003 支持以下两种类型的组：

(1) 安全组

安全组，顾名思义，即实现与安全性有关的工作和功能，是属于 Windows Server 2003 的安全主体，用于将用户、计算机和其他组收集到可管理的单位中。为资源（文件、打印机等等）指派权限时，管理员应将那些权限指派给安全组而非个别用户。权限可一次分配给这个组，而不是多次分配给单独的用户。每个安全组都会有一个惟一的 SID。

(2) 分发组

分发组不是 Windows Server 2003 的安全实体，没有 SID，只能用作电子邮件的通信组。利用这个特性，基于 AD 的应用程序（例如 Microsoft Exchange 2000 Server）可以直接利用分发组分发电子邮件给多个用户以实现其他的功能，当然此应用程序必须支持 AD。

2. 组的作用域

组的作用域标识组在域目录树或域目录林中所应用的范围。根据作用域的不同，可以将组分为全局组、本地域组和通用组。

(1) 全局组

全局组是最常用的一种组，其主要作用就是将拥有相同身份（权限）的用户加入其中进行管理。全局组主要用来组织用户，它的作用范围是整个域目录树。全局组的特性如下：

① 全局组的成员只能够是来自该组所在域的用户账户与其他全局组，也就是说，只能够将同一个域内的用户账户与其他全局组加入到全局组内。

② 全局组可以成为其他组的成员，这些组可以是和该全局组同一个域或是不同的域。

③ 由于全局组可以在不同的域中存在（通过加入本地域组或通用组实现），因此全局组中的成员可以访问其他域中的资源。

(2) 本地域组

本地域组主要用于管理资源，可以被用来指派其所属域中任何地点的资源的权限。它的作用范围仅限于创建该组的域。本地域组的特性如下：

① 本地域组的成员，可以是任何一个域的用户账户、通用组（必须在本机模式中）、全局组，也可以是同一个域的其他本地组（必须在本机模式中），但不可以是其他域的本地域组。

② 本地域组只能够访问同一个域内的资源，无法访问其他不同域内的资源。

(3) 通用组

通用组主要被用于指派在所有域内的访问权限，以便可以访问每一个域内的资源。它的作用范围是整个域目录树。通用组的特性如下：

① 通用组的成员，可以是任何一个域内的用户账户、通用组、全局组，但不能是任何一个域的本地域组。

② 通用组可以访问任何一个域的资源，也就是说，可以在任何一个域内设置通用组的权限。

在上面的内容中提到了"本机模式"的概念，在此有必要解释一下"混合模式"和"本机模式"的概念。

所谓的"混合模式"，是指在该模式中的 DC 包含非 Windows Server 2003 或 Windows 2000 Server 的计算机，例如 Windows NT 4.0 等。该模式是 Windows Server 2003 域的默认模式。在该模式中，只有本地域组可以包含全局组，全局组之间不可以嵌套，并且该模式中没有通用组。

而"本机模式"中的所有 DC 都是基于 Windows Server 2003 或 Windows 2000 Server 操作系统的。该模式支持所有的 Windows Server 2003 组类型。只有当域处于本机模式时，具有通用组作用域的安全组才是可以使用的，并且本地域组中的某些嵌套关系才能生效。

可以通过单击【管理工具】→【Active Directory 用户和计算机】→用鼠标右键单击【域名】→【属性】→单击【更改模式】途径将混合模式改为本机模式，但一旦更改就无法改回混合模式。

7.4.4 域模式组的建立与管理

可以利用"Active Directory 用户和计算机"控制台来进行创建和删除域模式组、域组的重命名以及为域组添加成员等操作。

1. 域组的创建

域组的创建具体操作如下：

(1) 在【管理工具】中双击【Active Directory 用户和计算机】图标，打开对话框。单击【Users】图标，在右侧的子窗口中可以看到本域中现有的用户和组。

(2) 在右侧的子窗口中用鼠标右键单击，在弹出的快捷菜单中单击【新建】，在弹出菜单中单击【组】，打开"新建对象-组"对话框，如图 7.22 所示。

(3) 输入组名、供旧版操作系统(如 Windows NT 4.0)访问的组名，选择组的作用域和组的类型，单击【确定】完成创建。

每个组账户添加完成后，系统都会为其建立一个惟一的安全识别码(SID)，在 Windows Server 2003 系统内部利用这个 SID 来代表该组，有关权限的设置等都是通过 SID 来设置的，而不是利用组名称。例如，某个文件的权限列表内，它会记录着哪些 SID 具备着哪些权限，而不是哪些用户账户名或组账户名有哪些权限。

2. 域组的删除

用鼠标右键单击组账户名称→单击【删除】,可以删除组账户。在删除组账户后如再创建一个相同名称的组账户,由于 SID 的不同,它无法继承已被删除组账户的属性和权限,所以它是一个全新的组账户。

3. 域组的重命名

用鼠标右键单击组账户名称→单击【重命名】,可以重命名组账户。虽然改变了组账户名称,但由于其 SID 并没有改变,因此此组账户的属性与权限等设置都不会改变。

4. 添加组成员

添加组成员具体操作如下:

(1) 在 Users 列表中双击要添加组成员的组,打开其属性对话框。单击【添加】按钮,打开"选择用户、联系人、计算机或组"对话框,如图 7.23 所示。

(2) 在【名称】列表中选择要加入该域组的成员,例如用户账户或其他的组,然后单击【添加】按钮,单击【确定】完成。

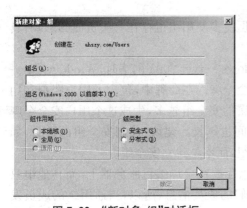

图 7.22 "新对象-组"对话框

图 7.23 添加组成员

7.4.5 组的使用准则

在利用组来管理网络资源时,经常使用的准则是"AGDLP"策略,它的具体内容是:

(1) A(Account):是指在 Windows 域中具有相同的访问网络资源权限和身份的域用户账户。

(2) G(Global Group):是指全局组,即建立一个全局组,将上面的 A 加入到此组中。例如，将销售部中的所有用户账户加入到一个称为 Sales 的全局组中。

（3）DL(Domain Local Group)：是指本地域组，即建立一个本地域组，设置此组对某些资源具备适当的权限。例如，有一台激光打印机供 Sales 用户使用，则可以建立一个称为 SharePrinter 的本地域组，然后将 Sales 全局组加入到 SharePrinter 本地域组中。

（4）P(Permission)：是指权限，即将访问资源的权限赋予相应的本地域组。例如，可以赋予 SharePrinter 本地域组对此激光打印机具备打印的权限。这样，上述所有用户账户都会具有该权限。

简单地说，就是将用户账户加入全局组，再将全局组加入本地域组，最后给本地域组赋权限。

这个策略是一种管理思想的体现，它提供了最大的灵活性；同时又降低了给网络分配权限的复杂性，尤其在有多个域时，这个策略就更加有优势，如果只有一个域，这个策略就更简化了。

7.4.6 组对性能的影响

组的存在带来了安全管理上的方便，但过多使用组也存在一些负面的影响，具体有以下几方面：

（1）登录的影响：在用户登录到 Windows Server 2003 网络时，Windows Server 2003 域控制器为每个用户生成一个安全令牌。在令牌中，包含了用户账户和用户所属的所有安全组的 SID，所以用户所属的安全组越多，生成这个用户安全令牌的时间越长，并且该用户登录到网络的时间也越长。建议：控制安全组的数量，如果某些组的目的是为了通信，就建立通信组，而不是建立安全组。

（2）通用组的复制：通用组的成员信息存放在全局编目服务器上，而其他组只是在全局编目中存放其本身，并不存放它们的成员信息，所以，当通用组的成员发生变化时，就要在森林的所有全局编目间进行复制，造成较大的通信量。建议：在通用组中只包含域的全局组，而不包含具体的某个用户账户，这样多数的用户变化只发生在全局组，不会造成全局编目的复制。

（3）网络带宽：前面已经说过，每个登录的用户都会获得一个安全令牌，并且在访问某资源时，需要将令牌送到资源所在的计算机。令牌的大小随着用户属于的组的数量的增加而增大，所以当组的数量很大时，必然会影响网络的流量。建议：有计划地建立组的结构，控制组的数量，不用对任何一种访问都使用域的本地组，只对那些公共的资源建立本地组，而其他资源可以直接给全局组赋权限。

7.5 在活动目录上发布资源

7.5.1 发布资源的概念

如果资源所包含的信息对用户非常有用,或者要求用户能很容易地访问到它,应该把这些资源发布在活动目录上。发布的意思可以简单地理解为在活动目录中可见。有些资源已经在活动目录上,如用户账户。但有一些资源本身不自动加入活动目录(如非 Windows Server 2003 或 Windows 2000 Server 计算机上的打印机、共享文件夹等),就可按需发布。

在活动目录上发布资源要注意发布相对静态的、很少改变的资源。因为不发布经常改变的信息可以大大减少通过网络的复制流。

如果在活动目录中发布了资源,那么即使资源的物理位置发生了改变,用户也同样能够找到它们。例如,用户更新了某个资源的位置(如共享文件夹被移动到另一台计算机上),则所有指向那些发布了该资源的活动目录对象的快捷方式将继续有效,用户不需要任何额外的操作就可以继续访问该资源。

需要注意的是,发布对象与共享资源之间存在以下差别:
(1) 在 AD 上发布的对象与它所代表的共享资源本身是完全独立的。
(2) 发布的对象包含关于共享资源的位置信息,便于在 AD 中用查找工具定位,一旦需要查看其内容,AD 又可把用户引导到资源本身。
(3) 不管是共享打印机还是文件夹,AD 中其属性页上都有"安全"选项,指的是谁能在 AD 中对此对象有相应的权限,而资源本身属性中的"安全"选项指的是哪些用户对此资源有真正的访问权限,这两者之间是有差别的。例如,用户或许可以看到被发布的对象(这个权限由该对象的 DACL 控制),但不一定可以访问对应的共享资源(这取决于共享资源上的 DACL)。
(4) 在 AD 中发布的共享资源可以在 OU 间移动,这就维护了活动目录与行政单位间的一一对应关系,便于对网络资源进行管理,而共享资源本身是没有这个能力的。

7.5.2 共享打印机的发布与管理

可以将共享打印机发布到 AD 上,以便网络上的用户能够很容易地通过 AD

找到、使用这个共享打印机。

1. 将 Windows Server 2003 的共享打印机发布到 Active Directory

系统内部设定自动将 Windows Server 2003 计算机上（不管是 Professional 还是 Server）的共享打印机发布到 Active Directory 中。

下面的步骤将演示一个实例：在 Windows Server 2003 域中的一台 Windows 2000 计算机上安装一台虚拟的打印机，然后共享该打印机，最后查看此打印机是否自动发布到活动目录中。

（1）在客户机上打开"控制面板"，双击【打印机】，添加新打印机。

（2）选【本地打印机】，选【LPT1 端口】，并随意选一种打印机装上，当"向导"提示是否共享此打印机时，选【共享】。

（3）在活动目录中，展开 Computers 容器，选中那台安装打印机的计算机。

（4）看右侧内容栏内有没有刚安装的打印机。需要注意的是，在活动目录中应先选【查看】→【用户、组和计算机作为容器】选项，否则将看不到打印机。

（5）去掉打印机和共享后再查看活动目录。

在 Windows Server 2003 中发布打印机具有以下特点：

① 自动发布。

② 如打印机从网上删除或不共享，发布自动撤销。

③ 在配置或修改打印机属性时，活动目录中发布的打印机的属性自动更新。

2. 将非 Windows Server 2003 或 Windows 2000 Server 的共享打印机发布到 Active Directory

非 Windows Server 2003 或 Windows 2000 Server 计算机上的打印机并不自动发布到活动目录上，而需要使用"Active Directory 用户和计算机"来完成。步骤如下：

（1）打开"Active Directory 用户和计算机"管理工具，展开域。

（2）用鼠标右键单击需要发布打印机的 OU，选择【新建】。

（3）输入要发布的共享打印机的 UNC 路径，例如\\wangwei\hp5p（wangwei 是非 Windows Server 2003 或 Windows 2000 Server 计算机的计算机名称，hp5p 是打印机的共享名称）。

3. 对发布打印机的管理

（1）如果某打印机不需要在活动目录中发布，可如下进行操作：

① 打开控制面板中的打印机文件夹。

② 用鼠标右键单击打印机图标，选择【属性】。

③ 在"共享"选项卡中，去掉【列在目录中】复选框的选中即可。

（2）如果需要将打印机移动到别的 OU 中，可以用鼠标右键单击在活动目录中的打印机,选择【移动】。

(3) 如果要查看打印任务队列,可以用鼠标右键单击在活动目录中的打印机,选择【打开】。

(4) 如果要修改打印机属性,例如,在位置及描述等处输入信息,以便今后查找,可以用鼠标右键单击在活动目录中的打印机,选择【属性】。

(5) 如果要连接打印机,可以用鼠标右键单击在活动目录中的打印机,选择【连接】。

4. 查找和访问打印机

将共享打印机发布到 AD 后,域内的用户在不需要知道该共享打印机位于哪一台计算机上的情况下,就可以直接通过 AD 来查找、访问这个打印机。

操作步骤如下:

(1) 在桌面上双击【网上邻居】,双击【整个网络】,单击【全部内容】,然后双击【目录】。

(2) 用鼠标右键单击需要查找的域,单击【查找】,输入查找信息进行查找。也可以不经过查找,而是直接通过单击【域名】,然后单击【OU】,直接双击共享名来访问打印机。

7.5.3 共享文件夹的发布

1. 发布共享文件夹

共享文件夹需要手工发布到 AD 中,而不会自动发布。共享文件夹发布之前,要确定该文件夹已共享。操作步骤如下:

(1) 打开"Active Directory 用户和计算机"管理工具,展开域。

(2) 用鼠标右键单击需要发布共享文件夹的 OU,选择【新建】,然后选择【共享文件夹】。

(3) 在【名称】文本框中输入适当的名称,此名称是活动目录中的共享名。

(4) 在【UNC 名】处输入要发布的共享文件夹的 UNC 路径。

(5) 发布完共享文件夹后,就可以在 OU 中看到它。

(6) 在 AD 中用鼠标右键单击该共享文件夹,选择【属性】。

(7) 在"常规"选项卡的【描述】文本框中,可以输入该文件夹的详细信息。【关键字】按钮可用来定义共享文件夹中的关键字符,以便今后想不起共享文件夹的全名时,可输入关键的几个单词来查找。

2. 检查发布的结果

操作如下:

(1) 在桌面上双击【网上邻居】,双击【整个网络】,单击【全部内容】,然后双击【目录】。

(2) 用鼠标右键单击需要查找的域,单击【查找】。

(3) 在"共享文件夹"页面的【关键字】文本框中,键入前面定义的关键字,然后单击【开始查找】按钮。

(4) 若查找成功,直接双击共享名,就可以显示出共享文件夹的内容。

7.6 组策略及其应用

7.6.1 什么是组策略

组策略(Group Policy)是 Windows Server 2003 中的一个重要的配置和管理工具,管理员可以使用组策略对计算机和用户进行管理和控制。这些管理工作包括账户策略的设置、本地策略的设置、脚本设置、用户工作环境设置、软件的安装与删除、文件夹的重定向等。组策略的作用就是用来给网络管理员授予更多的活动目录用户控制权。

假如你是一家公司的网络管理员,有一天,你的一个用户告诉你说他的计算机坏了。这时你只需要把一台新的计算机给他,按下电源开关,把坏的计算机拿走就可以了。用户只要等待计算机的所有启动操作进行完之后,就可以使用了。所有用户的数据都还在,所有需要的软件已经安装好,系统的设置也和以前一样。这就是微软管理策略智能镜像能实现的功能,简而言之是"Everything follow you",亦即不管用户在什么地方的哪个计算机登录,都可以得到该用户的数据、桌面和软件。智能镜像的实现离不开一项核心技术,这就是组策略。

那么什么是组策略呢？概括地说,组策略就是使管理员能为用户指定需求,并且依赖于 Windows Server 2003 或 Windows 2000 Server,在它上面不断执行的技术。这里包括以下的含义:

(1) 为用户指定需求,即由用户提出的要求要由管理员负责实现。用户的需求可以是实现什么样的系统设置,需要什么样的桌面,必须使用的软件等。

(2) 依赖于 Windows Server 2003 或 Windows 2000 Server,即只能由 Windows Server 2003 或 Windows 2000 Server 来体现组策略,不支持 Windows NT 4.x、Windows 9x 等早期产品。

(3) 在上面不断执行的技术,是指客户的计算机操作系统会周期性地从 AD 上查询组策略的变化并执行新的设置。

组策略的配置数据保存在活动目录数据库中。设置组策略需要在一台活动目录域控制器上进行。组策略应用的对象是站点、域和组织单元(OU)。在应用顺序上,如果在站点、域和组织单元(OU)上都应用了组策略,那么根据继承权规则,组策略的继承顺序是这样的,最先应用站点组策略,然后是域策略,最后是(OU)策略。

组策略经常被用在 Office 2003 的安装、允许在未登录前关机、审核所有失败登录等操作上。

7.6.2 组策略的建立

1. 建立组策略的前提

建立组策略有以下两个前提:

(1) Active Directory:组策略是基于 AD 的,组策略的设置和管理都在 AD 中进行,然后通过 Windows Server 2003 AD 的控制机制作用到域中的所有用户和计算机上。组策略是在 AD 上的最大应用。

(2) Windows Server 2003 或 Windows 2000 Server:只有 Windows Server 2003 或 Windows 2000 Server 支持组策略。组策略不支持 Windows NT 4.x、Windows 9x 或更早产品,所有的前台用户使用的操作系统必须是 Windows Server 2003 或 Windows 2000 Server。

2. 组策略对象(GPO)和组策略对象链接(GPO Link)

(1) 组策略对象

组策略的所有设置信息都被保存在组策略对象中,在组策略对象上生效。一个组策略对象是一个 AD 的对象,就像用户和计算机账号一样,可以在"Active Directory 用户和计算机"中管理它。组策略对象以其对应的 GUID 为文件夹名存放在%systemroot%sysvol/sysvol 文件夹中,也可以在 AD 的 System 容器的 Policies 子容器查看到。

我们可以建立多个组策略对象,每个 GPO 都可以由不同的或相同的策略配置。组策略对象必须在域中创建。

(2) 组策略对象链接

GPO 的建立并不设置 GPO 对哪些用户或计算机产生作用,所以任何一个组策略对象中的设置要想生效,都必须通过组策略对象链接(GPO Link)到某个地方。在 Windows Server 2003 AD 中,有三类对象可以建立 GPO Link:Site、Domain 和 OU(简写为 SDOU)。所以我们可以在这三个地方去创建我们的组策略对象和组策略对象链接。

3. 创建 GPO 和 GPO Link

操作步骤如下：

(1) 创建一个名为 sales 的 OU。

(2) 打开 sales 的"属性"页，单击"组策略"标签。

(3) 单击【新建】按钮，输入"sales_gpo"。新建一个组策略对象，可以在组策略对象链接列表中看到组策略对象的链接。

(4) 单击【删除】按钮，出现是"从列表中先移除链接"还是"移除链接并将组策略对象永久删除"的对话框，此处选择删除组策略对象 sales_gpo 的 GPO Link。此时表明第(3)步的"新建"同时创建了一个 GPO 和 GPO Link。返回"属性"页。

(5) 单击【添加】按钮，出现"添加组策略对象链接"对话框，进入"全部"页面，可以看到当前所有的 GPO 列表，选中 sales_gpo 组策略对象，就可以为 sales_gpo 对象添加一个 GPO Link。

7.6.3 组策略的设置

在组策略窗口中，选中新建的组策略对象 sales_gpo，单击【编辑】按钮，打开"组策略"设置对话框，如图 7.24 所示。从图中可以看出，组策略总体上由计算机配置和用户配置两部分构成。我们可以利用一个组策略对象同时来为计算机和用户做配置。对于一个位置上（如一个 OU 上的）的 GPO Link，GPO 中的计算机配置只对 OU 中的计算机账号起作用，而 GPO 中的用户配置则只对 OU 中的用户账号起作用。

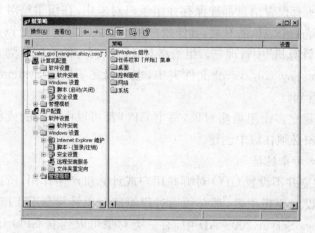

图 7.24 "组策略"设置对话框

GPO 中有很多可配置的策略,下面介绍 5 类常用的策略。

1. 管理模板(Administrative Templates)的策略设置

管理模板是基于注册表的策略。在计算机和用户配置中都可以设置管理模板的内容。

打开任意一个管理模板,选中其中的一个键值打开一个策略的设置,可以看到策略的设置有"未配置"、"启用"、"禁用"三种值。缺省设置是未配置,表示使用系统的默认值。从注册表的角度来分析的话,未配置表示不对注册表做任何修改,启用表示在注册表中添加一个键值为 1 的键,禁用表示把注册表中的这个键的值设为 0。

例如,从【开始】菜单中删除【运行】菜单,缺省的设置是未配置,现将其设置为启用,表示把【运行】菜单项从【开始】菜单中删除。如果想把【运行】菜单项从【开始】菜单中恢复过来,必须把这条策略设置为禁用,而不是未配置。当然,我们也可以通过把这个 GPO 或 GPO Link 删除来恢复原样,达到禁用效果。

每一个组策略都有一个"说明"页,单击说明页,可以给出该策略的功能说明、设置方法和相关策略设置,对初学组策略是一个很好的帮助。

管理模板的文件扩展名是 adm,缺省情况下 Windows Server 2003 自带了许多的管理模板文件,这些文件都是文本文件,可以用记事本进行编辑。我们也可以编写自己的管理模板文件,然后用鼠标右键单击管理模板,单击【添加/删除】进行添加,再利用组策略生效。

管理模板是组策略中可以使用的对系统进行管理最灵活的一种手段。

2. 脚本(Scripts)的策略设置

在计算机配置的"Windows 设置"中,包含开机和关机脚本;在用户配置的"Windows 设置"中包含登录和注销脚本。计算机启动时会自动执行"启动"脚本,用户登录并通过身份验证时会自动执行"登录"脚本;用户注销时会自动执行"注销"脚本,关机时会自动执行"关机"脚本。

下面以"登录"脚本的设置为例说明脚本的设置步骤。

(1) 首先利用记事本编辑一个登录脚本 Logon.vbs,其中仅包含一行命令如下:

wscript.echo"Welcome to Windows Server 2003,this is a logon script test"

将 Logon.vbs 文件保存到以下的文件夹内:

%systemroot%\SYSVOL\sysvol\域名\Policies\{GUID}\User\Scripts\logon

(2) 在组策略窗口中,选中新建的组策略对象 sales_gpo,单击【编辑】按钮,在组策略设置对话框中选【用户设置】→【Windows 设置】→【脚本-(登录/注销)】,双击右侧的【登录】。

(3) 单击【添加】按钮,在"添加"脚本对话框中,单击【浏览】选定 Logon 登录脚本。3 次单击【确定】完成设置。

(4) 以 sales 中的一个用户账户重新登录进行测试。为了保证策略生效,需要重启系统或执行后面将要介绍的命令行刷新工具。

以上的操作可以反复进行以添加多个脚本,每个脚本还可以设置参数。脚本的执行顺序可以通过【上升】、【下移】按钮来进行调整。脚本间执行的延迟缺省是 10 分钟,也可以通过组策略的设置进行改变。

3. 安全(Security)的策略设置

负责管理本地、域和网络的安全选项。安全设置包含在计算机和用户配置的 Windows Setting 中。在计算机配置中包含以下安全选项:

(1) 账户策略:包含密码、账户锁定策略,用于提高系统的抗攻击能力。

(2) 本地策略:包含审核、用户权力和安全选项策略,是对用户登录的计算机的设置,以及在指定计算机上的权力。

(3) 事件日志:包含事件日志和事件查看器设置。定义了与"应用程序日志"、"安全日志"和"系统日志"有关的属性,包括最大日志的大小、每个日志的访问权力和维护的设置及方法。

(4) 受限制的组:对一些与安全关系比较紧密的组,可以在此处定义它的成员及它是谁的成员,这样,这些组的成员及它们是谁的成员将由于组策略的执行而始终与此处的定义相同。

(5) 系统服务:可以对所有的系统服务设置启动类型和管理服务的许可。

(6) 注册表:注册表安全设置。可以控制注册表的 CLASS _ ROOT、MACHINE 和 USERS 中的键的访问许可以及继承方法。

(7) 文件系统:文件安全性设置。可以控制文件系统中的文件夹和文件的访问许可以及继承方法。

(8) 公钥策略:设置与公钥有关的参数。

(9) 在 AD 中的 IP 安全策略:管理 IPSec。

在用户配置中,包含公钥策略,用来设置与公钥有关的参数。

4. 软件安装(Software Installation)的策略设置

具有集中的软件分发管理功能,为计算机或用户定制需要的软件。具体内容将在后面章节详细介绍。

5. 文件夹重定向(Folder Redirection)

负责在网络上存储用户的文件。文件夹重定向存在于用户配置中。展开【用户配置】→【Windows 设置】→【文件夹重定向】,可以把用户的 4 个文件夹:Application Data(应用程序数据)、Desktop(桌面)、My Documents(我的文档,其中包含 My Pictures(我的图片))、Start Menu(开始菜单)重定向到网络服务器上的文件夹中。对用户的最终效果是:无论用户在哪一台计算机上打开他自己的这些文件夹,看到的都是相同的内容。

例如将"My Documents"重定向到网络上,操作步骤如下:

(1) 用鼠标右键单击【My Documents】文件夹,选择【属性】。

(2) 在"属性"对话框的"目标"页中,单击【设置】下拉列表按钮,其中有两个选项,一个是基本设置,重定向所有人的文件夹到同一个位置;另一个是高级设置,即为不同的组设置不同的文件夹重定向的位置。在两种配置中都使用 UNC 路径作为最终路径。

需要注意的是,文件夹重定向只是重定向用户自己创建的数据文档,而不会把系统数据重定向到网络服务器上,所以并不会造成对服务器的硬盘容量需求过大。

7.6.4 组策略的生效

1. 组策略生效的时间和范围

在我们打开计算机以后,Windows Server 2003 开始引导,先应用"计算机配置"策略,再执行计算机的"开机"脚本,然后在用户输入用户名和口令并通过身份验证之后,应用"用户配置"策略,最后是运行用户"登录"脚本。

在缺省情况下,组策略对象对其链接的位置下所有的用户和计算机有效。例如把 sales_gpo 链接到 sales OU 上,那么这个 OU 中所有的用户和计算机都受到影响。在组策略对象中,"计算机配置"策略将影响这个 OU 中所有的计算机;"用户配置"策略将影响这个 OU 中的所有用户。

2. 组策略对象的许可

组策略对象是一个标准的活动目录对象。所有活动目录的对象都有安全设置,因此组策略对象也可以设置许可。

在组策略页面的组策略对象链接表中,选中一个 GPO Link,单击【属性】按钮,出现"GPO 属性"对话框,其中有"常规"、"链接"和"安全"3 个标签。

首先在"常规"页上可以看到这个 GPO 的一些属性,包括建立时间、修改时间、版本、域和 GUID 名。在页的下面有【禁用计算机配置设置】和【禁用用户配置设置】两个选项,可以单独或同时禁用此 GPO 的计算机配置和用户配置,这样可以减少系统的消耗和提高用户的登录性能。

在"链接"页面中可以显示所有的 GPO Link,表示一个 GPO 都被链接到哪里去了。

在"安全"页面中可以显示和设置对 GPO 的许可。只有同时拥有"读取"和"采用组策略"权限的用户和计算机，才会应用组策略，其他情况都不会应用组策略。缺省情况下，Authenticated Users(所有通过身份验证的用户)具有"读取"和"采用组策略"的许可；Creator Owner、Domain Admins、Enterprise Admins、System 等具有"读取"、"写入"、"创建所有子对象"和"删除所有子对象"的许可。

3. 组策略的优先级

用户策略的来源有三个地方，即站点、域和组织单位。缺省情况下，在这三个地方做的组策略都是被用户和计算机继承的。当然，同一时刻一个客户端计算机只能属于一个站点、一个域，即只能继承一个站点、一个域的策略。但是，由于 OU 可以嵌套，因此，一个客户端计算机可以同时继承多个 OU 策略。

如果在不同的位置对相同的内容做了不同的设置，在发生冲突时，近处的设置覆盖远处的设置，或者是后执行的覆盖先执行的。在三类位置中，站点最远，其次是域，最后是 OU。

在同一个位置也可以设置多个 GPO Link，这些 GPO Link 也有优先顺序。位置越上面的优先级越高，因为它执行越晚。也就是说这些 GPO 的执行顺序是从下到上的。

4. 组策略的继承

上层的组策略会应用到包含的所有用户和计算机对象。如 Domain 的组策略会影响域中的所有用户和计算机，而上级 OU 的组策略会影响子 OU 中的用户和计算机。这个继承是可以被中断的。在组策略的配置中，有两个参数对这种继承产生影响。

打开组策略窗口，在窗口下面有一个【阻断策略继承】的复选框，缺省情况下是没有被选中。如果选中该复选框，可以中断来自上层的组策略，包括站点、域和上级 OU 建立的组策略，然后可以应用自己建立的组策略。

在组策略窗口中，选中一个 GPO Link，然后单击【选项】按钮，出现组策略选项窗口，其中有【禁止替代】(No Override)和【被禁用】两个复选框。【被禁用】选项可以让这个 GPO Link(注意不是 GPO)失效，而【禁止替代】选项可以阻止子容器覆盖父容器上的设置，换句话说，下面所有的子容器上做的组策略设置都不能和父容器上做的组策略设置冲突，若冲突，子容器的设置无效。

关于【阻断策略继承】和【禁止替代】，有以下几点注意事项：

(1) 两者的作用点不一样。【阻断策略继承】设置在域和 OU 上，中断来自高层的组策略设置；而【禁止替代】是设置在 GPO Link 上的，不是在站点、域、OU 或 GPO 上。

(2) 如果两者产生冲突，【禁止替代】的优先级比【阻断策略继承】的优先级高。

(3) 从两者修改继承的手段上来看,【禁止替代】实现的是统一的管理,【阻断策略继承】实现的是灵活性,这两者并不矛盾。

5. 组策略的刷新

计算机的策略设置和用户的策略设置分别是在开机后和用户通过登录验证后应用,以后,该用户的计算机的操作系统会周期性地从 AD 中查询组策略的变化并应用新的设置,这可以保证组策略的改变不需要域中的所有计算机和用户重新启动或重新登录。

缺省的计算机设置和用户设置的刷新周期是每 90 分钟一次,域服务器的计算机设置的刷新周期是 5 分钟。可以通过【计算机/用户配置】→【管理模板】→【系统】→【组策略】来启用"计算机/用户的组策略刷新间隔"和"域控制器组策略重新刷新的间隔"这些策略以修改这些刷新周期。

但是,并不是所有设置都可以刷新,例如软件分发安装的设置和用户文件夹重定向的设置就不会随着刷新立即改变,它们需要重启系统或重新登录。

使用以下命令行工具可以完成立即刷新。

对于计算机设置:

Secedit /refreshpolicy Machine _ Policy [/enforce]

对于用户设置:

Secedit /refreshpolicy User _ Policy [/enforce]

其中[/enforce]强迫更新 Security 和 EFS 的设置。

7.6.5 软件分发

管理和维护软件可能是大多数管理员都要面对的,客户经常会问管理员他使用的软件为什么不能使用了、新软件如何安装、怎么进行软件升级等。利用 Windows Server 2003 的软件分发功能可以轻松地实现客户的这些需求,这为我们的管理工作带来了极大的方便。

软件分发是指通过组策略让用户或计算机自动进行软件的安装、更新或卸载。

1. 准备安装软件

软件分发需要 Windows Installer Service(Windows 安装服务)。这个服务是一个客户端的服务,服务的对象是客户端计算机上的软件。它的功能是实现在客户端计算机上软件的自动安装和配置,也可以被用来修改或者修复一个已经分发的应用程序。

这个服务的具体实现需要专门的软件安装文件,这就是 Windows Installer Package File。它包含以下 4 部分内容:

(1) 安装和卸载一个应用程序需要的所有信息。一个软件的安装一般会包括：在硬盘上创建一个文件夹，复制文件到这个文件夹中；在开始菜单中添加一个新的程序条；向注册表中添加相关的内容。这些信息是安装软件需要的，同时也是卸载软件所需要的。

　　(2) 一个.msi 文件和源文件。源文件是指整个应用程序的源代码。扩展名为.msi 的文件是 Windows Installer Service 专用文件，也是 Windows Server 2003 下的可执行文件，大多数情况下使用软件分发都需要这个文件进行安装。在 Windows Server 2003 的安装盘中可以找到一个封装 msi 包的工具，名字叫 WinInstall LE，位于\ValueAdd\3rdParty\Mgmt 下，可以把任何软件打包成 msi 文件。

　　(3) 应用程序和软件分发包的摘要信息。应用程序的摘要信息包括应用程序的版本、安装时间以及补丁号码等，是对应用程序进行升级和维护所需要的信息。软件分发包的摘要信息用来判断已经分发的应用程序的状态，去服务器上查找相应的信息，自动进行软件的安装和恢复等。

　　(4) 指定软件分发点的位置。应用程序是自动安装与修复的，这首先需要指定源安装文件所在位置，一般情况下，软件的源文件是存放在网络上的。

2. 创建软件分发点

　　一个软件分发点的创建就是把需要发布的软件，主要是 Windows 安装文件包，放到一个网络上的共享文件夹中。步骤如下：

　　(1) 在文件服务器的硬盘上创建一个专门用于软件分发的文件夹并共享。

　　(2) 在这个共享文件夹内，为需要分发的每一个软件创建一个子文件夹。

　　(3) 把需要分发的软件的源文件和 Windows Installer Packages 复制到相应的子文件夹中。

　　(4) 设置共享文件夹的共享权限为"everyone"有"read"权限。

3. 使用组策略实现软件分发

　　软件分发的实际工作是由 AD 中的组策略来设置的，加入域中的安装了 Windows 2003 操作系统的计算机在启动或用户登录时，Windows Server 2003 会向 DC 查询相应的组策略，如果有针对本机或当前登录用户的组策略，并且其中配置了软件分发，则开始按组策略的设置进行软件的自动安装、更新或卸载。

　　使用组策略实现软件分发的步骤如下：

　　(1) 在组策略窗口中选中一个 GPO，单击【编辑】按钮，用鼠标右键单击【用户配置】的【软件安装】，选【属性】。

　　(2) 在弹出的对话框中，在【默认程序包位置】处输入软件分发点的位置，注意此处必须用 UNC 路径。单击【确定】按钮回到前一窗口。

　　(3) 用鼠标右键单击【软件安装】，选择【新建】→【程序包】，在出现的对话框中选择相应的 Windows Installer Packages(＊.msi)。

（4）单击【打开】按钮，出现部署软件对话框，选择部署方法。关于部署方法，即分发方法，将在后面详细介绍。此处可以先选择【已发行】。

（5）单击【确定】完成发布。

4. 软件分发的方法

使用什么样的分发方法决定了在什么地方（在计算机配置上还是在用户配置上）进行配置，而分发方法由客户的需要来决定。

（1）发行方法：发行方法只能将应用程序发行给用户，即只能在用户配置中进行设置。当某个应用程序通过组策略的 GPO 被发行给用户后（这些被发行的应用程序数据会被存储在 AD 内），域用户可以自行利用"添加/删除程序"通过网络来安装此程序，也可以通过文件关联来安装此程序。

这种方法适用于用户不经常使用的应用程序，由用户提供，管理员负责分发，用户有自主的能力，可以自由地支配是否安装这些应用程序。

（2）指派方法：这种方法可以在用户的配置中设置，也可以在计算机的配置中设置。

① 将应用程序指派给用户。当某个应用程序通过组策略的 GPO 被指派给用户后，则用户在登录时就会被"广告"，但是这个应用程序并没有真正被安装，而只是安装了与这个应用程序有关的部分信息而已，以后用户可以利用这些信息来真正安装程序。

它的效果是：

● 在用户登录后出现在开始菜单中或者桌面上。可以选择任意一个安装图标（快捷方式），在初次选中后进行自动安装。

● 如果用户通过"添加/删除程序"去掉了应用程序，那么在这个用户下次登录时，应用程序还会出现在开始菜单中或者桌面上。

● 也可以通过文件关联进行应用程序的安装。

此方法适用于用户必须使用或者希望无论在什么地方都可以使用的应用程序。

② 将应用程序指派给计算机。使用这种方法，具体表现为：

● 出现在被分发的计算机的开始菜单中或者桌面上。

● 在计算机开机时自动安装。

● 用户不能通过"添加/删除程序"删除给计算机分配的应用程序，但是本机管理员可以管理计算机的应用程序。

此方法适用于无论谁使用某台特定计算机都要使用的应用程序，并且它是被安装到公用程序组内，也就是被安装到 Documents and Setting\All Users 文件夹内,任何用户登录后,都可以使用此应用程序。这把应用程序的安装与计算机的开机关联起来,不再需要用户选择是否安装应用程序,直接进行安装。

本 章 小 结

活动目录是 Windows Server 2003 网络服务中最具特点的服务,也是区别于 Windows NT 网络操作系统的重要标志之一。本章首先详细地讲述了活动目录的功能、作用、逻辑结构、物理结构等概念,然后详细地讲述了域控制器(AD)的安装与配置方法,讲述了域的组织,委派管理控制以及活动目录中的用户、组管理,随后讲述了在活动目录中发布资源的方法,最后重点讲述了组策略的配置和管理。通过活动目录的配置与管理,特别是组策略的应用,可以提高网络的安全性和管理的统一性。

复习思考题

1. 在 Windows Server 2003 中使用 Active Directory 的目的是什么?
2. 什么是站点和域?如何区分它们?
3. 什么是目录树和目录林,它们有哪些异同点?
4. 网络中存在一个域,且网络中的所有用户账号都在 Sales 组织单位或 Product 组织单位中,必须确保所有用户的桌面上都有相应的应用程序,如何设置组策略?
5. 所有的域用户账号在雇员组织单位中,现在希望阻止除了研究人员之外的用户访问 Internet,如何确保研究人员可以访问 Internet 而其他用户不能?
6. 生产部门人员在不同客户端计算机上进行登录时希望能随时使用他们的工作数据,应该怎么做?

本 章 实 训

实训一 配置基于 Windows Server 2003 的域模式网络环境。

1. 在同一个目录林中安装并配置两棵目录域树,在两棵树之间建立可传递双向信任关系。
2. 在域控制器中配置用户、计算机、组、打印机等网络资源。

实训二 利用组策略对网络进行统一管理

1. 配置组策略提高用户账户密码的安全性。
2. 配置组策略提高网络共享的安全性。
3. 配置组策略管理模板对计算机环境进行设置。

实训三 活动目录构架

结合 DHCP、DNS、Internet 信息服务等网络知识,基于 Windows Server 2003 的域模式网络环境,规划一个完整的企业网络体系。

第 8 章　系统安全管理

学习目标

本章主要讲述系统安全管理的多种方法、系统的备份与还原、安全性策略管理、配置 Windows Server 2003 PKI 和定义 IPSec 的规则实现网络通信的安全等内容。通过本章的学习，应达到如下学习目标：

● 理解网络安全的基本概念，掌握网络安全防范的基本方法。
● 理解并掌握系统的备份与还原的工作原理及其配置方法。
● 掌握利用本地安全策略和域安全策略、组策略以及各种网络配置命令实现配置安全性策略的方法。
● 理解并掌握 PKI 体系架构，掌握安装和配置 Windows Server 2003 PKI 的方法。
● 理解并掌握 IPSec 的工作原理，掌握在 Windows Server 2003 中如何配置 IPSec 策略和规则。

导入案例

某公司有一台服务器存储了重要文件并提供重要的网络服务功能。当出现下列情况时，作为网络管理员的你该如何处理？

（1）由于操作不当，系统突然无法启动，如何恢复系统？
（2）如何检测公司发布在 Internet 上的 Web 服务器是否受到了黑客的攻击，以及如何防范？
（3）如何保证管理员账号的安全性？
（4）公司要与地处异地的分公司在 Internet 上传递一份重要的文件，如何保证文件不被黑客窃取？

要实现上述目标，首先要学会利用系统工具对系统进行备份和还原，其次要能够在安全策略选项中配置相应的策略，再次要学会安装和配置证书服务，最后能根据实际情况指定 IPSec 规则并应用。通过本章的学习，我们可以轻松地解决上述案例中提到的问题。

8.1 系统备份与还原

提供重要网络管理或网络服务的服务器系统在正常的状态下需要有良好的备份机制，系统管理员应该具有从灾难事件中恢复计算机系统的能力。这些灾难事件包括水灾、火灾、盗窃、磁盘损坏、服务器故障和误操作删除数据等。当系统出现异常或者灾难性事件的时候就可以利用备份文件恢复系统。Windows Server 2003 提供了方便实用的自动系统恢复功能。

8.1.1 什么是自动系统恢复

自动系统恢复（ASR）是 Windows Server 2003 中的一个系统组件，可以帮助管理员恢复无法启动的系统。自动系统恢复包括备份和恢复两部分。

典型情况下，在安装或者升级到 Windows Server 2003 后，应该创建一套 ASR 软盘。ASR 恢复过程可以让系统恢复到创建 ASR 备份集时的系统状态。ASR 备份向导可以备份系统状态数据、系统服务以及与操作系统组件相关的所有的磁盘。ASR 备份向导还可以创建一张软盘，软盘中包含了备份的信息、基本磁盘和动态磁盘的配置以及恢复的流程。

ASR 备份向导中有【这台计算机上的所有信息】选项，选择该选项会备份计算机上的所有系统状态数据和操作系统组件，同时创建一张系统恢复软盘，当发生磁盘故障时，用这张软盘可以恢复系统。

8.1.2 系统备份

系统管理员在安装和配置好 Windows Server 2003 后可以进行系统数据备份。步骤如下：

（1）依次选择【开始】→【所有程序】→【附件】→【系统工具】→【备份】命令；或者选择【开始】→【运行】选项，在"运行"对话框中输入"ntbackup"命令，打开如图 8.1 所示的向导对话框。

（2）单击【下一步】按钮，显示如图 8.2 所示"备份或还原向导"对话框，选择

【备份文件和设置】选项。

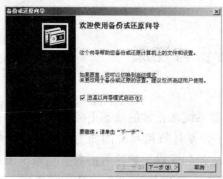

图 8.1　备份向导　　　　　　　图 8.2　备份或还原

（3）单击【下一步】按钮，显示如图 8.3 所示"要备份的内容"对话框，选择【这台计算机上的所有信息】选项。

（4）单击【下一步】按钮，显示如图 8.4 所示"备份类型、目标和名称"对话框，指定备份系统文件的存储位置和名称。

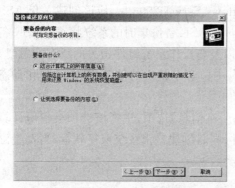 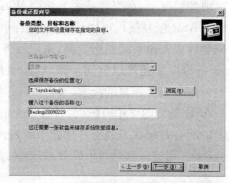

图 8.3　"要备份的内容"对话框　　　　图 8.4　"备份类型、目标和名称"对话框

（5）单击【下一步】按钮，显示如图 8.5 所示的"正在完成备份或还原向导"对话框。

（6）单击【完成】按钮，显示如图 8.6 所示的"备份进度"对话框，系统自动进行备份。

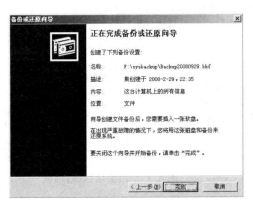

图 8.5 "正在完成备份或还原向导"对话框

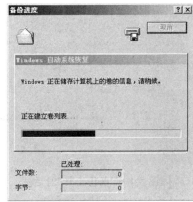

图 8.6 "备份进度"对话框

(7) 备份文件创建后,系统会弹出如图 8.7 所示的"备份工具"对话框,按要求插入软盘,系统将创建一张 ASR 恢复软盘,以备还原系统。

(8) 备份完毕后,可单击【报告】按钮检查备份的日志报告。

图 8.7 "备份工具"对话框

8.1.3 系统还原

当系统需要还原的时候,系统管理员可以利用原先备份的系统文件进行还原。步骤如下:

(1) 依次选择【开始】→【所有程序】→【附件】→【系统工具】→【备份】命令,显示如图 8.8 所示的"备份工具"对话框,单击【还原向导(高级)】按钮,弹出"欢迎使用还原向导"对话框。

(2) 单击【下一步】按钮,显示如图 8.9 所示的"还原项目"对话框,指定要还原的项目。

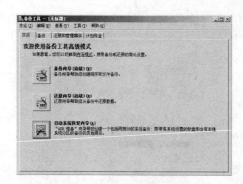
图 8.8 "备份工具"对话框

图 8.9 "还原项目"对话框

(3) 单击【下一步】按钮,系统会弹出如图 8.10 所示的"警告"对话框,单击【确定】按钮,系统自动进行还原。

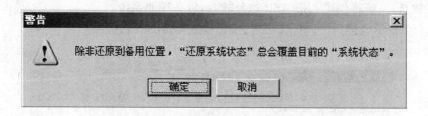
图 8.10 "警告"对话框

以上还原操作建立在可以进入系统的前提下,当系统发生灾难性故障导致无法启动系统时,管理员则必须使用 ASR 恢复软盘来恢复系统。步骤如下:

(1) 插入 Windows Server 2003 安装光盘到 CD-ROM 中,设置 BIOS 使系统从光盘启动。

(2) 如果需要单独的驱动程序文件,在安装过程中根据提示按【F6】键提供驱动程序。

(3) 在进入文本安装模式时,根据提示按【F2】键,插入 ASR 恢复软盘。

(4) 根据屏幕提示恢复系统。

8.2 安全性策略管理

伴随着网络的普及,尤其是 Internet 的广泛应用,网络安全已经成为影响网络效能的重要因素。作为网络管理的核心,网络操作系统的安全性管理直接决定了网络信息安全。但是在实际的安全入侵事件中,有一半以上都归于网络操作系统没有合理地配置,没有进行核查和监控。

8.2.1 系统漏洞与入侵检测

系统漏洞是危害网络安全的最主要因素之一,特别是软件系统的各种漏洞。黑客的攻击行为都是利用系统的安全漏洞来进行的。许多系统都有这样那样的安全漏洞(Bugs),其中有些是操作系统本身的,有些是应用软件由于设计缺陷而具有的。这些漏洞在补丁尚未被开发出来之前一般很难防御黑客的破坏,除非用户不接入网络。还有一些漏洞是程序员在设计一些功能复杂的程序时,预留的用于测试和维护的程序入口,由于疏忽或者其他原因(如将其留在程序中,便于日后访问、测试或维护)没有删除掉,这就有可能被一些黑客发现并利用来作为后门。到目前为止,还没有出现真正安全无任何漏洞的产品,这也是当前黑客肆虐的主要原因。

1. 系统漏洞的危害

黑客利用安全漏洞入侵和破坏系统所造成的危害主要体现在以下几个方面:

(1) 系统劫持

一般情况下,攻击者为了攻击一台主机,往往需要一个中间站点,以免暴露自己的真实身份,这样,即使被发现了,也只能找到中间站点的地址,而与攻击者毫无关系。

在另一些情况下,假使有一个站点能够访问另一个严格受控的站点或者网络,例如,能够连通到另一个主干网上去,攻击者为了访问另一个主干网的一些站点,往往需要先攻击这个中间站点。这种情况对于目标主机本身来说并无多大坏处,但是潜在的危机已经存在。首先,它占用了大量的处理器时间。当运行一个网络监听软件时,会占用大量的处理器时间,这样将使主机的响应时间变慢。另一个可能的危害是,这种行为将责任转嫁到目标主机的管理员身上,后果是难以估计的。

(2) 获取文件和传输中的数据

攻击者的目标一般是系统中的重要数据。攻击者可以通过登录目标主机,或者使用网络监听程序进行监听等方式来获得这些重要数据。登录或连接到目标主机是最直接的方法,可获得较多的目标主机的权限,此时攻击者可以直接读取或复制数据文件。此外,攻击者监听到的信息可能含有非常重要的信息,例如用户密码等。传输过程中的密码是一个非常重要的数据。当攻击者得到密码后,便可以顺利地登录别人的主机或者访问受限的资源。

(3) 获得超级用户权限

在具有超级用户权限后,攻击者便可以做任何事情,所以每一个入侵者都希望能够得到超级用户权限。在取得这种权限后,攻击者便可以完全隐藏自己的行踪,在系统中埋伏下一个方便的后门,甚至可以修改资源配置,为自己得到更多的好处。在 UNIX 系统中,运行网络监听程序必须要有这种权限。因此在一个局域网中,只要掌握了一台主机的超级用户权限,就可以说有可能掌握整个局域网。

(4) 对系统的非法访问

有许多系统是不允许其他用户访问的,例如一个公司、组织的网络。因此,黑客必须要以一定的手段来得到访问权力,例如利用身份验证漏洞、缓冲区溢出漏洞等。有时系统本身缺乏访问控制机制。例如,在一个有许多 Windows 9x/Me 操作系统的网络中,常常有许多用户将自己的目录共享出来,如果系统中的密码保护失效,别人就可以从容地在这些计算机中浏览、寻找自己感兴趣的东西,或者删除、更换文件。

(5) 进行不许可的操作

有时用户被允许访问某些资源,但通常受到许多限制。例如,在一个 Windows Server 2003 系统中,如果没有超级用户权限,许多事情便无法去做。于是在有了一个普通的账号后,总是想法得到更大一点的权利。许多用户都在有意或无意地去尝试尽量获得超出允许的一些权限,于是总是努力去寻找管理员在设置中的漏洞,或者去寻找一些工具来突破系统安全防线,例如特洛伊木马便是一种使用得很多的手段。

(6) 拒绝服务

同上述目的相比较,拒绝服务便是一种有目的的破坏行为了。拒绝服务攻击方式很多,例如,向目标计算机发送大量的无意义的请求,以致计算机因无法处理所有的请求而崩溃;制造网络风暴,以让网络中充斥大量的信息包,占据网络的带宽以及延缓网络的传输。

(7) 涂改信息

涂改信息包括对重要文件的修改、更换、删除操作,它是一种很恶劣的攻击行为,因为不真实或者错误的信息往往会给用户造成很大的损失。

(8) 窃取信息

被入侵的站点往往有许多重要的信息与数据,例如用户的账户信息、企业客户信息、系统的安全配置等。因此,黑客入侵还有一个主要目的就是窃取信息,通过入侵来获得别人的电子邮件地址、信用卡信息等个人隐私以及竞争对手的商业机密。若攻击者使用一些系统工具,往往会被系统记录下来;如果直接发往自己的站点,也会暴露自己的身份和地址。于是攻击者在窃取信息时,往往将这些信息和数据发送到一个公开的 FTP 站点,或者用电子邮件寄往一个可以拿到的地方,等以后再从这些地方取走,这样做可以很好地隐藏自己的身份。将这些重要信息发往公开的站点造成了信息的扩散,由于那些公开的站点常常会有许多人访问,故其他的用户完全有可能得到这些信息并将它们再次扩散出去。

2. 入侵检测的手段

作为系统管理员,应从以下方面对系统进行入侵检测。

(1) 查看日志

目前,绝大多数的操作系统、应用系统等都带有日志功能。可以根据需要将发生在系统中的事件记录下来,然后通过查看日志文件的内容,就可以发现黑客的入侵和入侵后的行为。

以 Windows Server 2003 上的 IIS 6.0 为例,在大多数情况下,IIS 的日志会忠实地记录它接收到的任何请求,因此,系统管理员应该擅长利用这点来发现入侵的企图,从而保护自己的系统。IIS 系统自带的日志功能从某种程度上可以成为入侵检测的得力帮手。

日志是存放在\%Systemroot%\system32\LogFiles\w3svc1 目录下以日期命名的文件,可用文本编辑器打开,如图 8.11 所示。

通过日志文件,系统管理员可以清楚地发现所有的 HTTP 请求,以及客户与 Web 服务器进行的交互操作信息,由此可以很快发现在系统在何时通过什么方式被入侵。

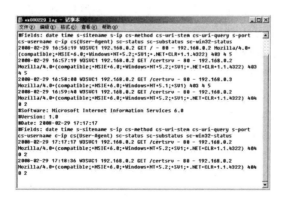

图 8.11　IIS 日志

(2) 用 Netstat 检查打开的端口

Netstat 是一个命令行工具,键入"netstat -a"就可以查看当前本地计算机上打开的端口和已经建立的连接。根据这些打开的端口,就可以判断系统中是否存在木马或异常连接,如图 8.12 所示。

(3) 查看共享

通过共享来入侵一个系统,是最"舒服"的一种攻击方法了。如果系统防范不严,最简单的攻击方法就是利用系统隐含的管理共享。只要是黑客能扫描到的 IP 地址,就可以用 net use 命令连接到共享文件夹上,甚至当用户浏览到含有恶意脚本的网页时,硬盘也可能被共享。因此,监测本机的共享连接是非常重要的。打开【计算机管理】工具,展开【共享文件夹】选项,单击【共享】选项,查看右面窗口,就可以看出是否有新的可疑共享,如图 8.13 所示。如果有可疑共享,立即删除它。另外,还可以通过选择【会话】选项来查看连接到机器共享的会话。

图 8.12　用 Netstat 查看端口连接

图 8.13　检查共享

(4) 查看进程

黑客入侵一个系统以后,经常会在被入侵的系统中植入木马或其他黑客程序,以达到控制目标主机或以此为跳板的目的。这些程序在运行时,会创建相关的进程,因此通过进程查看程序可以发现它们。查看进程最简单的办法是利用"任务管理器"对话框中的"进程"页面来查看相关进程。

但是人工进行入侵检测,在很大程度上将受系统管理员的技术素质的制约,因此采用专门的入侵检测系统是一个比较好的选择。例如,使用网络安全漏洞扫描器 Holes、RangScan 以及基于开放源码技术的入侵检测软件 Snort 等,都能对网络安全防范起到良好的作用。

8.2.2 安全策略

1. 账户安全策略

用户使用账户登录到系统并根据账户的权限访问系统和网络中的资源。对于非法用户来说，administrator 或 system 账户是他们入侵系统时最有用的目标。用户账户的保护一般主要围绕密码的保护来进行。为了避免用户身份由于密码被破解而被夺取或盗用，通常可采取诸如提高密码的破解难度、启用账户锁定策略、限制用户登录、限制外部连接以及防范网络嗅探等措施。

（1）提高密码的破解难度

在 Windows 系统中可以通过一系列的安全设置，同时制定相应的安全策略来提高密码的被破解难度。具体通过在安全策略中设定"密码策略"进行。Windows Server 2003 系统的安全策略可以根据网络的情况，针对不同的场合和范围进行有针对性的设定。本地安全策略只有在不是域控制器的 Windows Server 2003 计算机上才可用。如果计算机是域的成员，可以在域控制器上通过配置域控制器的组策略来完成域的安全策略。

依次单击【开始】→【设置】→【控制面板】→【管理工具】→【本地安全策略】，显示如图 8.14 所示的"本地安全策略"对话框。在"账户策略"中包含"密码策略"和"账户锁定策略"。对"密码策略"，可按图 8.15 所示设置，以增加密码复杂度，提高暴力破解的难度，增强安全性。

图 8.14 "本地安全策略"对话框

图 8.15 密码策略

（2）启用账户锁定策略

账户锁定是指在某些情况下（例如账户受到采用密码词典或暴力猜解方式的在线自动登录攻击），为保护该账户的安全而将此账户进行锁定，使其在一定的时间内不能再次使用，从而挫败连续的猜解尝试。系统在默认情况下，为方便用户起见,这种锁定策略并没有进行设定,如图8.16所示。此时,黑客只要有耐心,通过自动登录工具和密码猜解字典进行攻击,甚至可以进行暴力模式的攻击,那么破解密码只是一个时间和运气上的问题。

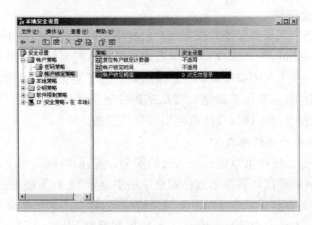

图 8.16 账户锁定策略

　　账户锁定策略设定的第一步就是指定账户锁定的阈值,即锁定前该账户无效登录的次数。一般来说,由于操作失误造成登录失败的次数是有限的,多次登录失败基本上可以认为是受到了攻击。如图8.17所示,在这里设置锁定阈值为3次,这样只允许3次登录尝试。如果3次登录全部失败,就会锁定该账户。注意,一旦该账户被锁定,即使是合法用户也无法使用,只有管理员才可以重新启用该账户,这就造成了许多不便。为方便用户起见,可以同时设定锁定的时间和复位计数器的时间。

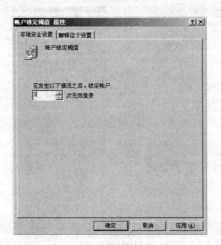

图 8.17 账户锁定阈值的设置

（3）限制用户登录

对于企业网的用户，还可以通过对其登录行为进行限制来保障用户账户的安全。这样一来，即使是密码出现泄漏，系统也可以在一定程度上将黑客阻挡在外。

对于 Windows Server 2003 网络来说，运行"Active Directory 用户和计算机"管理工具，然后选择相应的用户，在账户属性对话框中，即可以限制其登录的时间和地点。单击其中的【登录时间】按钮，可以设置允许该用户登录的时间，这样就可以防止非工作时间的登录行为；单击其中的【登录到】按钮，可以设置允许该账户从哪些计算机上登录系统。

（4）限制外部连接

对于企业网络来说，通常需要为一些远程拨号访问的用户提供拨号接入服务。远程拨号访问技术实际上是通过低速的拨号连接来将远程计算机接入到企业内部的局域网中，由于这个连接无法隐藏，因此常常成为黑客入侵内部网络的最佳入口。对于基于 Windows Server 2003 的远程访问服务器来说，默认情况下将允许具有拨入权限的所有用户建立连接，因此，安全防范的第一步就是合理地、严格地设置用户账户的拨入权限。对于网络中的一些特殊用户和固定的分支机构的用户来说，可通过回拨技术来提高网络安全性。这里所谓的回拨，是指在主叫方通过验证后立即挂断线路，然后再回拨到主叫方的电话上，这样即使账户及其密码被破解，也不必有任何担心。需要注意的是，这里需要开通来电显示业务。

2. 系统审核策略

系统审核机制可以对系统中的各类事件进行跟踪记录并将之写入日志文件，以供管理员分析、查找系统和应用程序故障以及各类安全事件。

所有的操作系统、应用系统等都带有日志功能，因此可以根据需要实时地将发生在系统中的事件记录下来。同时还可以通过查看与安全相关的日志文件的内容，来发现黑客的入侵和入侵后的行为。对 Windows Server 2003 的服务器系统来说，为了不影响系统性能，默认的安全策略并不对安全事件进行审核，如图 8.18 所示。

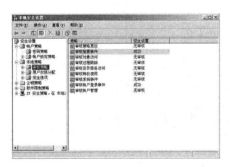

图 8.18　审核策略

图 8.19　"审核"选项卡

启用"审核对象访问"策略要求必须使用 NTFS 文件系统。NTFS 文件系统不仅提供对用户的访问控制,而且还可以对用户的访问操作进行审核。但这种审核功能需要针对具体的对象来进行相应的配置。

审核设置具体操作如下:

(1) 用鼠标右键单击被审核对象→【属性】→【安全】→【高级】→【审核】,显示如图 8.19 所示对话框,单击【添加】按钮,显示如图 8.20 所示对话框,在【输入要选择的对象名称】处添加要审核的用户或组。

(2) 输入要审核的用户或组后,单击【确定】按钮返回图 8.19 中,单击【编辑】按钮,显示如图 8.21 所示的"审核项目"对话框,在此处设置审核事件。在所有审核生效后,就可以通过检查系统的安全日志来监测系统。

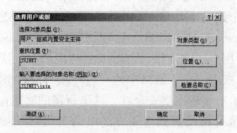

图 8.20 "选择用户和组"对话框

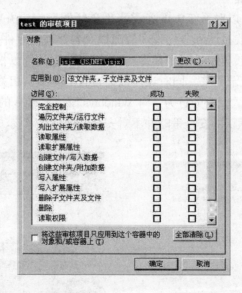

图 8.21 "审核项目"对话框

8.3 PKI 和 IPSec 的部署

8.3.1 PKI 概述

随着网络应用的不断普及、电子商务的不断推广,网络数据的传输安全越来越成为网络管理员关注的焦点。在对敏感数据的加密传输技术上,数字证书是实现数据加密传输的一种重要手段。Windows Server 2003 中有两种验证协议,即 Kerberos 和公钥基础结构(Public Key Infrastructure,PKI)。这两者的不同之处在于:Kerberos 是对称密钥,而 PKI 是非对称密钥。在 Internet 环境中,需要使用非对称密钥加密。即每个参与者都有一对密钥,可以分别指定为公钥(PK)和私钥(SK),一个密钥加密的消息只有另一个密钥才能解密,而从一个密钥推断不出另一个密钥。公钥可以用来加密和验证签名,私钥可以用来解密和数字签名。每个人都可以公开自己的公钥,以供他人向自己传输信息时加密之用。只有拥有私钥的本人才能解密,保证了传输过程中的保密性。关键是需要每个人保管好自己的私钥。同时,为了保证信息的完整性,还可以采用数字签名的方法。

但问题是,如何获得通信对方的公钥并且相信此公钥是由某个身份确定的人拥有的呢?用一个例子来说,如果在你对面有一个人走了过来,对你说,他是某某人,你并不能相信他。怎么证明他就是那个人呢?他可以找来一个双方都认识的人,由这个人来进行介绍,这个人就相当于网络中的电子证书。电子证书是由大家共同信任的第三方——认证中心(Certificate Authority,CA)颁发的,证书包含某人的身份信息、公钥和 CA 的数字签名。任何一个信任 CA 的通信一方,都可以通过验证对方电子证书上的 CA 数字签名来建立起和对方的信任,并且获得对方的公钥以备使用。下面介绍数字证书服务的安装。

8.3.2 证书服务的安装

在证书服务中,有两种形式的根,一种是企业根,另一种是独立根。如果要创建企业根 CA 或企业从属根 CA,首先必须配置好活动目录服务。如果要创建独立根 CA 或独立从属根 CA,则无需配置活动目录服务。操作步骤如下:

(1) 打开控制面板,双击【添加或删除程序】,在"添加或删除程序"对话框中单击

【添加/删除 Windows 组件】,显示"Windows 组件"列表,在【证书服务】选项中打上勾。

(2) 单击【下一步】按钮,显示如图 8.22 所示的"CA 类型"对话框,由于本服务器是一台域控制器服务器,所以选择【企业根 CA】。

(3) 单击【下一步】按钮,显示如图 8.23 所示的"CA 识别信息"对话框,在【此 CA 的公用名称】中输入 CA 的名称信息。系统默认 CA 的有效期限为 5 年,在这里可以自行任意设定。需要注意的是,公用名称最好使用英文名,否则容易引起程序不兼容。

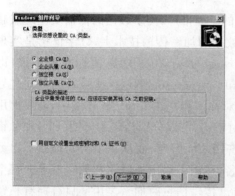

图 8.22 "CA 类型"对话框

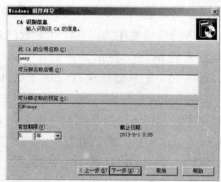

图 8.23 "CA 识别信息"对话框

(4) 单击【下一步】按钮,显示如图 8.24 所示的"证书数据库设置"对话框,可选择证书数据库和数据库日志的存放位置,建议使用默认路径。

(5) 单击【下一步】按钮,出现如图 8.25 所示画面,显示安装过程,直至安装完毕。值得注意的是,如果之前没有安装 IIS,系统会提示安装;如果安装过 IIS,系统会提示必须暂时停止 IIS 服务。

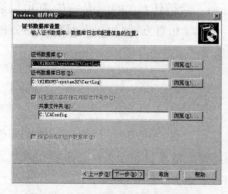

图 8.24 "证书数据库设置"对话框

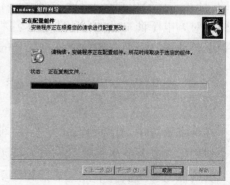

图 8.25 "正在配置组件"对话框

8.3.3 证书服务的配置

下面以 Web 服务应用数字证书为例,讲解证书服务的配置方法。操作步骤如下:

(1) 在需要为其配置 SSL 的网站上单击鼠标右键,在弹出的快捷菜单中选择【属性】,在"目录安全性"选项卡中有一个【安全通信】区域,在这个区域中选择【服务器证书】。

(2) 单击【下一步】按钮,显示"欢迎使用 Web 服务器证书向导"对话框。继续单击【下一步】按钮,显示如图 8.26 所示的"服务器证书"对话框。在【选择此网站使用的方法:】中选择【新建证书】。

(3) 单击【下一步】按钮,显示如图 8.27 所示的"延迟或立即请求"对话框。如果用户网络的证书服务器一直在线的话,在此对话框中选择【立即将证书请求发送到联机证书颁发机构】。

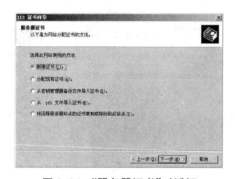

图 8.26 "服务器证书"对话框

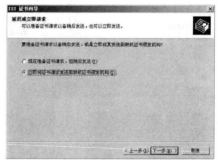

图 8.27 "延迟或立即请求"对话框

(4) 单击【下一步】按钮,显示如图 8.28 所示的"名称和安全性设置"对话框,在对话框中输入证书的名称和密钥的位长。与 Windows 2000 不同的是,Windows Server 2003 系统默认为 1024,而非 Windows 2000 的 512,这里选择系统默认位长。

(5) 单击【下一步】按钮,显示"单位信息"对话框,输入请求证书的单位和部门信息。输入完毕后单击【下一步】按钮,显示如图 8.29 所示的"站点公用名称"对话框,输入站点的公用名称。在这里应该使用计算机的域名。如果公用名称发生变化,则需要重新请求证书。

   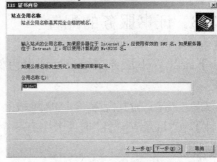

图 8.28 "名称和安全性设置"对话框　　图 8.29 "站点公用名称"对话框

(6) 单击【下一步】按钮,显示如图 8.30 所示的"地理信息"对话框,进行相应选择后单击【下一步】按钮,显示"SSL 端口"对话框,输入网站使用的 SSL 端口,也可直接使用系统默认的 443 端口。再单击【下一步】按钮,显示如图 8.31 所示的"选择证书颁发机构"对话框,选择刚刚建立的 CA。

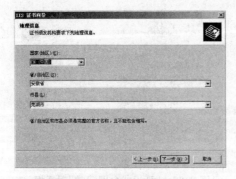   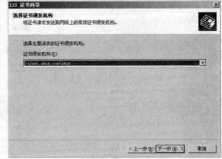

图 8.30 "地理信息"对话框　　图 8.31 "选择证书颁发机构"对话框

(7) 单击【下一步】按钮,在"证书请求提交"对话框中将显示证书的相关信息。检查无误后,单击【下一步】按钮继续,显示"完成 Web 服务器证书向导"对话框。至此,Web 网站安全证书安装完毕。

接下来进行证书的设置。单击【安全通信】区域中的【编辑】按钮,显示如图 8.32 所示的"安全通信"对话框。选中【要求安全通道】复选框,这时服务器和客户端之间的通信将使用加密方法。还可以选择加密位数,选中【要求 128 位加密】复选框,则服务器和客户端之间的通信使用 128 位的加密方式,当然速度会比较慢。在【客户端证书】选择区域中,如果选中【忽略客户端证书】,则服务器和客户端之间的通信不需要证书;如果选择【接受客户端证书】,则允许拥有客户证书的用户访问,但不需要证书;如果选中【要求客户端证书】,则服务器和客户端之间的通信必须使用证书进行身份验证。在此选择【要求客户端证书】。

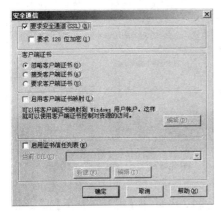

图 8.32 "安全通信"对话框   图 8.33 安全提示

使用客户端访问 Web 网站则会显示如图 8.33 所示的安全提示信息,表示要求客户端证书,没有客户端证书时,网页无法访问。这时客户端需要到认证中心申请一个客户证书。申请的办法是在 IE 地址栏中输入"http://服务器名/certsrv"或者"http://IP 地址/certsrv"。系统会弹出一个登录界面要求用户进行登录。输入用户名和密码后,则进入如图 8.34 所示的"欢迎"页面。单击【申请一个证书】超级链接,进入"申请一个证书"页面,如图 8.35 所示。

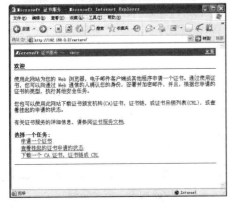 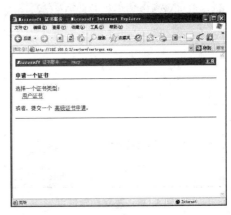

图 8.34 "欢迎"页面   图 8.35 "申请一个证书"页面

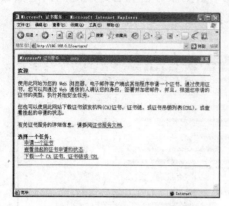
图8.36 "证书已颁发"页面

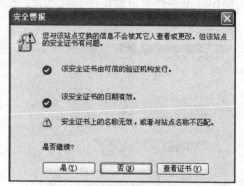
图8.37 "安全警报"对话框

在申请证书页面中有两个选项,一个是【用户证书】,另一个是【高级证书申请】。这里单击【用户证书】超级链接,在"用户证书—识别信息"页面中,单击【提交】按钮,系统进入"证书已颁发"页面,如图8.36所示。单击【安装此证书】,系统开始自动安装证书。证书安装成功后,这时在IE地址栏上输入"http://对方IP地址",弹出如图8.37所示的"安全警报"对话框,单击【是】按钮,弹出如图8.38所示的"选择数字证书"对话框,选择正确的证书,单击【确定】按钮。这时发现客户可以通过验证并能正常访问Web网站,实现了安全通信,如图8.39所示。

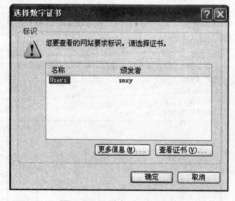
图8.38 选择数字证书

图8.39 安全访问

8.3.4 IPSec 的部署

1. IPSec 概述

IPSec 是一个开放式标准的框架。基于 IETF 开发的标准，IPSec 可以在一个公共 IP 网络上确保数据通信的可靠性和完整性。IPSec 对于实现通用的安全策略所需要的、基于标准的、灵活的解决方案提供了一个必备的要素。TCP/IP 协议簇提供了一个开放式协议平台，正将越来越多的部门和人员用网络连接起来，网络正在快速地改变着我们工作和生活的方式，但是同时网络安全性的缺乏已经减慢了互联网的发展速度。目前网络面临的各种威胁包括保密数据的泄露、完整性的破坏、身份伪装和拒绝服务等。

为实现 IP 网络上的安全，IETF 建立了一个 Internet 安全协议工作组负责 IP 安全协议和密钥管理机制的制定。经过几年的努力，该工作组提出一系列的协议，构成了一个安全体系，总称为 IP Security Protocol，简称为 IPSec。

IPSec 主要包括两个安全协议 AH(Authentication Header)和 ESP(Encapsulating Security Payload)以及密钥管理协议 IKE(Internet Key Exchange)。AH 提供无连接的完整性、数据发起验证和重放保护。ESP 还可另外提供加密。密钥管理协议 IKE 提供安全可靠的算法和密钥协商。这些机制均独立于算法，这种模块化的设计允许只改变不同的算法而不影响实现的其他部分。协议的应用与具体加密算法的使用取决于用户和应用程序的安全性要求。IPSec 可以为 IP 提供基于加密的互操作性强的高质量的通信安全，所支持的安全服务包括存取控制、无连接的完整性、数据发起方认证和加密。这些服务在 IP 上实现，提供 IP 层或 IP 层之上的保护。实现网络层的加密和验证可以在网络结构上提供一个端到端的安全解决方案，这样终端系统和应用程序不需要做任何改变，就可以利用强有力的安全性保障用户的网络内部结构。因为加密报文类似于通常的 IP 报文，因此可以很容易地通过任意 IP 网络，而无需改变中间的网络设备。只有终端网络设备才需要了解加密，这可以大大减小实现与管理的开销。

2. IPsec 的工作流程

IPSec 是一种基于规则的协议，可以让 TCP/IP 协议的通信具有加密和签名的能力，从而可以实现安全的 TCP/IP 协议的通信。

在 Windows Server 2003 的计算机上内置了 IPSec 策略代理组件。当数据需要加密和签名时，IPSec 驱动会被告知使用 IPSec 协议。如果计算机是域的成员，会自动到 Windows Server 2003 的活动目录中取出所应用的 IPSec 策略。如果计算机没有加入到域，则在本地的注册表中检查应用的 IPSec 策略。如果活动目录和本地注册表中都没有 IPSec 策略存在，IPSec 代理服务会停止。如果有 IPSec 策略存在，IPSec 策略代理发送策略的信息到 IPSec 驱动并把策略缓存到本地计算机的注册表。然后策略代理触发 ISAKMP(Internet Security Association Key Management Protocol)服务开始交换安全密钥。ISAKMP/Oakley 服务可以集中管理安全联盟，并通过如下两个阶段建立安全通信：

第一阶段，ISAKMP/Oakley 服务在通信的计算机之间建立安全的通道。每台计算机上都维护一个安全联盟(SA)。

第二阶段，发送和接收数据的计算机上的 IPSec 驱动使用安全联盟的共享密钥创建 SA 会话密钥。

3. IPSec 规则

IPSec 策略是由一条或多条 IPSec 规则所组成的，IPSec 策略决定了 IPSec 的行为。每一条 IPSec 的规则都可以进行配置。一条 IPSec 的规则包含了如下的要素：

- 流量数据所匹配的类型。
- 对匹配的流量所采取的动作。
- 认证的方法。
- IPSec 的模式是隧道模式还是传输模式。
- 连接的类型是 LAN 还是 WAN。

Windows XP 以及 Windows Server 2003 家族操作系统中已经提供了预定义的 IPSec 过滤列表、过滤行为和默认的策略。用户通过修改默认的策略来配置安全的 IPSec 通信。

默认的 IPSec 策略是为 Intranet 通信创建的范例策略。策略应用在加入到域中的计算机上。

默认的三种策略是：

(1) 客户端(仅响应)：这种策略是为需要安全地发送客户请求的客户计算机制定的。例如，Intranet 客户计算机通常是不需要 IPSec 的通信的，除非有其他计算机对它发送请求时。这种策略保证了等待响应请求的计算机的通信安全。策略中包含了默认的规则，规则根据请求所使用的协议和端口号对入站和出站请求创建动态的 IPSec 过滤。

(2) 服务器(请求安全)：这种策略可以保证需要安全通信的计算机的安全，同时也可以与没有使用 IPSec 的计算机通信。

(3) 安全服务器(需要安全)：这种策略是为需要安全通信的 Intranet 计算机制定的，例如需要传输敏感数据的服务器。策略中的过滤规则对所有的出站通信应用了 IPSec，仅允许入站的初始通信请求不使用 IPSec。

4. 部署 IPSec

以两台计算机之间实现 IPSec 的安全通信为例(IP 地址分别为 192.168.0.2

和 192.168.0.9)，部署 IPSec。操作步骤如下：

(1) 在本地计算机的安全策略中选择【服务器(请求安全)】，右击并选择【属性】，如图 8.40 所示。

(2) 在"服务器属性"对话框中，单击【添加】按钮，显示如图 8.41 所示的"安全规则向导"对话框。

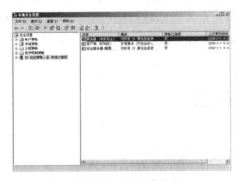

图 8.40　安全策略

图 8.41　"安全规则向导"对话框

(3) 单击【下一步】按钮，显示"隧道终结点"对话框，选择【此规则不指定隧道】。

(4) 单击【下一步】按钮，在"网络类型"对话框中指定【所有网络连接】。

(5) 单击【下一步】按钮，在 IP 筛选器列表中指定【所有 IP 通信】。

(6) 单击【下一步】按钮，在筛选器操作中指定【需要安全】选项。

(7) 单击【下一步】按钮，显示如图 8.42 所示的"身份验证方法"对话框，选择【使用此字符串保护密钥交换(预共享密钥)】，指定密钥字符串为"Hello"。

图 8.42　"身份验证方法"对话框

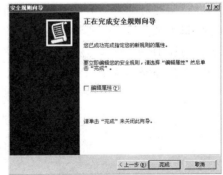

图 8.43　"正在完成安全规则向导"对话框

(8) 单击【下一步】按钮,显示如图 8.43 所示的"正在完成安全规则向导"对话框,单击【完成】按钮,完成安全规则的创建。

(9) 为了让规则生效,可在服务器中重新启动 Services 服务。

(10) 在另一台计算机上,按照与上述相同的步骤制定 IPSec 策略。

(11) 在第一台计算机上打开命令提示符,测试连接对方计算机状态。输入命令"Ping 192.168.0.9",可以看到响应的消息中有"Negotiating IP Security"信息,说明正在协商用 IPSec 通信。协商成功后就有正常的响应数据包了。可以使用网络监视捕获器来捕获发出的数据,会发现数据被加密了。

本 章 小 结

系统安全管理在实际的网络管理中是一个非常重要的环节,Windows Server 2003 提供了较为丰富的安全管理的策略和方便实用的系统灾难恢复功能。本章首先介绍了 Windows Server 2003 的系统备份与还原的功能与操作方法,然后讲述了多种提高网络安全的安全策略,最后通过 Windows Server 2003 提供的 PKI 和 IPSec 的配置与管理方法讲述了目前流行的应用于电子商务安全的证书技术和数字加密技术。

复习思考题

1. 什么是自动系统恢复?
2. 系统自身的漏洞会造成哪些危害?
3. 请阐述对称密钥和非对称密钥的特点和不同点。
4. 证书服务器有哪几种类型?
5. 简述 IPSec 的工作流程。
6. 如何部署和实施 IPSec?

本 章 实 训

实训一 备份和还原系统数据

1. 利用 Windows Server 2003 自带的系统工具备份 C 盘数据。
2. 重启计算机并使用 ASR 恢复软盘恢复系统 C 盘数据。

实训二 设置安全性策略

1. 使用命令和工具检测系统是否存在漏洞。
2. 使用安全策略提高账户的安全性。
3. 对某文件设置"审核对象访问"策略,并通过日志检测文件的审核事件。

实训三 利用证书与 IIS 结合实现 Web 网站的安全性

1. 创建一个根 CA,发布一个 Web 网站并设置服务器证书,从 CA 处安装证书。
2. 在客户机上申请并安装证书,实现安全通信。

实训四 部署 IPSec

设置两台计算机的 IPSec 的策略,使传递的数据被加密。

第 9 章 远程访问服务

学习目标

本章主要讲述终端服务和 VPN 服务的基本工作原理、VPN 隧道协议、终端服务及 VPN 服务的配置方法，介绍代理服务的基本概念和原理、SyGate 代理服务器、ISA 代理服务器的设置及利用 ICS 实现 Internet 连接共享等知识。通过本章的学习，应达到如下学习目标：

- 掌握终端服务的基本原理及配置方法。
- 掌握 VPN 服务和终端服务的工作原理。
- 了解 VPN 类型及隧道协议，会根据网络实际要求设计和管理 VPN。
- 理解代理服务的基本概念和基本原理，并能独立完成代理服务器的安装、配置和管理。

导入案例

某公司要对现有的网络系统进行技术升级维护以适应公司的现实需要，作为公司的网络系统管理员，你必须实现以下的功能要求：

(1) 公司有一台用于存放销售数据的数据库服务器，位于上海总公司的技术人员每周都需要通过远程访问来管理和维护这台服务器，现要求你配置这台服务器来实现远程管理的功能。

(2) 公司销售部的人员在外出差时，经常要通过 Internet 来访问公司销售部内部的数据，考虑到公司的信息安全，现要求你为销售部配置一个虚拟专用网，以便出差人员可以安全地使用 Internet 来访问公司的数据。

(3) 公司客户服务部要经常通过 Internet 与客户联系，现要求你为客户部的局域网配置一台代理服务器，以实现共享上网。

通过本章的学习，我们可以实现上述案例中提出的功能要求。

9.1 终端服务概述

终端服务是一种多会话环境,终端或安装了终端客户端软件的计算机可与终端服务器建立会话连接,通过会话使用服务器资源。终端服务器工作时,服务器会把用户界面传至客户端,称为虚拟桌面。终端客户机在此虚拟桌面上进行各种操作,并把操作控制传回服务器,由服务器运行相应的程序或做相应的管理。所有操作指令由终端客户机发出,但实际执行都在服务器上完成,通过这种方式,客户机可以以自身简单的配置,利用服务器强大的处理能力,完成各种任务。终端服务在网络中广泛使用,几乎所有的路由器、交换机、服务器及各种网络操作系统(如 Windows Server 2003、各版本的 UNIX/Linux)等均提供终端方式登录。

9.1.1 终端服务的组成

Windows Server 2003 系列操作系统的终端服务包括远程桌面、终端服务器、终端服务器许可证服务器 3 个部分。

1. 远程桌面

远程桌面是安装在网络客户机上的远程控制软件,是一种瘦客户端软件,该软件允许客户端计算机可以作为终端对 Windows Server 2003 服务器进行远程访问。远程桌面软件可以运行在多个客户端硬件设备上,包括计算机、基于 Windows 的终端设备和其他设备。这些设备也可使用其他第三方的远程软件连接到终端服务器。

2. 终端服务器

终端服务器即运行"终端服务"的 Windows Server 2003 计算机。该服务器允许客户端连接并运行服务器上的应用程序,同时用服务器处理从客户端传来的指令,运行后将结果传回客户机的屏幕上。

3. 终端服务器许可证服务器

由于通过客户机可以远程控制终端服务器,因而对客户端身份提出了更高的要求,必须确保是合法身份的客户端才能连接终端服务器。要求每个客户机必须提供客户端许可证才能使用终端服务器。该许可证不是由终端服务器自己颁发,而是由许可证服务器进行颁发。要构建许可证服务器,必须在网络内的一台计算机上安装 Windows Server 2003 中的"终端服务器授权"组件。

在一台 Windows Server 2003 计算机上安装了"终端服务器授权"组件后，所在的计算机就成为一台终端服务器许可证服务器。"终端服务器授权"组件是向终端服务器上的客户端进行授权的必需组件。在终端服务网络内必须安装"终端服务器授权"组件，否则终端服务器将在未经授权的客户端自首次登录之日起 120 天后，停止接受他们的连接请求。

一个完整的终端服务系统如图 9.1 所示。

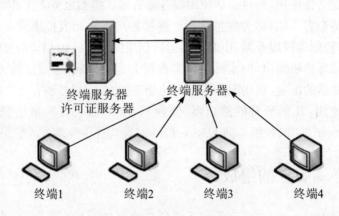

图 9.1 终端服务原理

9.1.2 终端服务的用途

1. 远程管理

网络管理人员可以从任何一台安装有终端服务客户端程序的计算机上管理运行终端服务的 Windows Server 2003 服务器。可以直接利用系统管理工具来进行各种操作，就像在服务器上直接进行一样。

远程桌面配置非常简单，服务器安装完成后，只要在【控制面板】中双击【系统】，然后在系统属性的"远程"选项卡中选中"允许用户远程连接到这台计算机"，系统管理员就可以通过 RDP 协议登录到服务器，对其进行远程登录。

2. 作为应用程序服务器使用

让终端客户机连接到服务器上运行的应用程序，这样可以减少客户端的运算量。终端服务器相当于一台应用程序服务器，为所有的终端客户执行各种应用程序，这样可以充分利用大型服务器的强大运算能力，同时可对网络中的应用程序进行集中化的管理。

9.2 构建终端服务系统

Windows Server 2003 的终端服务与 Windows 2000 Server 不同,它不再是一个通过【控制面板/添加或删除程序】安装的可选组件,而是变成了系统内置的标准组件,该组件自动安装并启动。但是系统安装后,终端服务功能并不能是以前一样可以马上使用,而是需要配置服务器的角色后才能使用。

9.2.1 服务器端的配置

在 Windows Server 2003 中,可按如下的步骤配置远程终端服务器:

(1) 单击【开始】→【管理工具】→【管理您的服务器】,在出现的"配置选项"对话框中选择【自定义】,单击【下一步】按钮,出现如图 9.2 所示的"配置您的服务器向导"的"服务器角色"界面,选中【终端服务器】角色,单击【下一步】按钮。

(2) 系统开始自动配置终端服务器,并重新启动,弹出对话框,通知用户终端服务已经安装成功。此时如果没有相应的授权服务器,终端服务可以免费使用 120 天。

(3) 在如图 9.3 所示的终端服务器配置完成界面中单击【完成】按钮后,整个终端服务器的安装过程就结束了。这时,在【管理您的服务器】中增加了【终端服务器】一项,可以通过它旁边的【打开终端服务配置】进入管理工具的【终端服务配置】,通过【打开终端服务管理器】进入管理工具的【终端服务管理器】。

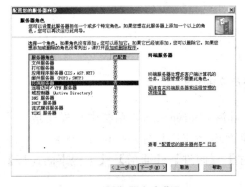

图 9.2 "服务器角色"界面

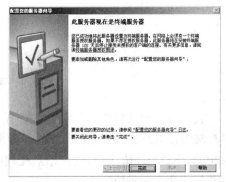

图 9.3 终端服务器配置完成界面

终端服务器安装结束之后,系统管理员账户就可以马上进行登录了,但普通用户却还不行,原因是 Windows Server 2003 不再给予 Users 组 RDP 登录的权限,而是专门创建了一个拥有 RDP 登录权限的用户组——Remote Desktop Users。普通用户只有加入到这个组中,才可以通过客户端登录到终端服务器上,进而使用其上的应用程序和各种资源。

Windows Server 2003 增强了安全性,没有设置密码保护的用户,不能够通过 RDP 协议远程登录到终端服务器上。系统认为此种操作违反安全协议远程登录到终端服务器上,会给用户报出"由于账号限制,您无法登录"的错误。

9.2.2 客户端的配置

若客户端计算机的操作系统是 Windows Server 2003,则在系统安装时,会自动安装远程桌面程序。若是其他版本 Windows 系统,则需要把 Windows Server 2003 服务器端自带的 RDP 客户端软件安装包复制到客户端进行安装,安装包所在的路径为"%systemRoot\system32\clients\tsclient\win32"。该目录有 5 个文件,如图 9.4 所示。

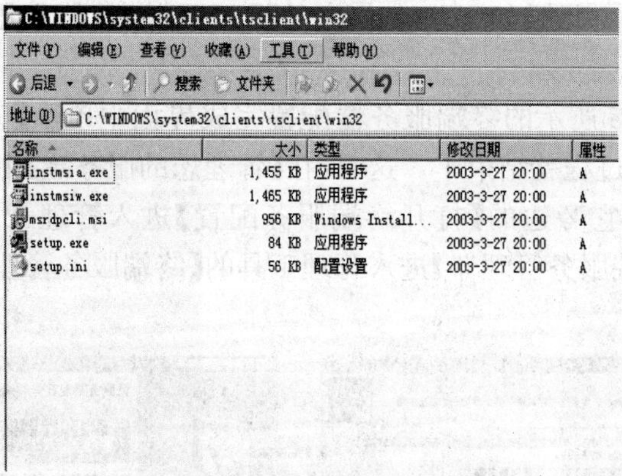

图 9.4 客户端程序包

安装该客户端软件后,不再像在 Windows Server 2003 系统中那样生成一个客户端连接管理器,而是生成一个远程桌面连接应用程序(Remote Desktop Connection,RDC)。依次单击【开始】→【程序】→【附件】→【通信】→【远程桌面连接】,打开如图 9.5 所示窗口。

如果要配置远程连接会话的属性,可在图 9.5 中单击【选项】按钮,打开如图

9.6所示"远程桌面连接"对话框,其中包含"常规"、"程序"、"显示"、"高级"、"本地资源"5个选项卡。

RDC保留了以往RDP客户端程序在"常规"选项卡中进行登录配置的功能,只要在此输入远程连接的终端服务器名称、登录时使用的用户名、密码等内容,就可以登录到任何一台终端服务器上(并不仅限于Windows Server 2003)。另外,还可以将配置好的RDC属性保存成一个以.rdp为扩展名的连接文件,省去多次配置的麻烦。

图9.5 远程桌面连接

与以前版本的RDP客户端连接管理器相同,在RDC的"程序"选项卡中,也可以进行初始化程序的设置,配置用户登录后马上执行的应用程序。这个应用程序也是用户登录终端服务器后惟一可执行的程序,一旦关闭此程序的窗口,终端服务器就认为该用户已经从系统退出,就会自动关闭会话,注销用户的连接,如图9.7所示。

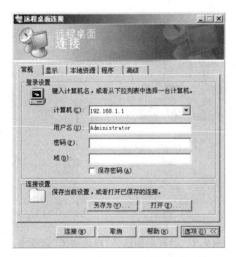

图9.6 远程桌面连接"常规"选项卡

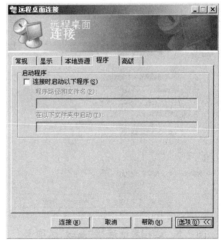

图9.7 远程桌面连接"程序"选项卡

在"显示"选项卡中,RDC对原有连接选项中关于显示效果的设置进行了增强,充分展示了Windows Server 2003增强的色彩显示功能。这使客户端可以充分利用真彩色——这是自RDP 5.1起终端服务才支持的新特性。充分利用这个功能,可以极大地提高客户端的显示效果。除此之外,RDC还在全屏显示的远程连接屏幕顶端增加了一个连接栏,用户可以在远程会话和本地桌面应用之间进行自由切换。

如图9.8所示,在RDC的"高级"选项卡中,用户可以选择自己使用的远程连接方式,系统则根据用户的选择,对远程连接的【桌面背景】、【拖拉窗口显示内容】、【菜单和窗口动画】、【主题】、【位图缓存】等性能自动优化。这种针对低带宽网络的远程连接实现的优化,可以使远程会话连接达到最佳效果。在线路质量较差,连接异常或断线的时候,RDC甚至还可以实现自动重新连接。

系统资源的重新定向,是由终端服务的工作方式决定的。因为所有远程登录到终端服务器上的用户,所使用的资源都在服务器端。除非明确设置为共享,否则客户端本地的资源无法在远程会话中使用。这既造成了客户端本地资源的浪费,也给用户的使用带来了不便。在Windows Server 2003上,除了继续保留打印机和剪贴板的重定向功能之外,客户端本地的逻辑磁盘(包括网络驱动器映射)、串口、声音、智能卡、组合热键、时区等设置全都可以被重定向到服务器端,使客户端的资源在远程会话过程中得到最充分的利用。即在远程连接会话中,用户可以同时使用本地和服务器两端的资源。具体可在"本地资源"选项卡中设置,如图9.9所示。

图9.8 远程桌面连接"高级"选项卡

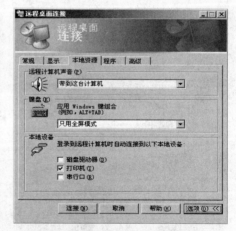

图9.9 远程桌面连接"本地资源"选项卡

9.3 VPN 的基本原理

随着通信技术和计算机网络技术的飞速发展，Internet 日益成为信息交换的主要手段。同时，随着企业网应用的不断扩大，企业网逐渐从一个本地区的网络发展到一个跨地区、跨城市甚至是跨国家的网络。采用传统的广域网建立企业专用网，需要租用昂贵的跨地区数字专线。如果企业的信息通过公众信息网进行传输，在安全性上也存在着很多问题。使用 VPN 组网技术可以很好地解决这些问题。

9.3.1 VPN 的工作原理

VPN(Virtual Private Network)技术即虚拟专用网技术，它是通过 ISP(Internet 服务提供商)和其他 NSP(网络服务提供商)在公用网络中建立专用的数据通信网络的技术。虚拟专用网虽不是真正意义上的专用网络，但却能够实现专用网络的功能。虚拟是指用户不必拥有实际的长途数据线路，而是使用 Internet 公众数据网络的长途数据线路。专用网络是指用户可以制定一个最符合自己需求的网络。在虚拟专用网中，任意两个节点之间的连接并没有传统专用网所需的点到点的物理链路，数据通过安全的加密管道在公共网络中传播。虚拟专用网可以实现不同网络的组件和资源之间的相互连接，能够利用 Internet 或其他公共互联网络的基础设施为用户创建隧道，提供与专用网络相同的安全和功能保障。

VPN 客户机可以利用电话线路或者 LAN 接入本地的 Internet。当数据在 Internet 上传输时，利用 VPN 协议对数据进行加密和鉴别，这样 VPN 客户机和服务器之间经过 Internet 的传输就好像是在一个安全的"隧道"中进行一样。通过"隧道"建立的连接就像建立的专门的网络连接一样，这就是虚拟专用网络的含义。

9.3.2 VPN 的类型、特点及应用

1. VPN 的类型

VPN 有以下两种类型：

(1) 客户发起的 VPN。远程客户通过 Internet 连接到企业内部网，通过网络隧道协议与企业内部网建立一条加密的 IP 数据隧道，从而安全地访问内部网的资源。在这种方式下，客户机必须维护和管理发起隧道连接的有关协议和软件。

(2) 接入服务器发起的 VPN。远程客户接入本地 ISP 的接入服务器后,接入服务器发起一条隧道连接到用户需要连接的企业内部网,构建 VPN 所需的软件和协议均由接入服务器来提供和维护。

2. VPN 的特点

VPN 具有以下特点:

(1) 经济安全。由于 VPN 直接构建在公用网上,不必建立自己的专用网络,所以实现简单、方便、灵活,比较经济。在 VPN 上传送的数据提供了验证和隧道数据加密,保护了私有数据的安全。

(2) 服务质量保证。不同的用户和业务对服务质量保证的要求差别较大,VPN 可为企业数据提供不同等级的服务质量保证。如对移动办公用户而言,连接的广泛性和覆盖性是保证 VPN 服务的一个主要因素。而对于拥有众多分支机构的专线 VPN 网络,则要求网络能提供良好的稳定性。在网络优化方面,构建 VPN 的另一个重要需求是:充分有效地利用有限的广域网资源,为重要数据提供可靠的带宽。广域网流量的不确定性使带宽的利用率很低,在流量高峰时引起网络阻塞,产生网络瓶颈,使实时性要求高的数据得不到及时传送;而在流量低谷时又造成大量的网络带宽处于空闲状态。通过流量预测与流量控制策略,可以按优先级分配带宽,实现带宽管理,使得各类数据能够合理有序地发送,以防止阻塞。

(3) 可扩充性和灵活性。VPN 可支持通过 Intranet 和 Extranet 的任何类型的数据流,易于增加新节点,支持多种类型的传输媒介,能够满足语音、图像和数据等的并行传输,同时满足高质量传输以及带宽增加的要求。

3. VPN 的应用

VPN 的应用主要有以下两方面:

(1) 企业移动用户可以借助 VPN 远程连接企业内部网络,访问内部资源,并可保证数据的安全性。

(2) 企业分支机构可以通过专线连接或拨号连接的方式,借助于 Internet 与企业内部局域网间建立一个 VPN,实现企业局域网的虚拟扩展。

9.3.3 VPN 的隧道协议

VPN 使用隧道协议来加密数据。目前主要使用 4 种隧道协议:PPTP(点对点隧道协议)、L2TP(第 2 层隧道协议)、IPSec(网络层隧道协议)以及 SOCKS v5,它们在 OSI 七层模型中的位置如表 9.1 所示。各协议工作在不同层次,在选择 VPN 产品时,应注意不同的网络环境适合不同的协议。

表 9.1　4 种隧道协议在 OSI 模型中的位置

OSI 七层模型	安全技术	安全协议
应用层	应用代理	
表示层		
会话层	会话层代理	SOCKS v5
传输层		
网络层	过滤 I	IPSec
链路层		PPTP/L2TP
物理层		

1. PPTP 协议

PPTP(Point to Point Tunneling Protocol,点对点隧道协议)是在 PPP(点对点协议)的基础上开发的新的增强型安全协议,可以使远程用户通过拨入 ISP、通过直接连接 Internet 或其他网络安全地访问企业网。通过使用 PPTP,可以增强 VPN 连接的安全性,例如可对 IP、IPX 或 NetBEUI 数据流进行 40 位或 128 位加密,然后封装在 IP 包中,通过企业 IP 网络或公共互联网络发送到目的地。另外,使用 PPTP 还可以控制网络流量,减少网络堵塞的可能性。不过由于其性能不高,目前 PPTP 协议在 VPN 产品中使用较少。

2. L2TP 协议

L2TP (Layer 2 Tunneling Protocol,第 2 层隧道协议)是 PPTP 和 L2F(Layer 2 Forwarding,第 2 层转发)的组合,该技术由 CISCO 公司首先提出,是在 IP、X.25、帧中继或 ATM 网络上用于封装所传送 PPP 帧的网络协议。以数据报传送方式运行 IP 时,L2TP 可作为 Internet 上的隧道协议。L2TP 还可用于专用的 LAN 之间的网络。

3. IPSec 协议

IPSec 协议是一个范围广泛、开放的安全协议。它工作在 OSI 模型中的网络层,提供所有在网络层上的数据保护和透明的安全通信。IPSec 协议可以设置成在两种模式下运行:一种是传输模式,另一种是隧道模式。在隧道模式下,IPSec 把 Ipv4 数据包封装在安全的 IP 帧中。传输模式用于保护端到端的安全性,不会隐藏路由信息。现在的 VPN 大多数是将 L2TP 和 IPSec 这两种协议结合起来:用 L2TP 作为隧道协议,用 IPSec 协议保护数据。目前,市场上大部分 VPN 设备采用这类技术。

4. SOCKS v5 协议

SOCKS v5 协议工作在会话层,它可作为建立高度安全的 VPN 的基础。SOCKS v5 协议的优势在于访问控制,因此适用于安全性较高的 VPN。SOCKS v5 协议现在被 IETF(Internet Engineering Task Force,互联网标准化组织)建议作为建立 VPN 的标准。该协议最适合于客户机到服务器的连接模式,适用于外部网 VPN 和远程访问 VPN。

9.4 VPN 服务的配置

VPN 服务采用 Client/Server(客户机/服务器)工作模式,因此 VPN 服务的配置也分为客户端配置和服务器端配置两个部分。

9.4.1 VPN 服务器的配置

在 Windows Server 2003 中配置 VPN 服务器的步骤如下:

(1) 依次单击【开始】→【管理工具】→【配置您的服务器向导】,在如图 9.10 所示的"服务器角色"界面中选择【远程访问/VPN 服务器】选项,单击【下一步】按钮。

(2) 出现如图 9.11 所示的"选择总结"界面,单击【下一步】按钮。

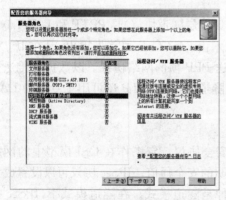
图 9.10 "服务器角色"界面

图 9.11 "选择总结"界面

(3) 出现如图 9.12 所示的"配置"界面,共有 5 种选项:

● 【远程访问(拨号或 VPN)】:将计算机配置成拨号服务器或 VPN 服务器,

允许远程客户机通过拨号或者基于 VPN 和 Internet 连接到服务器。

● 【网络地址转换(NAT)】：将计算机配置成 VPN 服务器，所有的 Intranet 局域网内的用户以同样的 IP 地址访问 Internet。

● 【虚拟专用网络(VPN)访问和 NAT】：将计算机配置成 VPN 服务器和 NAT 服务器。

● 【两个专用网络之间的安全连接】：配置成在两个网络之间通过 VPN 连接的服务器。

● 【自定义配置】：在路由和远程访问服务支持的服务器角色之间任意组合安装。这里选择【自定义配置】选项，单击【下一步】按钮。

(4) 出现如图 9.13 所示的"自定义配置"界面，选择【VPN 访问】复选框，单击【下一步】按钮。

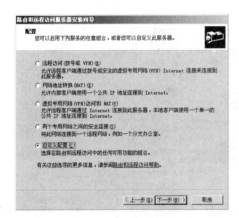

图 9.12 "配置"界面

图 9.13 "自定义配置"界面

(5) 出现如图 9.14 所示的"摘要"界面，单击【完成】按钮。

(6) 出现如图 9.15 所示的提示对话框，单击【是】按钮。

(7) 依次单击【开始】→【管理工具】→【路由和远程访问】，打开如图 9.16 所示的"路由和远程访问"对话框，可以看到 VPN 服务器上默认建立了 128 个 PPTP 端口和 128 个 L2TP 端口，可以提供给远程 VPN 客户机连接使用。

(8) 设置拨入用户权限。依次单击【开始】→【程序】→【管理工具】→【计算机管理】→【本地用户和组】，用鼠标右键单击【Administrator 用户】，选择【属性】，出现如图 9.17 所示的用户属性对话框，选择"拨入"选项卡，赋予该账号【允许访问】的权限。

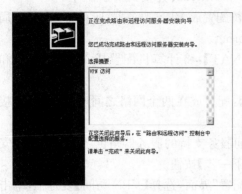
图 9.14 "摘要"界面

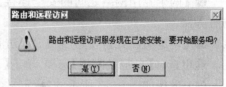
图 9.15 提示对话框

图 9.16 "路由和远程访问"对话框

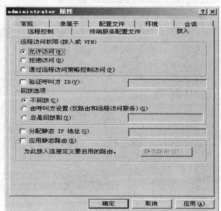
图 9.17 "拨入"选项卡

9.4.2 VPN 客户机的配置

VPN 客户机既可以通过拨号,也可以通过局域网访问 VPN 服务器。下面介绍运行 Windows XP 的客户机通过局域网的形式访问 VPN 服务器的具体步骤。

(1) 在客户机上新建一个网络连接,在如图 9.18 所示的"网络连接类型"界面中选择【连接到我的工作场所的网络】单选按钮,单击【下一步】按钮。

(2) 出现如图 9.19 所示的"网络连接"界面,选择【虚拟专用网连接】单选按钮,单击【下一步】按钮。

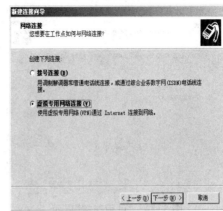

图 9.18 "网络连接类型"界面　　　　图 9.19 "网络连接"界面

（3）出现如图 9.20 所示的"连接名"界面，设置连接的名称后，单击【下一步】按钮。

（4）出现如图 9.21 所示的"VPN 服务器选择"界面，在【主机名或 IP 地址】文本框中输入 VPN 服务器的 IP 地址后，单击【下一步】按钮。

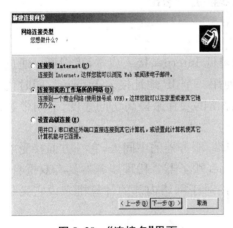
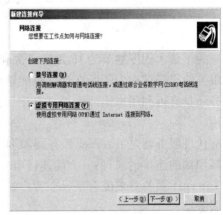

图 9.20 "连接名"界面　　　　图 9.21 "VPN 服务器选择"界面

（5）出现如图 9.22 所示的"可用连接"界面，设置【只是我使用】后，单击【下一步】按钮。

（6）出现如图 9.23 所示的"正在完成新建连接向导"界面，单击【完成】按钮。

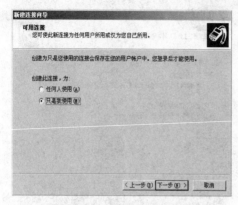
图 9.22 "可用连接"界面
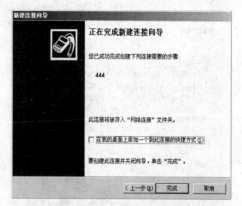
图 9.23 "正在完成新建连接向导"界面

(7) 双击该连接,出现连接服务器界面,在【用户名】文本框中输入在 VPN 服务器上建立的账号名称,在【密码】文本框中输入密码后,单击【连接】按钮,即可连接到服务器上。

9.5 代理服务

为了最大程度地节约 IP 地址资源和降低 Internet 接入成本,我们可以通过代理服务使得局域网内的所有计算机能够使用一个 IP 地址接入 Internet;同时代理服务还具有可利用本地计算机硬盘中所保留的缓存来提高访问速度、节约带宽的作用。

代理服务器是 Internet 服务器和客户端/服务器的中间人,它一方面接受或解释客户端的连接请求,另一方面连接 Internet 服务器。代理服务器具有双重身份,对 Internet 服务器来说它是一个客户端,而对于网络内部的计算机来说它又是一个服务器。

代理服务器能够实现的功能如下:

(1) 提高访问速度。代理服务器提高访问速度是通过服务器上的高速缓存来完成的。通常情况下缓存有两种,一种是主动缓存,另一种是被动缓存。

被动缓存是指代理服务器只在客户端请求数据时才将服务器返回的数据进行缓存。缓存的数据如果过期,又有客户端请求相同的数据,代理服务器再重新发起请求,将响应数据传给客户端时又进行新的缓存。

主动缓存则是代理服务器不断检查缓存中的数据，一旦发现过期数据就发起请求来更新数据。这样，当客户端发出数据请求时，代理服务器分析该请求，并查看自己的缓存中是否有该请求数据，如果没有就代替客户端向该服务器发出数据请求，然后将响应数据传送给客户端；如有就直接传给客户端，从而提高访问速度。

(2) 提高网络安全性。由于内部用户访问 Internet 是通过代理服务器来进行的，代理服务器是连接 Internet 和内部网络的惟一媒介，对于 Internet 网络来说，整个内部网络只有代理服务器是可见的，从而大大增加了网络内部的计算机的安全性。

(3) 利用私有 IP 来访问 Internet。众所周知，IP 地址资源是有限的，现今 IP 地址的资源是缺乏的(在 IPv6 实现之后有可能好转)，代理服务器通常装有两块网络适配器，一个连接 Internet，另一个连接内部网络，并通过代理服务器软件来完成内部网络私有 IP 地址转换和 IP 包的转发，实现利用内部网络私有 IP 访问Internet。

9.5.1 利用 ICS 实现 Internet 连接共享

要想利用 ICS(Internet 连接共享服务器)来实现共享 Internet 连接，网络中必须要有一台计算机作为"连接共享"服务器，它既能连接到 Internet，又能连接到局域网，还能转发来自 Internet 和局域网的请求和响应。

1. ICS 简介

所谓 Internet 连接共享(ICS，Internet Connection Share)，是指借助于一个 Internet 连接将多台计算机连接到 Internet 的方法。在网络中的一台直接连接到 Internet 的计算机称为 ICS 主机，网络中其余共享 ICS 主机连接的计算机称为客户计算机。客户计算机依赖于 ICS 主机对 Internet 进行访问，也就是说网络中的所有与 Internet 的通信都要经过 ICS 主机。

ICS 主机需要两个网络连接，一个是局域网连接，另一个是 Internet 连接。局域网连接靠网卡来实现与局域网的通信，Internet 连接借助于 ADSL、Cable Modem 或光纤接入、无线接入等手段实现与 Internet 的通信。普通客户机只需要有一个局域网连接就可以了，只要能够与 ICS 主机正常通信，就可以共享 Internet 连接并实现 Internet 访问。ICS 主机还可以提供 DHCP 服务来自动管理网络中的 IP 地址：ICS 主机使用一个固定 IP，同时为客户机提供 DHCP 服务，客户机只需设置【自动获取 IP 地址】选项，即可从 ICS 处获得 IP 地址信息，并实现彼此之间的通信。

2. 实现 ICS 连接共享

在 Windows Server 2003 中利用"Internet 连接共享"来实现共享上网。实现 ICS 的主要过程如下：

(1) 硬件的准备。作为服务器的计算机需要安装两块网卡，一块与 ADSL

Modem 连接,另一块与内网计算机或交换机连接。

(2) 新建一个拨号连接,必须保证本机正常的 Internet 网络连接,如 ADSL 或 Cable Modem 等。

(3) 由于 Windows 2003 默认是不安装 ICS 组件的,因此需要进行配置,才能使客户端计算机访问 Internet,配置的方法如下:

① 插入 Windows Server 2003 Standard Edition 或 Windows Server 2003 Enterprise Edition 光盘。

② "欢迎"屏幕出现后,单击【执行其他任务】,然后单击【浏览光盘内容】。

③ 在目录"SUPPORT\TOOLS"中找到 Netsetup.exe 文件,双击执行。通过"网络安装向导"选择连接方法、设置机器和网络的名称、创建网络磁盘等,完成安装程序。

④ 按屏幕上的指示重新启动机器即可。

重新启动计算机,打开"网络连接"窗口,发现系统启用了网桥,如图 9.24 所示。

图 9.24 "网络连接"界面

(4) 服务器启用"Internet 连接共享"后,对于客户端计算机,只需将 IP 地址设置成自动获取即可。

9.5.2 构建 SyGate 代理服务器

SyGate 是一款非常优秀的 Internet 连接共享软件,具有功能强大、设置简单等特点,是应用比较广泛的一个代理服务器软件。它可在所有的 Windows 操作系统下运行,并支持几乎所有的 Internet 连接方式,包括 ADSL、Cable Modem、光纤接入等。它非常适合于局域网中所有用户共用一个 Internet 连接的企事业单位。由于 SyGate 是作为网关与 Internet 进行连接的,所以 SyGate 只要安装在与 Internet 连接并装有连接设备的那台计算机上,其他计算机不用安装任何软件就能实现共享连接。SyGate 具有内置防火墙、自动响应拨号、自动断开连接三大特色。

SyGate 软件有两个版本——SyGate Home Network 和 SyGate Office Network,前者适用于个人用户,后者适用于企业用户,或者说是比较大型的网络。

1. SyGate Office Network 服务器的安装

这里安装的是 SyGate Office Network 4.5B851 版本,具体步骤如下:

(1) 将 SyGate 安装盘放入光驱中,执行 son45b851.exe 安装文件,进入到如图 9.25 所示的安装界面,单击【下一步】按钮,进入到如图 9.26 所示的"SyGate 安装程序"界面,在这个窗口中,我们可以通过单击【浏览】按钮来改变安装路径。

图 9.25 SyGate 安装向导一 欢迎使用

图 9.26 SyGate 安装向导一 安装程序

(2) 单击【下一步】按钮,进入到如图 9.27 所示的"SyGate 安装程序"界面,在这个界面中,我们可以选择安装文件的文件夹;单击【下一步】按钮,进入到如图 9.28 所示的"安装设置"界面。

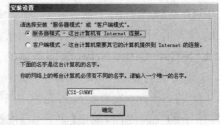

图 9.27 SyGate 安装向导一 程序文件夹　　图 9.28 SyGate 安装向导一 安装设置

(3) 选择【服务器模式】并填写好本机的名称,单击【确定】按钮,安装程序自动开始进行网络诊断,如果诊断成功则显示网络诊断成功界面,到此 SyGate 服务器程序安装完成。

服务器安装完成后,系统会自动提示是否安装防火墙,用户可以到 www.SyGate.com 网站上去下载,安装运行后的界面如图 9.29 所示。

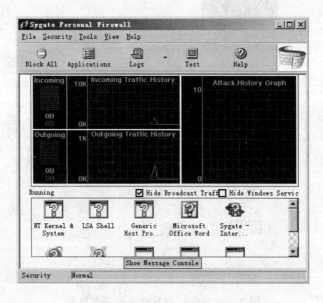

图 9.29 SyGate 防火墙

2. SyGate Office Network 客户端的安装

SyGate 客户端的安装并不是必须的。安装客户端的目的在于实现一些特殊的功能,例如检查 Internet 的连接状态或自动拨号上网或挂机等。将客户端组件安装在管理员的计算机上就可以通过工作站来远程管理 SyGate 服务器。客户端的安装过程与服务器大致相同,只是在显示安装设置时我们选择【客户端模式】,表示将此计算机设置成 SyGate 客户端,其他按安装向导指示操作就可以顺利完成。安装程序的 SyGate 诊断程序将测试以下内容:系统设置、网卡、TCP/IP 协议、TCP/IP 设置、分配的 IP 地址以及与 SyGate 服务器的连接。如测试通过,说明客户端安装成功。

3. SyGate Office Network 服务器的配置

(1) 基本配置

启动 SyGate Office Network 后,其运行界面如图 9.30 所示,你可以通过单击【高级】按钮来调整界面的形式,如图 9.31 所示。

图 9.30 SyGate Manager 窗口

图 9.31 SyGate Manager 的高级窗口

在SyGate Manager的高级窗口中,单击工具栏中的【配置】按钮,即出现如图9.32所示的"配置"对话框。

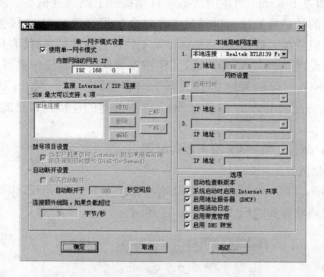

图9.32 "配置"对话框

在"配置"对话框中可以进行各种功能的基本设置,如选择局域网的网络适配器、自动更新版本、自动启动服务、启动日志、启动带宽管理、启动DHCP服务器、启动DNS转发等。在SyGate Office Network版的服务器上还有一个特殊的功能,就是当网络负载超过限定值时自动连接额外线路,但SyGate最多支持四项线路连接。

单击"配置"对话框中的【高级】按钮,将出现如图9.33所示的"高级设置"对话框。在此我们可以设置IP地址范围,在相应的文本框中填入IP地址的值,当然也可以选择自动确定IP范围;设置DNS服务器搜索顺序,可以在相应的文本框中写入DNS服务器的IP地址,然后单击【增加】按钮;我们还可以设置连接超时的时间和MTU值的大小。全部设置完成后,单击【确定】按钮以确认刚才的操作。

(2) 设置访问规则

SyGate在默认的情况下允许所有用户访问Internet,我们可以通过限定用户的Internet访问权限来限制特定的访问,具体操作如下:

① 在SyGate Manager高级窗口中单击【访问规则】按钮,出现如图9.34所示的"访问规则编辑器"对话框。

② 单击【增加】按钮,显示如图9.35所示的"添加新规则"对话框。在"添加新规则"对话框中单击【确定】按钮,出现如图9.36所示的"访问规则编辑器"对话框,

在【当前规则】列表框中选择要修改的规则进行相应的参数设置,可以对不同的客户端分别设置协议、端口、数据流向、允许客户数量、空闲时间等参数值。如果以前有合适的网络规则,也可以单击【导入】按钮,找到要导入的访问规则后打开即可。

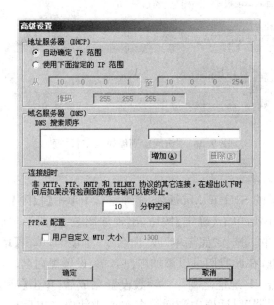

图 9.33 "高级设置"对话框

图 9.34 "访问规则编辑器"对话框　　图 9.35 "添加新规则"对话框

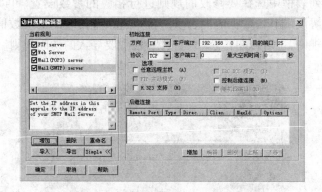

图 9.36 "访问规则编辑器"对话框

(3) 设置黑白名单

在图 9.31 所示的 SyGate Manager 高级窗口中单击【权限】按钮,出现"验证密码"对话框,输入密码后单击【确定】按钮,出现如图 9.37 所示界面,在此我们可以添加和管理黑白名单。选择"黑名单"或"白名单"选项卡,单击【增加】按钮,出现如图 9.38 所示对话框,在此我们可以添加黑白名单、设置黑白名单的参数,还可以设置协议类型、端口号、IP 地址范围等。参数设置完成后,单击【确定】以确认所做的修改。在"权限编辑器"对话框中激活黑名单或激活白名单后单击【确定】按钮,那么黑白名单上的用户就相应地受到了限制,限制的内容包括访问类型、IP 地址、端口、起效时间周期等。

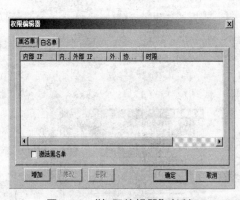

图 9.37 "权限编辑器"对话框

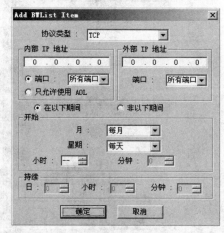

图 9.38 增加黑白名单

(4) 带宽管理

SyGate 可以实现对带宽的管理,网络管理员可通过对用户上网情况的分析,合理分配带宽。在图 9.32 所示"配置"对话框中选中【启用带宽管理】复选框,以启动系统的带宽管理。在 SyGate Manager 的【工具】菜单中选择【带宽管理】,出现如图 9.39 所示对话框,在带宽管理的"系统"选项卡下,先选择服务器的最大带宽,然后通过滑块进行各种不同的应用程序的带宽分配设置。如选中【动态加载均衡】选项,则按客户机以往的上网状态来动态分配带宽。

在带宽管理的"组"选项卡下,单击上方的【添加】按钮,将显示如图 9.40 所示的"组属性"对话框,在这里我们可以添加一个新组。相应地填写好【组名】和【组的描述】,并设置好各种应用程序的带宽后,单击【确定】就添加了一个新组。

图 9.39 带宽管理"系统"选项卡

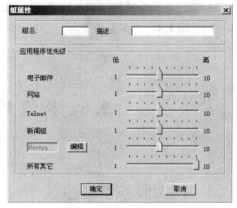

图 9.40 "组属性"对话框

在如图 9.41 所示的带宽管理"组"选项卡下,先在上方的组名列表中选择一个要添加成员的组,单击下方的【添加】按钮,将显示如图 9.42 所示的"计算机属性"对话框,在这里可以为该组添加新的成员。相应地填写好【计算机名】和【IP 地址】后,单击【确定】就添加了一个新成员。该成员的各种应用程序的带宽配置就使用该组的规则。

4. 配置 SyGate 客户机

配置 SyGate 客户机很简单,对 TCP/IP 协议进行相应的设置就可以了。打开网络连接,用鼠标右键单击,在快捷菜单中选择【属性】,查看网络连接的属性,选择【Internet 协议(TCP/IP)】,单击【属性】按钮,在【默认网关】文本框中添入 Sygate 服务器的 IP 地址即可。

图 9.41 "组"选项卡

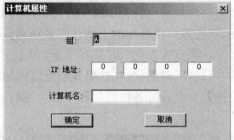

图 9.42 "计算机属性"对话框

9.6 构建 ISA 服务器

9.6.1 ISA 服务器概述

Microsoft Internet Security and Acceleration Server 2004 简称 Microsoft Internet 安全和加速服务器,即 ISA 服务器,它是一个可扩展的企业防火墙和 Web 缓存服务器,提供了一种安全、快速和可管理的 Internet 连接。ISA 服务器集成了可扩展、多层企业级的防火墙和可伸缩的高性能 Web 缓存系统,它构建在 Windows 2000/Windows Server 2003 的安全特性和活动目录基础上,同时可提供基于策略的安全、加速和管理。

ISA 服务器有两个版本——标准版和企业版。标准版是一个单独的服务器,它与企业版同样具有丰富的功能特性。对于需要部署大规模可伸缩的支持服务器阵列的、多层策略的以及支持更多处理器的情况,则要用企业版来管理。两个版本的主要区别见表 9.2。

表 9.2 ISA 2004 企业版和标准版的区别

类别	功能	标准版	企业版
扩展性	网络	固定的	无限制
	硬件限制	最多 4 个 CPU,2 GB 内存	无限制(根据操作系统)
	扩展范围	单个服务器	通过 NLB(网络负载平衡)可以做到无限多个节点
	缓存	单个服务器	无限制
能力	支持 Windows 网络负载平衡	不支持(只能手动控制)	支持(集成)
管理	阵列	单服务器规则和策略	多阵列控制台;多服务器
	策略	本地	企业
	分部	通过 SMS 和 VPN	阵列策略
	监控/警告	监控控制台	多服务器监控控制台,MOM
	多网络	预定义 DMZ、内部、外部和 VPN 网络	无限制的配置/模板

ISA 服务器作为一种企业级的代理服务器软件,具有如下特点:

(1) 安全 Internet 连接。局域网连接到 Internet 上不可避免地会带来安全问题,ISA 服务器可提供快速全面的访问控制和网络检测方法,以保护网络不受未授权访问的侵害。

(2) 快速 Web 访问。ISA 服务器的 Web 缓存可以将用户访问过的 Web 信息保存在硬盘上,当其他用户再次访问该资源时,就直接从本地硬盘的缓存中调取,而不是访问 Internet,从而提高了网络的性能,降低了网络的流量。

(3) 统一管理。通过整合企业级的防火墙和高性能的 Web 缓存功能,ISA 服务器提供了一个通用的管理基础构架,可以降低网络复杂程度和使用费用(如按流量计费,ISA 缓存可以大大降低费用)。ISA Server 2004 和 Windows Server 2003 的集成能提供一致、有效的方法来管理组的访问、配置和规则设定。

(4) 可扩展性。使用 ISA 服务器管理组件对象模型(COM),可以扩展 ISA 服务器的功能。

9.6.2 安装 ISA Server

1. 安装 ISA 前的准备工作

在 Windows Server 2003 系统中安装 ISA Server 2004 前,必须确保系统满足下面的条件:

(1) NTFS 系统。如果要安装 ISA 2004 就必须使用 NTFS 文件系统,否则将无法安装 ISA 2004,并且要至少拥有 150 MB 的可用硬盘空间。

(2) IP 地址规划。安装前要合理规划网络内部的私有 IP 地址的范围,要根据网络规模的大小合理地规划,尽可能地减少 IP 地址的数量。

(3) 局域网和 Internet 连接。应确认局域网和 Internet 的通信正常,也就是要设置正确的 IP 地址和网络协议。

2. ISA Server 的安装

在确定系统满足安装 ISA 服务器的条件后,可按如下步骤安装 ISA Server 2004。

(1) 将 Microsoft Internet Security and Acceleration Server 2004 安装光盘放到光驱中,光驱自动运行,出现如图 9.43 所示界面,在此界面可以查看一些关于 Microsoft Internet Security and Acceleration Server 2004 的详细说明,单击【安装 ISA Server 2004】进入到如图 9.44 所示的安装向导界面。

(2) 单击【下一步】进入到安装向导许可协议界面,选择【我要接受许可协议中的条款】后点击【下一步】,进入到安装向导客户信息界面,在相应的文本框中填写用户名、单位以及产品的序列号。

图 9.43 安装 ISA 2004

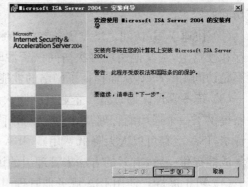

图 9.44 ISA 2004 安装向导初始界面

(3)单击【下一步】按钮,出现如图 9.45 所示的安装向导的安装方案界面,这里有 4 个选项,可以根据不同的安装方案来选择安装服务器的类型,我们选择【安装 ISA 服务器服务】选项,然后单击【下一步】按钮,进入到如图 9.46 所示的"组件选择"界面。在"组件选择"界面中,我们可以根据自己的要求选择要安装的组件,还可以在这里改变安装路径,单击【空间】按钮可以查看计算机上各个磁盘的有效空间。

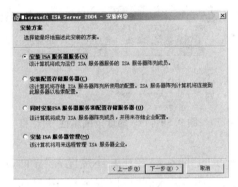 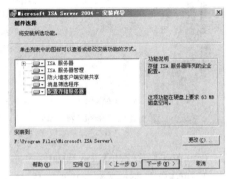

图 9.45 "安装方案"界面　　　　　　图 9.46 "组件选择"界面

(4)单击【下一步】按钮,进入到如图 9.47 所示的"企业安装选项"界面,选择【创建新 ISA 服务器企业】,单击【下一步】进入到"新企业警告"界面,单击【下一步】进入到如图 9.48 所示的"内部网络"界面。在"内部网络"界面中,单击【添加】按钮,进入到如图 9.49 所示的"地址"对话框。在这个对话框中我们可以添加网络的 IP 地址、网络适配器,单击【添加范围】,进入到如图 9.50 所示的"IP 地址范围属性"对话框,输入网络的 IP 地址范围后单击【确定】按钮,IP 地址的范围就添加进来了;单击【添加专用】按钮可以直接添加系统预置的 IP 地址范围。单击【确定】按钮返回到设置完成的"内部网络"界面。

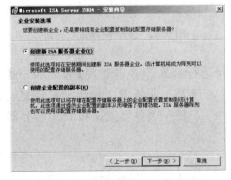 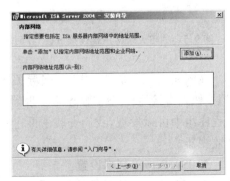

图 9.47 "企业安装选项"界面　　　　　图 9.48 "内部网络"界面

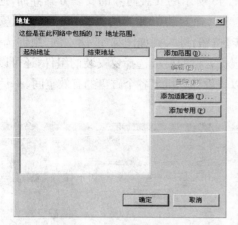

图 9.49 "地址"对话框　　　　图 9.50 "IP 地址范围属性"对话框

（5）单击【下一步】进入到如图 9.51 所示的"防火墙客户端连接设置"界面，单击【下一步】进入到"服务警告"界面，单击【下一步】进入到"可以安装程序"界面，一些基本的设置到此基本设置完毕，单击【安装】按钮进行安装。安装完成后，进入到如图 9.52 所示的安装向导完成界面。

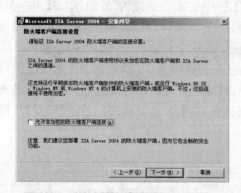

图 9.51 "防火墙客户端连接设置"界面　　图 9.52 安装向导完成界面

在图 9.52 中，如果选中【在向导关闭时运行 ISA 服务器管理】选项，单击【完成】按钮则直接运行 ISA 服务器管理器，进入到 ISA 服务器主控台。安装完成后在程序组中可以发现，我们安装了两个程序——ISA 服务器管理和 ISA 服务器性能监视器。

3. ISA Server 基本设置

在 ISA Server 安装完成后，可通过下面的步骤来启动和设置 ISA 服务器主控制台程序。

(1) 启动 ISA 服务器管理。我们可以通过单击【开始】按钮，选择【程序】→Microsoft ISA Server→【ISA 服务器管理器】，打开 ISA 服务器管理程序，进入到如图 9.53 所示的 ISA 服务器主控台界面。打开【操作】菜单，选择【连接到配置存储服务器】，进入"配置存储服务器连接向导"对话框。单击【下一步】进入到如图 9.54 所示的"配置存储服务器连接向导"的"配置存储服务器位置"界面，按提示选择好选项。

图 9.53　ISA 2004 主控台界面

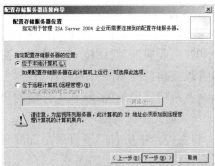

图 9.54　配置存储服务器连接向导

(2) 单击【下一步】，进入到如图 9.55 所示的配置存储服务器连接向导的"阵列连接凭据"界面(阵列凭据用于验证身份)，选择【用于连接到配置存储服务器的同一凭据】，然后单击【下一步】，进入到如图 9.56 所示的配置存储服务器连接向导的"正在完成连接向导"界面，单击【完成】按钮，即可成功启动 ISA 服务器主控台。

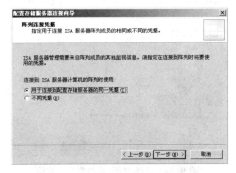

图 9.55　"阵列连接凭据"界面

图 9.56　"正在完成连接向导"界面

9.6.3 ISA 服务器的管理和配置

ISA 服务器构建完成后,要根据实际应用情况,对 ISA 服务器进行相应的管理和配置。

1. 配置和管理企业

在 ISA 服务器的企业主控台上可以进行四项主要任务,分别是分配管理角色、定义企业网络、定义企业策略和定义阵列设置。

(1) 分配管理角色

在 ISA 服务器主控台上用鼠标右键单击【企业】,选择【属性】,进入如图 9.57 所示的"企业属性"对话框,单击【添加】按钮可以进行"管理委派"。在 ISA 服务器中,管理按角色的不同分为四种情况,分别是阵列级的管理角色、企业级的管理角色、企业策略管理角色、域和工作组的角色,不同的角色具有不同的权限。

(2) 定义企业网络

将主控台中所有的子目录全部展开,用鼠标右键单击【企业网络】,选择【新建】→【企业网络】,进入到如图 9.58 所示的"新建网络向导"对话框,填写网络名后单击【下一步】按钮,填写好 IP 地址的范围,单击【下一步】和【完成】按钮,企业网络添加完成。用鼠标右键单击【企业网络】还可以进行新建网络集和网络规则的操作。

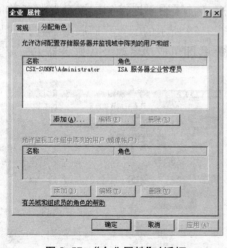

图 9.57 "企业属性"对话框

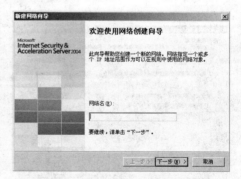

图 9.58 "新建网络向导"对话框

(3) 定义企业策略

将主控台中所有的子目录全部展开,单击【企业策略】,在窗口的中间可以看到已经存在的企业策略,在窗口的右侧"任务"选项卡下可以建立新的企业策略,或编辑已经存在的企业策略。在窗口的中间选中已经存在的企业策略,在右侧的"工具箱"选项卡下可以查看到该策略的各个协议的连接端口和应用程序筛选器等详细参数。在右侧的"工具箱"选项卡下还可以添加自己新建立的协议。

(4) 设置企业插件

将主控台中所有的子目录全部展开,单击【企业插件】,在窗口的中间可以查看到已经存在的应用程序筛选器和 Web 筛选器,选中其中的一个筛选器可以进行属性配置和停用/启用的设置。

提示:关于企业的所有管理和配置操作,在操作完成后,如果要保留本次操作必须单击【应用】按钮,如果不想保留则单击【丢弃】按钮。

2. 配置和管理阵列

ISA Server 2004 Enterprise Edition 关于阵列的操作是一个关系网络安全最重要的操作,所有的操作都要满足网络安全的要求,还必须要适应网络的实际情况。ISA Server 2004 Enterprise Edition 关于阵列的主要设置有新阵列的建立、ISA 服务器阵列的网络的定义、防火墙策略规则的建立和查看、定义 ISA 服务器的 Web 缓存内容、虚拟专用网络访问的配置和管理 ISA 服务器网络。

(1) 建立一个新阵列

建立新阵列的具体操作如下:

① 将主控台中所有的子目录全部展开,用鼠标右键单击【阵列】,选择【新建阵列】,进入到如图 9.59 所示的"新建阵列向导"对话框,填写完整的阵列名称后,单击【下一步】按钮,进入到如图 9.60 所示的新建阵列向导的"阵列 DNS 名"界面。

图 9.59　"新建阵列向导"对话框

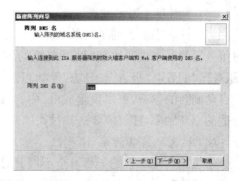

图 9.60　"阵列 DNS 名"界面

② 单击【下一步】按钮,在如图 9.61 所示的新建阵列向导的"分配企业策略"界面中选择好适合企业实情的企业策略(也可以建立完成后再重新配置),单击【下

一步】按钮,进入到如图9.62所示的新建阵列向导的"阵列策略规则类型"界面。

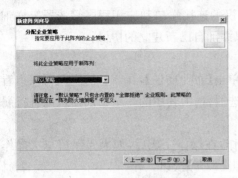
图9.61 "分配企业策略"界面

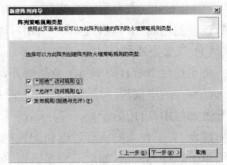
图9.62 "阵列策略规则类型"界面

③ 单击【下一步】按钮,进入到"正在完成新建阵列向导"界面,单击【完成】按钮,提示"创建新阵列成功",在主控台上就多了一个阵列。

(2) 定义服务器阵列的属性

将主控台中所有的子目录全部展开,用鼠标右键单击【服务器的名称】,选择【属性】,进入到服务器属性界面。属性窗口中有5个选项卡,分别是"常规"、"策略配置"、"配置存储"、"阵列内凭据"和"分配角色",在不同的选项卡上可以实现不同的功能,如服务器名称和描述的修改、企业策略的选择、配置存储服务器和备用配置存储服务器的设置以及配置存储服务器的更新时间和身份验证类型的选择、阵列内不同用户凭据的设置、设置可以访问配置服务器并监视此服务器的用户和组等功能。

(3) 监视服务器的状态

将主控台中所有的子目录全部展开,用鼠标右键单击【监视】,选择【刷新】可以对服务器的状态进行刷新,可以查看的服务器内容有"仪表板"、"警报"、"会话"、"服务"、"配置"、"报告"、"日志"等状态。在窗口右侧的"任务"选项卡下还可以设置自动刷新的频率,可以设置成低、中、高或不刷新,根据服务器的配置情况,选择合适的刷新频率,建议不要选择过高的刷新频率。

(4) 防火墙策略的编辑

将主控台中所有的子目录全部展开,用鼠标右键单击【防火墙策略】,选择【编辑系统策略】,进入到如图9.63所示的"系统策略编辑器"对话框,选择"从"选项卡,单击【添加】按钮,进入到如图9.64所示的"添加网络实体"对话框,在这里可以添加要修改防火墙策略的网络。对于不同的网络可以配置不同的网络策略,包括网络服务、身份验证、远程管理、诊断服务等10项策略。

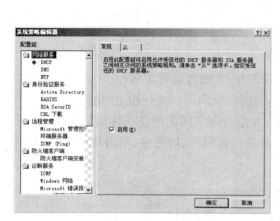

图 9.63 "系统策略编辑器"对话框　　　　图 9.64 "添加网络实体"对话框

在右侧的"任务"选项卡下还可以执行阵列策略、系统策略、企业策略三大类任务,主要任务有创建和编辑阵列访问规则、发布 Web 服务器和带证书验证(SSL)的 Web 服务器以及邮件服务器、查看编辑策略规则。

(5) 虚拟专用网络的配置

将主控台中的所有子目录全部展开,单击【虚拟专用网络(VPN)】查看属性,如图 9.65、图 9.66 所示,在此可以配置虚拟专用网络和虚拟专用网络客户端的属性。

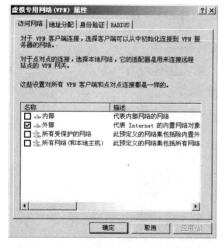
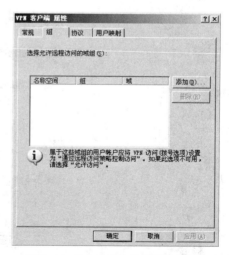

图 9.65 "虚拟专用网络(VPN)属性"对话框　　图 9.66 "VPN 客户端属性"对话框

(6) 配置 ISA 服务器

首先定义 ISA 服务器网络拓扑并创建网络规则,以便指定网络间通信移动的方式。然后可以启用缓存并配置缓存属性、启用应用程序和 Web 筛选器以及定义一般管理和安全设置。使用控制台树的"配置"节点中的链接,可以帮助用户配置下列对象:

① 服务器:可以查看阵列成员状态、配置服务器特定属性。选中某个服务器,双击或右击选择【属性】进入到服务器属性界面,可以进行相应的配置。

② 网络:配置 ISA 服务器网络,并定义网络间如何发送通信。在此可以创建新网络,对已有的网络进行编辑,查看和修改网络、网络集、网络规则、Web 链的属性,如图 9.67、图 9.68 所示。

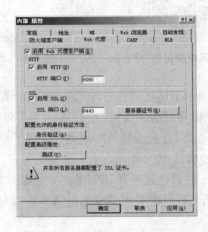

图 9.67 "内部属性"对话框

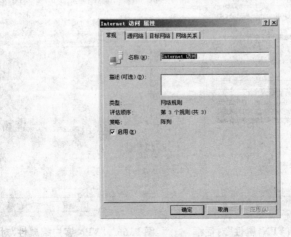

图 9.68 访问属性

③ 缓存：启用缓存、定义如何缓存 Web 对象以及创建内容下载作业。在"缓存驱动器"选项卡下，用鼠标右键单击【缓存】，选择【属性】，进入如图 9.69 所示的"缓存设置"界面，进行相应的设置；选中某个服务器，双击或右击选择【属性】，在如图 9.70 所示的服务器属性界面中可以进行相应的缓存设置。

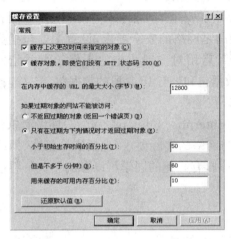

图 9.69 "缓存设置"对话框

图 9.70 "缓存驱动器"选项卡

④ 插件：通过启用应用程序筛选器和 Web 筛选器，将附加安全性应用于 ISA 服务器，如图 9.71、图 9.72 所示。

图 9.71 筛选器属性

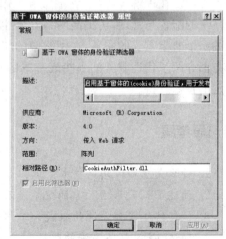

图 9.72 身份验证筛选器属性

⑤ 常规：定义此 ISA 服务器计算机的全局管理和配置设置。这里可以进行 ISA 服务器管理和附加安全策略管理两大类配置。使用【ISA 服务器管理】选项以应用全局配置，设置主要包括向用户和组委派管理角色、为防火墙链指定计算机、为网络指定自动拨号连接、选择 CRL 验证是否将应用于客户端和服务器证书、指定防火墙客户端连接首选项和应用程序设置、查看关于此 ISA 服务器计算机的详细信息、选择链接转换的内容类型。使用【附加安全策略】将另一安全级别添加到 ISA 服务器配置，使网络的安全配置更能满足网络的安全要求，设置主要包括为 RADIUS 身份验证指定 RADIUS 服务器、启用对一般攻击的入侵检测并指定 DNS 攻击检测和筛选、指定如何处理 IP 数据包和带有 IP 片段的数据包、定义连接限制(此限制指定了客户端并发连接的允许数量)。

由于篇幅有限，对于 ISA Server 2004 Enterprise Edition 的设置只能做简单介绍，ISA 2004 的配置内容还有很多，而且与网络的实际要求（包括安全策略、网络结构性能要求等）又密切相关，无法一一罗列，有兴趣的同学可以参阅相关资料或微软的网站。

本 章 小 结

本章讲述了 VPN 和终端服务及其应用、SyGate 代理服务器及 ISA 服务器的配置方法。在理解 VPN 及终端服务工作原理的基础上，熟练掌握 VPN 及终端服务系统的配置与管理，可提高网络安全性，简化网络管理。代理服务是提高网络性能的一个非常重要的服务，在网络中的应用非常普遍，本章从 ICS、SyGate、ISA 三个方面介绍了代理服务的一些最基本的知识和技能，对于复杂的网络管理提供了一定的技术支持。

复习思考题

1. 什么是虚拟专用网技术？虚拟专用网技术有什么特点？
2. 简述 PPTP 和 L2TP 的优缺点及主要区别。
3. 简述终端服务系统的组成和工作原理。
4. 简述 VPN 服务系统的组成和工作原理。
5. 什么是代理服务？代理的作用是什么？
6. 在 Windows Server 2003 系统的 ICS 连接共享服务器上有两块网卡，其 IP

地址如何设置?

7. 简述 SyGate 代理服务的配置过程。

本 章 实 训

实训一　配置终端服务

1. 配置终端服务器 A：安装 Windows Server 2003，IP 地址为 192.168.1.1/255.255.255.0；在终端服务器上安装终端服务组件，创建两个用于终端登录的用户，并配置用户的终端服务属性。

2. 配置终端客户机 B：安装 Windows XP，IP 地址为 192.168.1.2/255.255.255.0；在客户机上安装终端服务客户端程序。

3. 使用创建的终端登录用户在终端客户机 B 上登录终端服务器 A，登录后进行创建文件、删除文件、重新启动系统、关机等操作。详细记录操作步骤及结果。

实训二　配置 VPN

1. 通过 VPN 服务器配置向导，建立一台 VPN 服务器，同时进行赋予远程用户 VPN 拨入权限的配置，使客户机能与此 VPN 服务器建立 VPN 连接，从而进行安全通信。

2. 配置 VPN 客户机，并在客户机上输入用户名和密码连接到 VPN 服务器。

3. 在 VPN 客户机的命令窗口下输入命令：ipconfig/all，记录虚拟专用连接的 IP 属性信息。通过【网上邻居】访问 VPN 服务器。

实训三　配置与管理 SyGate 代理服务器

1. 安装并配置 SyGate 服务器 A：计算机名为 SyGate1，IP 地址为 192.168.0.1，采用 Windows Server 2003 操作系统。

2. 配置 SyGate 客户机 1：计算机名为 SyGate2，IP 地址为 192.168.0.2，采用 Windows 2000 操作系统，网卡为 192.168.0.1，并安装 SyGate 客户端。

3. 配置 SyGate 客户机 2：计算机名为 SyGate3，IP 地址为 192.168.0.3，采用

Windows 2000 操作系统,网卡为 192.168.0.1,不安装 SyGate 客户端。

实训四　安装与配置 ISA 服务器

1. 建立一个有域服务器的畅通的网络环境,配置域,域名自定义。

2. 安装配置 ISA 服务器:计算机名为 ISA1,IP 地址为 192.168.0.1,采用 Windows Server 2003 操作系统。

第 10 章 Linux 操作系统简介与安装

学习目标

本章主要讲述 Linux 操作系统的特点、主要发行版本及其组成结构,重点讲述了 Red Hat Linux 9.0 操作系统的安装与配置及其基本使用方法等。通过本章的学习,应达到如下学习目标:
- 了解 Linux 操作系统的特点、主要发行版本及组成结构。
- 掌握 Linux 磁盘分区的基本知识和方法。
- 掌握 Red Hat Linux 9.0 操作系统的安装与配置方法。
- 掌握 Red Hat Linux 9.0 操作系统的基本使用方法。

导入案例

某公司根据公司的实际需求要安装配置一台 Linux 服务器,作为公司的系统管理员,你必须按如下的要求完成 Linux 服务器的安装与配置:

(1) 服务器要求安装 Red Hat Linux 9.0 操作系统。

(2) 安装操作系统时必须按如下的磁盘分区要求来划分服务器的磁盘空间:

/boot 分区	100 MB
/root 分区	500 MB
/home 分区	2000 MB
/var 分区	2000 MB
/根分区	使用剩下的所有空间

(3) 操作系统的安装类型必须设置为"服务器"。

(4) 要求服务器使用 Red Hat Linux 9.0 操作系统自带的防火墙,并设置防火墙等级为"高级"。

通过本章课程的学习,你将掌握 Red Hat Linux 9.0 操作系统安装的方法,轻松地完成上述案例中提出的各种要求,完成服务器的安装。

10.1　Linux 操作系统概述

　　Linux 是一种类似 UNIX 风格的操作系统,在源代码级上兼容绝大部分 UNIX 的标准,是一个支持多用户、多任务、多进程、多线程、实时性较好且功能强大、运行稳定的操作系统。Linux 是一套免费使用和自由传播的操作系统,最初由芬兰赫尔辛基大学计算机系学生 Linus Torvalds 为在 PC 机上实现 UNIX 而编写。在随后的日子里,Linux 的源代码在互联网上自由传播,成千上万的程序员纷纷加入到 Linux 的开发中,使其功能和性能不断提升,用户的数量也呈现爆炸性的增长。最近几年来,以 Linux 为代表的开放源代码软件得到了迅猛的发展,其影响也越来越大。许多著名硬件厂商如 IBM、HP 和 DELL 都纷纷加入到 Linux 领域,极大地促进了这种操作系统的发展。随着开发研究的不断深入,Linux 的功能日趋完善,成为世界上主流的操作系统之一。Linux 凭借其优越的性能被广泛地应用于网络服务器、嵌入式系统(Embedded System)、计算机集群(Cluster Computer)等高技术应用领域。

10.1.1　Linux 操作系统的主要特点

　　Linux 之所以能在短短的十几年间得到迅猛的发展,是和其所具有的良好特性分不开的。Linux 继承了 UNIX 的优秀设计思想,几乎拥有最新的 UNIX 的全部功能。简单而言,Linux 具有以下主要特点:

1. 真正的多用户、多任务操作系统

　　Linux 是真正的多用户、多任务操作系统,Linux 支持多个用户从相同或不同的终端上同时使用一台计算机,而没有像 Windows 等商业操作系统软件的许可证(License)限制。在同一时段上,Linux 系统能响应多个用户的不同请求。Linux 系统中的每个用户对自己的资源(如文件、设备)有特定的使用权限,不同用户之间不会相互影响。

2. 良好的兼容性和可移植性

　　Linux 完全符合面向 UNIX 的可移植操作系统标准,可兼容现在主流的 UNIX 系统,在 UNIX 系统下可以执行的程序,也几乎完全可以在 Linux 上运行。Linux 的高度可移植性还表现在其支持较多的硬件平台,无论是掌上电脑、个人计算机、小型机,还是中型机,甚至是大型计算机都可以运行 Linux 操作系统。

3. 高度的稳定性

Linux 继承了 UNIX 的优良特性,可以连续运行数月、数年而无需重新启动。在过去十几年的广泛使用中只有屈指可数的几个病毒感染过 Linux,这种强免疫性归功于 Linux 系统健壮的基础架构。Linux 的基础架构由相互无关的层组成,每层都有特定的功能和严格的权限许可,从而可保证最大限度地稳定运行。

4. 漂亮的用户界面

Linux 提供两种用户界面:字符界面和图形化用户界面。字符界面是传统的 UNIX 界面,用户需要输入相关的命令才能完成相关的操作。字符界面下的这种操作方式的确不太方便,但是效率却很高,目前仍广泛使用。窗口式的图形化用户界面并非是微软的专利,Linux 也拥有方便好用的图形化用户界面。Linux 的图形化用户界面整合了大量的应用程序和系统管理工具,并可以使用鼠标,用户可以在图形化界面下方便地使用各种资源,完成各项工作。

10.1.2 Linux 的主要发行版本

目前 Linux 的发行版本的数量已超过 300 种,并且还在不断的增加。但是无论哪种发行版本,都同属于 Linux 大家庭,任何发行版本都不拥有发布内核的权利,发行版本之间的差别主要在于包含的软件种类及数量的不同。常见的 Linux 发行版本有:

1. Red Hat(http://www.redhat.com)

Red Hat 是全世界最著名、使用最广泛的 Linux 发行版本,不仅提供了大量的软件包,而且安装与配置操作比较容易,是比较适合初学者使用的 Linux 版本。目前较常见的版本有 2003 年 10 月发行的 Red Hat Linux 9 和 Red Hat Enterprise Linux 3。

2. Slackware(http://www.slackware.com)

Slackware 是基于 tgz 包结构的、历史悠久的分布式 Linux,其核心部分有 120 MB 左右。Slackware 在国内市场也占有一席之地,比较公认的是,它用来做服务器时稳定性和性能较好。一般用于大型网站的服务器。目前常见的版本有 Slackware 4。

3. Turbo Linux(http://www.turboLinux.com)

Turbo Linux 是亚洲地区比较著名的 Linux 发行版本,最新的版本为 2003 年 10 月发行的 Turbo Linux 10 Desktop。

4. 红旗 Linux(http://www.redflag-linux.com)

红旗 Linux 是由中国科学院软件所、北大方正电子有限公司、康柏电脑公司三家合作共同推出的国产中文操作系统。红旗 Linux 是中国本地开发的最有影响力的 Linux 发行版本,目前常见的版本有 Red Flag Server 4。

Linux 的发行版本随着厂商的不同而有所不同,各种 Linux 的发行版本各有所长,应根据实际需求来决定使用哪种发行版本,以获得最佳的效果。

10.1.3 Linux 的主要组成部分

广义上讲,Linux 操作系统可分为内核、Shell、X Window 应用程序 4 大组成部分,其中内核是所有组成部分中最基础、最重要的部分。各组成部分之间的相互关系如图 10.1 所示。

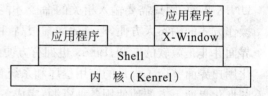

图 10.1 Linux 操作系统的构成

1. 内核(Kernel)

内核是整个 Linux 操作系统的核心,管理着整个计算机系统的软件和硬件资源。内核控制整个计算机的运行,提供相应的硬件驱动程序、网络接口程序,并管理所有应用程序的执行。由于内核提供的都是操作系统最基本的功能,如果内核发生问题,整个计算机系统就可能崩溃。

2. Shell

Linux 的内核并不能直接接受来自终端的用户命令,从而也就不能直接与用户进行交互操作,这就需要使用 Shell 这一交互式命令解释程序来充当用户和内核之间的桥梁。Shell 负责将用户的命令解释为内核能够接受的低级语言,并将操作系统响应的信息以用户能理解的方式显示出来,它们间的关系如图 10.2 所示。

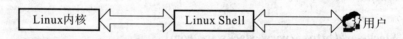

图 10.2 用户、Shell 及内核的关系

3. X Window

X Window 提供与 Windows 相似的图形化用户界面,使用户可以更方便地使用 Linux 操作系统,同时也为许多 Linux 应用程序(如字处理软件、图形图像处理软件)提供运行环境,更加丰富了 Linux 的功能。

4. 应用程序

Linux 环境下可使用的应用程序种类丰富,数量繁多,包括办公软件、多媒体软件、与 Internet 相关的软件等等。它们有的运行在字符界面,有的则必须在 X

Window 图形化界面下运行。

10.2 Linux 操作系统的安装与配置

随着 Linux 应用的普及和相关技术的发展，Linux 的安装已经越来越向集成化和智能化的方向过渡。Linux 的各种版本都对发行的软件包进行了分类处理，在安装过程中不同的用户可以选择不同类型的安装，也可以全部安装。所有的软件可以在安装时一次安装完成，也可以在安装后再次安装。另外，Linux 提供了图形化安装和文本安装，为了让初学者易于上手，本书以 Red Hat 9 为例，讲述 Linux 安装的具体过程。

10.2.1 Red Hat Linux 的硬件需求与安装前的准备

1. 安装 Red Hat Linux 9 所需的最低硬件要求

硬件要求如下：

（1）CPU：要求至少是 Pentium 系列的 CPU，且在文本模式下要求 Pentium 200 及以上；在图形化模式下要求 Pentium II 400 及以上。

（2）硬盘空间：根据用户所选择的不同安装方式，所需的硬盘空间也不尽相同。当用户采用定制最少安装时，硬盘空间至少需要 450 MB；当用户采用安装服务器时，硬盘空间至少需要 850 MB；当用户采用安装个人桌面时，硬盘空间至少需要 1.7 GB；当用户采用安装工作站时，硬盘空间至少需要 2.1 GB；当用户采用定制全部安装时，硬盘空间至少需要 5.0 GB。

（3）内存：当以文本方式安装 Red Hat Linux 9 时，内存至少需要 64 MB；当以图形化方式安装 Red Hat Linux 9 时，至少需要 128 MB 的内存。

2. 安装前的准备

安装前要进行以下准备工作：

（1）在安装 Red Hat Linux 9 之前一定要检测计算机的硬件兼容性。Red Hat Linux 9 能够兼容在最近两年内厂家制作的多数硬件。然而，硬件的技术规范几乎每天都在变化，因此很难保证用户的硬件百分之百地兼容。最新的硬件支持列表可参考 Red Hat 的官方网站：http://www.redhat.com 或 http://hardware.redhat.com/hcl/。

（2）确保计算机有满足安装要求的磁盘空间。

(3) 在安装 Red Hat Linux 9 之前,用户要确认使用哪种安装类型。Red Hat Linux 9 提供了以下的几种安装类型:

① 个人桌面。如果用户是 Linux 世界的新手,并想尝试使用这个系统,个人桌面安装是最恰当的选择。该类安装会为用户的家用台式机、笔记本电脑创建一种带有图形化环境的桌面系统。

② 工作站。如果除了图形化桌面环境外,用户还需要软件开发工具,则工作站安装类型是最恰当的选择。

③ 服务器。如果用户希望安装的系统具有基于 Linux 服务器的功能,并且不想对系统配置做过多的定制工作,则服务器安装是最恰当的选择。

④ 定制。定制安装在安装中给予用户最大的灵活性,用户可以选择引导装载程序以及想要的软件包等。对于那些熟悉 Red Hat Linux 安装的用户而言,定制安装是最恰当的选择。

⑤ 升级。如果用户的系统上已经运行了 Red Hat Linux 其他版本(6.2 或更高),并且用户想快速地更新到最新的软件包和内核版本,那么升级安装是最恰当的选择。

10.2.2 安装 Red Hat Linux 9

本节以从光盘安装 Red Hat Linux 9 为例来介绍其安装过程。首先要把计算机的引导程序设置为光盘启动,然后把 Red Hat Linux 9 的第一张安装光盘放入光盘驱动器,重新启动计算机,这时安装盘会自动引导计算机开始安装 Red Hat Linux 9。接下来的步骤如下:

1. 选择安装模式和语言

Red Hat Linux 9 提供了图形安装模式和文本安装模式,如图 10.3 所示。图形安装模式提供方便的中文菜单、图形化的界面和在线帮助,使用户能按照提示一步一步地完成系统安装,下面以图形化安装方式来介绍。如果你的机器没有图形化的安装界面,也可以使用文本安装方式,安装程序会给以恰当提示,图形化安装方式比文本方式安装方便,但速度比较慢。当安装引导程序进入如图 10.4 所示的对话框时,用鼠标选择使用的语言,安装程序将试图根据所选择的语言信息来定义恰当的时区。

图 10.3　安装模式选择

图 10.4　语言选择

2. 键盘和鼠标的配置

在图 10.5 中，使用鼠标来选择本次安装和以后系统默认的键盘布局类型，选定后单击【下一步】按钮进入鼠标配置。在图 10.6 中，为系统选择正确的鼠标类型。如果找不到确切的匹配，选择一种与系统兼容的鼠标类型。选定后单击【下一步】按钮继续安装过程。

图 10.5　键盘配置

图 10.6　鼠标配置

3. 选择安装模式与安装类型

如果安装程序在系统上检测到有从前安装的 Red Hat Linux 版本，"升级检查"窗口就会自动出现。要在系统上执行 Red Hat Linux 9 的新安装，在图 10.7 中选择【执行 Red Hat Linux 的新安装】，然后单击【下一步】按钮进入选择安装类型的界面，如图 10.8 所示，选择要执行的安装类型，然后单击【下一步】按钮继续安装过程。

图 10.7 升级检查

图 10.8 安装类型

4. 设置磁盘分区

Linux 安装过程中的分区设置界面如图 10.9 所示,共有【自动分区】和【用 Disk Druid 手工分区】两个选项。一般情况下只需选择【自动分区】就可以了。为了对 Linux 的分区有更深入的了解,这里选择【用 Disk Druid 手工分区】,出现界面如图 10.10 所示。

图 10.9 磁盘分区设置

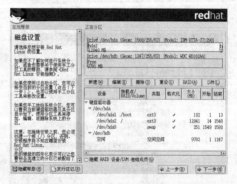
图 10.10 Disk Druid 手动分区界面

(1) Linux 分区的命名原则

Linux 通过字母和数字的组合来标识硬盘分区,就像你习惯于使用"C:"来标识你机器上的 C 盘驱动器一样,不同的是,Linux 的分区命名设计比其他操作系统更灵活,能表达更多的信息。如"hda3"表示机器中第 1 块 IDE 硬盘上的第 3 个分区,这种表示分区类型的方法简单归纳如下:

① 分区名的前两个字母表明分区所在设备的类型。通常有"hd"(指 IDE 硬盘)和"sd"(指 SCSI 硬盘)两种。

② 下一个字母表明分区在哪个设备。例如,"/dev/hda"表示第 1 个 IDE 硬盘,"/dev/sdb"表示第 2 个 SCSI 硬盘,依此类推。

③ 数字代表分区。前 4 个分区(主分区或扩展分区)用数字 1～4 表示。逻辑分区从 5 开始。例如,"/dev/hda3"是第 1 个 IDE 硬盘上的第 3 个主分区,"/dev/sdb6"是第 2 个 SCSI 硬盘上的第 2 个逻辑分区。

(2) Linux 磁盘分区方案

安装 Linux 与安装 Windows 系统在分区方面的要求有所不同,安装 Linux 时必须至少有两个分区:交换分区(又称 swap 分区)和 /分区(又称根分区)。最简单的分区方案是:

● 交换分区。用于实现虚拟内存,也就是说当系统没有足够的内存来存储正在被处理的数据时,可将部分暂时不用的数据写入交换分区。一般情况下,交换分区的大小应是物理内存的 1～2 倍,其文件系统类型一定是 swap。

● 根分区。用于存放包括系统程序和用户数据在内的所有数据,其文件系统类型通常是 ext3。

当然我们也可以为 Linux 多划分几个分区,那么系统将根据数据的特性,把相关的数据存储到指定的分区中,而其他剩余的数据将保留在根分区中。Red Hat 推荐的分区方案为将 Linux 系统划分为 4 个分区,它们分别是:

● 交换分区。

● /boot 分区。约 100 MB,用于存放 Linux 的内核以及启动过程中使用的文件。

● /var 分区。专门用于保存管理性和记录性数据,以及临时文件。

● /分区。保存其他所有数据。

在此以最简单的分区方案为例来说明使用 Disk Druid 手动分区工具创建 Linux 磁盘分区的方法,分区创建的先后顺序不会影响分区的结果,用户既可以先建立根分区,也可以先建立其他类型的分区。

① 新建交换分区。

步骤 1:单击 Disk Druid 手动分区界面上的【新建】按钮,出现如图 10.11 所示的新建分区对话框。

步骤 2:在对话框中单击【文件系统类型】下拉列表,选中【swap】,此时【挂载点】下拉列表的内容会显示为灰色,表示不可用,即交换分区不需要设置挂载点。

步骤 3:在【大小】文本框中输入表示交换分区大小的数字。

步骤 4:单击【确定】按钮,结束对交换分区的设置,回到 Disk Druid 手动分区界面,此时磁盘分区信息部分会多出一行交换分区的相关信息。

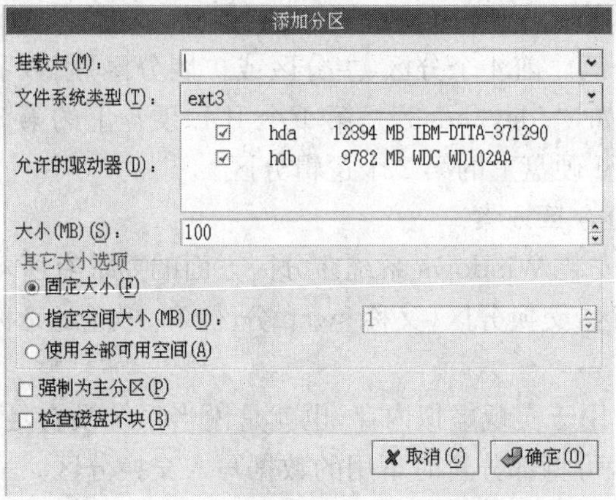

图 10.11 新建分区对话框

② 建立根分区和其他分区。

步骤1:单击 Disk Druid 手动分区界面上的【新建】按钮,出现如图 10.11 所示界面。

步骤2:在对话框中单击【挂载点】下拉列表,选中"/"即新建根分区,如果选中"/boot"即新建/boot 分区,建立其他类型的分区只需在下拉列表中选择对应的分区类型即可。

步骤3:单击【文件系统类型】下拉列表,选择分区的文件系统类型,在此推荐使用 ext3 文件系统。

步骤4:在【大小】文本框中输入表示新建分区大小的数字,单击【确定】按钮结束分区的设置。

所有分区创建完成后,在 Disk Druid 手动分区界面会显示所有分区的相关信息,此时【格式化】菜单栏中将出现"√"符号,表示新建立的分区需要进行格式化来创建文件系统。至此磁盘分区工作全部完成,单击【下一步】按钮继续安装过程。

5. 引导装载配置与网络配置

Linux 安装过程中的引导装载配置界面如图 10.12 所示,在默认的情况下,引导装载程序被安装到第 1 块磁盘的 MBR(主引导记录)上,一般采用默认设置即可,无需更改。Linux 安装过程中的网络配置界面如图 10.13 所示,如果你的计算机上没有网络设备,则在安装的过程中将看不到这个屏幕界面。如果已经安装了网络设备但还没有配置这些设备,那么可以在 Linux 安装的过程中配置这些设备。网络设置的配置方法可以参见后续章节,在此不做详细的说明,单击【下一步】按钮继续安装过程。

第 10 章　Linux 操作系统简介与安装

图 10.12　引导装载程序配置

图 10.13　网络配置

6. 防火墙设置

Red Hat Linux 为增加系统安全性提供了防火墙保护。防火墙存在于你的计算机和网络之间，用来判定网络中的远程用户有权访问你的计算机上的哪些资源。一个正确配置的防火墙可以极大地增加你的系统安全性。Red Hat Linux 的防火墙有 3 个级别：高级、中级、无防火墙，如图 10.14 所示，这里选择【无防火墙】，单击【下一步】按钮继续安装过程。

图 10.14　防火墙配置界面

7. 配置支持语言和时区

Linux 系统支持多种语言。必须选择一种语言作为默认语言。安装结束后，系统将会使用默认语言。也可以在安装后改变默认语言，配置界面如图 10.15 所示。可以通过选择计算机的物理位置，或者指定时区和通用协调时间(UTC)的偏移来设置时区，配置界面如图 10.16 所示。选择合适的时区后，单击【下一步】进入根口令设置界面。

图 10.15　语言支持配置　　　　　　　图 10.16　配置时区

8. 设置根口令

设置根账号及其口令是安装过程中最重要的步骤之一。根账号的作用与 Windows NT/2000 机器上的管理员账号类似。根账号被用来安装软件包、升级软件包以及执行多数系统维护工作。作为根用户登录可使你对系统有完全的控制权。根口令必须至少包括 6 个字符。你键入的口令不会在屏幕上显示。你必须输入两次口令，如果两个口令不匹配，安装程序将会要求重新输入。应该把根口令设为你可以记住但又不容易被别人猜到的组合。名字、电话号码、"password"、"root"、"123456"都是典型的坏口令。好口令混合使用数字、大小写字母，并且不包含任何词典中的现成词汇，例如"Aard387vark"或"420BMttNT"。值得注意的是，在 Linux 中，口令是区分大小写的。设置根口令界面如图 10.17 所示。

图 10.17　设置根口令

9. 选择软件包组

当分区被选定并按配置格式化后，便可以选择要安装的软件包了。如果选择

第 10 章　Linux 操作系统简介与安装　　263

的是定制安装,安装程序将会自动选择多数软件包,如图 10.18 所示。如果要选择所有的组件,在定制安装中选择【全部】选项,这将会安装包括在 Red Hat Linux 9 中的所有软件包。选择合适的软件包后,单击【下一步】按钮。

图 10.18　选择软件包组

10. 安装软件包

到了这一步,所有被选择的软件包将会被安装到计算机中,安装速度的快慢与你选择的软件包的数量和计算机的速度有关。安装完成后会进入创建引导盘界面。安装过程界面如图 10.19 所示。

图 10.19　安装软件包

在所有软件包安装完成后,用户只需按系统检测到的默认参数来设置视频卡和显示器的相关参数,设置完成后 Linux 的整个安装过程就结束了,安装程序会提示你做好重新引导系统的准备。重新启动计算机后你就可以使用安装完成的 Red Hat Linux 9 操作系统了。

10.3 Red Hat Linux 9 的基本使用和设置

10.3.1 设置代理

在安装完成 Red Hat Linux 9 后,首次启动 Red Hat Linux 机器时,你会看到设置代理,它会引导你进行 Red Hat Linux 系统配置。使用该工具,你可以设置系统的日期和时间、给系统添加用户、安装软件、在 Red Hat 网络中注册机器以及其他任务。设置代理让你从一开始就配置环境,从而使你能够快速地开始使用 Red Hat Linux 9 系统。设置代理的界面如图 10.20 所示。单击【前进】按钮进入用户账号设置。

设置代理首先提示你创建一个用户账号,你可以用它来进行日常工作。建议你不要登录到根账号来从事普通任务,因为这有可能损坏你的系统或无意地删除文件。设置代理让你输入一个用户名、用户的全称以及口令(必须输入两次)。这个步骤会创建一个用户账号,它在系统上有自己的可储存文件的主目录,你可以用它来登录你的 Red Hat Linux 9 系统。配置界面如图 10.21 所示。在配置完用户名和密码后,可单击【前进】按钮进行日期和时间的配置。

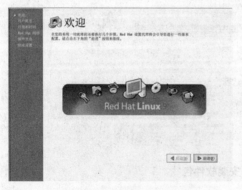
图 10.20 设置代理界面

图 10.21 创建用户账号

设置代理允许你手工设置机器的时间和日期,它会调整你的计算机的 BIOS(基本输入输出系统)的时钟。可以使用日历界面设置系统的日期,使用所提供的文本箱设置小时、分钟和秒钟。你还可以使用网络时间服务器(Network time server)——通过网络连接向你的机器传输日期和时间信息的机器——来同步你的时间和日期。选择【启用网络时间协议】复选框,使用下拉菜单来选择你要使用的时间服务器。设置了时间和日期后,单击【前进】按钮继续进行 Red Hat 网络设置。配置日期和时间界面如图 10.22 所示。

如果你想在 Red Hat 网络注册你的系统并接收关于你的 Red Hat Linux 系统的自动更新,选择【是,我想在 Red Hat 网络注册我的系统】,这将启动一个会引导你进行 Red Hat 网络注册的向导工具。选择【否,我不想注册我的系统】会跳过注册。关于 Red Hat 网络和如何注册机器的详细信息,请参阅以下网站上的 Red Hat 网络文档:

http://www.redhat.com/docs/manuals/RHNetwork/

配置 Red Hat 网络的界面如图 10.23 所示。选择合适的选项后,单击【前进】按钮进入额外光盘的设置。

图 10.22 日期和时间配置

图 10.23 Red Hat 网络配置

如果你想安装在安装过程中没有安装的 Red Hat Linux RPM 软件包、第 3 方的软件或 Red Hat Linux 文档光盘上的文档,你可以在额外光盘屏幕上办到。插入包含你想安装的软件或文档的光盘,单击【安装】按钮,然后遵循说明进行安装。

现在,系统已被配置,你已经做好登录和使用 Red Hat Linux 的准备,可单击【前进】按钮来退出设置代理。

10.3.2 Linux 系统的登录与注销

1. Linux 的登录

使用 Red Hat Linux 系统的一个前提条件是登录。登录实际上是系统的一个验证过程，如果键入了错误的用户名和口令，就不会被允许进入系统。Linux 系统的用户有普通用户和超级用户之分，普通用户的用户名是任意的，而超级用户的用户名是"root"，这个账户就像 Windows 2003 中的"Administrator"账户，在系统中有超级权限。值得注意的是，Linux 系统是严格区分大小写的，无论是用户名、文件名、设备名或是用户密码都是如此。在 Linux 系统正常引导启动后，就会自动进入 Red Hat Linux 9 的登录界面，如图 10.24 所示，在此输入用户名后按回车键进入输入密码的对话框。在输入密码对话框中，输入与用户名相匹配的口令后，按回车键进入 Red Hat Linux 9 的图形化界面，如图 10.25 所示。

图 10.24 Linux 的登录界面

图 10.25 Linux 的图形化界面

2. Linux 的注销

如果想切换用户的登录，可采用注销当前图形化桌面的会话的方法。操作步骤如下：

（1）依次选择【主菜单】→【注销】命令。

（2）打开如图 10.26 所示的"注销"对话框，然后单击【确定】按钮。如果想保存桌面配置或者还在运行的程序，选中【保存当前设置】

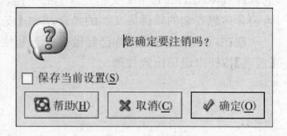

图 10.26 Linux 的"注销"对话框

复选框。

3. 关机和重新启动

在切断计算机电源之前一定要关闭 Red Hat Linux，决不能不执行关机进程就切断计算机电源，这样做会导致未存盘的数据的丢失或者系统损坏。关机和重新启动的方法如下：

（1）依次选择【主菜单】→【关机】命令。

（2）在弹出的对话框中选择【关机】或【重新启动】选项，然后单击【确定】按钮，即可关闭或重新启动计算机。

10.3.3 使用 Linux 的 GNOME 桌面

为了让图形化用户界面更具整体感、功能更加完善，众多的程序员基于 X Window 技术标准开发出了直接面向用户的桌面环境。桌面环境为用户管理系统、配置系统、运行应用程序等提供了统一的操作平台，令 Linux 在视觉表现和功能方面更加出色。目前 Linux 操作系统上最常用的桌面环境有两个：GNOME 桌面和 KDE 桌面。Red Hat 公司推出的所有 Linux 版本都以 GNOME 作为默认的桌面环境，但用户也可以选择使用 KDE 桌面环境。在 Red Hat Linux 9 中，初始的 GNOME 桌面环境如图 10.27 所示。

图 10.27 所示的 GNOME 桌面环境由系统面板、主菜单和桌面组成，下面将分别对每个部分做详细的介绍。

1. 系统面板

系统面板是位于桌面底部横贯整个屏幕的一个长条形区域，如图 10.28 所示，它的作用与 Windows 的任务栏非常相似，包括程序启动区、工作区切换器、任务条、通知区域、时钟等部分。利用系统面板可迅速启动常用的应用程序，切换工作区，切换正在运行的应用程序，显示时间等系统状态。

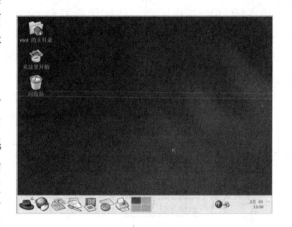

图 10.27 GNOME 桌面环境

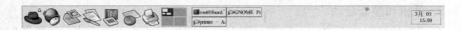

图 10.28　Linux 系统面板

(1) 程序启动区

Red Hat Linux 9 将最常用的应用程序的快捷图标放置在系统面板上的程序启动区，单击快捷图标可启动相应的应用程序。如图 10.29 所示的快捷图标分别代表 Mozilla 网页浏览器、Evolution 邮件收发软

图 10.29　程序启动区

件、OpenOffice.org Writer 文字处理软件、OpenOffice.org Impress 演示文稿处理软件、OpenOffice.org Calc 电子表格处理软件和打印管理器。程序启动区中快捷图标的数量与安装系统时安装的软件包的数量有关。

(2) 工作区切换器

在桌面环境下，用户不必把所有运行着的应用程序都堆入在一个可视化区域中，而是可以根据工作内容的不同，在不同的工作区内运行不同类别的应用程序。每个工作区相互独立。GNOME 桌面环境默认提供 4 个工作区，最多可支持 36 个工作区。工作区切换器将每个工作区都显示为一个小方块，并显示工作区中正打开的窗口形状，如图 10.30 所示。单击工作区切换器中的小方块就可进行工作区的切换。

图 10.30　工作区切换器

(3) 任务条

任务条用于显示当前桌面上正在运行的应用程序，当前窗口在任务条中处于嵌入状态，如图 10.31 所示。

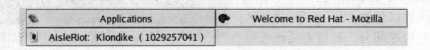

图 10.31　任务条

2. 主菜单

Red Hat Linux 9 的主菜单按钮位于桌面的最右下方，在系统面板的最右侧，其图标为 ，要进入主菜单就可以单击这个图标，其功能类似 Windows 操作系统

中的【开始】菜单。从这里，你可以启动大多数包含在 Red Hat Linux 中的应用程序。值得注意的是，除了推荐的应用程序以外，你还可以启动每个子菜单中的附加程序。这些子菜单使你能够使用系统上大量的应用程序。从【主菜单】中，你还可以注销系统、从命令行运行应用程序、寻找文件或锁住屏幕（这会运行用口令保护的屏幕保护程序）。

3. 桌面

Linux 的桌面在功能和作用上与 Windows 系统的桌面很相似。在默认的情况下，GNOME 桌面上有 3 个图标。如果系统挂载了软盘或光盘，桌面上还会自动出现软盘或光盘的图标。用户也可根据需要在桌面上为文件、文件夹或应用程序新建图标。"从这里开始"图标的功能与主菜单基本相同。双击"从这里开始"的图标，就可进入如图 10.32 所示的画面，其中"系统设置"和"首选项"图标与主菜单上的同名子菜单功能相同，双击"应用程序"图标将出现与主菜单相同的"互联网"、"办公套件"等图标。

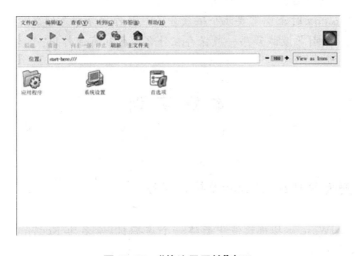

图 10.32 "从这里开始"窗口

双击用户的主目录图标就会进入该用户的个人目录。超级用户的主目录是 /root 目录，而普通用户的目录通常是 /home 目录下与用户名同名的子目录。

GNOME 桌面环境包括一个名为 Nautilus 的文件管理器，其功能类似于 Windows 中的资源管理器。Nautilus 不仅能以图形的方式显示本地或远程计算机的文件和文件夹信息，而且还提供给用户一个综合界面来配置桌面、配置系统等。

本 章 小 结

本章讲述了 Linux 操作系统的特点、组成结构、主要发行版本等基本知识，重点是以 Red Hat Linux 9 操作系统为例，详细讲述了 Linux 磁盘分区类型、分区方法以及 Linux 操作系统安装的详细步骤。建议读者在学习本章时，从实践的角度出发，在 Linux 操作系统的安装实践中掌握相关的知识和技术。

复习思考题

1. Linux 中对硬盘是如何表示的？"/dev/hda5"表示什么含义？
2. 计算机的磁盘分区有何规则？
3. 安装 Linux 时至少需要几个磁盘分区？其作用分别是什么？
4. Linux 的引导装载程序一般保存在什么地方？有何作用？

本 章 实 训

实训一　安装 Red Hat Linux 9 操作系统

1. 在 VMWare 虚拟机软件中新建一个虚拟机，命名为 RedHat，为该虚拟机创建一个容量为 8 GB 的虚拟硬盘。
2. 按如下的分区要求安装 Red Hat Linux 9 操作系统到虚拟机。具体的分区设置如下：

/boot 分区	100 MB
/root 分区	500 MB
/home 分区	2000 MB
/var 分区	2000 MB
/根分区	使用剩下的所有空间

实训二　GNOME 桌面环境下的基本操作

1. 使用根账户在 GNOME 环境下登录进入 Linux 系统。

2. 练习使用 GNOME 面板。GNOME 面板左下方有若干个图标，移动鼠标光标停留在这些图标上一到两秒钟，可看到关于它们的操作提示。

3. 在 GNOME 桌面环境下，拷贝 10 个 /etc/ 目录下的文件到 /root 目录。

4. 在 GNOME 桌面环境下，打开 OpenOffice.org Writer 文字处理软件，新建一个文件 test，并保存到 /home 目录。

第 11 章 Linux 系统管理

学习目标

本章主要讲述 Linux 系统常用 Shell 命令的使用方法、使用 Shell 命令和图形界面管理用户及组群的方法、Linux 文件系统管理等知识。通过本章的学习,应达到如下学习目标:
- 掌握常用 Shell 命令的使用方法。
- 掌握使用 Shell 命令管理用户和组群的方法。
- 掌握 Linux 系统中挂载磁盘的方法。
- 学会在 Linux 系统下磁盘配额的使用。
- 学会在 Linux 系统下文件权限的使用。

导入案例

某公司的信息部有一台安装了 Red Hat Linux 9 操作系统的服务器,公司中有多个部门的员工要使用这台服务器,作为系统管理员,你必须按以下要求来配置和管理这台服务器:

(1) 为公司的财务部、生产部、销售部、客服部四个部门的所有员工创建一个登录服务器的账号,要求账号名为员工姓名的汉语拼音,密码为员工的工号。

(2) 为了有效管理用户账号,要求为公司的财务部、生产部、销售部、客服部四个部门创建四个组群,将每个员工的登录账号加入到相应的组群中。

(3) 为服务器安装挂载一个 120 GB 的硬盘,用于存放用户数据。

(4) 对/home 文件系统实施组群级配额管理,设置每个组群的软配额为 500 MB,硬配额为 600 MB。

(5) 为/home/crm 文件夹设置访问权限,只允许销售部群组中的成员可以读取、更改该文件夹中的文件,其他组群只能读取该文件夹中的文件。

要完成案例中的要求,必须掌握 Linux 用户(组群)管理及磁盘配置等相关知识,通过本章的学习,你可以完成上述案例中的要求。

11.1 Shell 命令简介

11.1.1 Shell 命令的执行方式

Linux 与 UNIX 操作系统类似,在字符界面下使用相关的 Shell 命令就可完成操作系统的所有任务。而图形化用户界面的出现,为用户提供了简便易用的操作平台。虽然图形化用户界面比较简单直观,但是使用字符界面的工作方式仍然十分常见,这主要是因为:

① 目前的图形化用户界面还不能完成所有的系统操作,部分操作仍然必须在字符界面下进行。

② 字符界面占用的系统资源少,同一硬件配置的计算机在运行字符界面时比运行图形化用户界面的速度快。

③ 对于操作熟练的管理人员而言,字符界面更加直接高效。

相信随着图形化用户界面的发展,将会有越来越多的操作可以在图形化用户界面下成功完成。但是要熟练运用 Linux 操作系统,字符界面以及 Shell 命令仍然是不得不掌握的核心内容。掌握 Shell 命令后,无论是使用哪种发行版本的 Linux 都会感到得心应手、运用自如。

在字符界面下,用户对 Linux 的操作通过 Shell 命令来实现。Shell 是 Linux 的内核与用户之间的接口,它负责解释执行用户从终端输入的命令。从用户登录到用户注销的整个期间,用户输入的每个命令都要经过 Shell 的解释才能执行。

在 Red Hat Linux 9 中,Shell 命令可以在图形化界面下执行,也可以在字符界面下执行,下面分别对这两种执行 Shell 命令的方式做详细的解释。

图 11.1 终端窗口

1. 在图形化界面下执行 Shell 命令

要在 Red Hat Linux 9 的图形化用户界面下执行 Shell 命令,可在桌面环境下依次单击【主菜单】→【系统工具】→【终端】,打开如图 11.1 所示的窗口,在此输入相关的 Shell 命令就能完成各项操作。

2. 在字符界面下执行 Shell 命令

Linux 的字符界面也被称为虚拟终端或者是虚拟控制台。操作 Windows 计算机时,用户使用的是真实终端。而 Linux 具有虚拟终端的功能,可为用户提供多个互不干扰、独立工作的工作界面。操作 Linux 计算机时,用户面对的虽然是一套物理终端设备,但是仿佛在操作多个终端。在 Red Hat Linux 9 中,虚拟终端默认有 7 个,其中第 1 个到第 6 个虚拟终端都是字符界面,而第 7 个虚拟终端则是图形化用户界面,并且必须在启动图形化用户界面后才存在。每个虚拟终端相互独立,用户可以使用不同的用户账号登录各个虚拟终端,同时使用计算机。

默认情况下,Linux 启动后是直接进入图形界面的,那么怎样设置让 Linux 启动后直接进入字符界面呢?这需要了解 Linux 的运行级别的问题。所谓运行级别,是指 Linux 为了适应不同的需求,在启动的时候规定的不同运行模式。Linux 有 7 个运行级别,如表 11.1 所示。

表 11.1 Linux 的运行级别

运行级别	说 明
0	关机
1	单用户模式
2	多用户模式,但不提供网络文件系统(NFS)
3	完整的多用户模式,仅提供字符界面
4	保留的运行级别
5	完整的多用户模式,自动启动图形化用户界面
6	重新启动

也就是说,如果将运行级别设定为 5,则系统启动后将自动启动图形化用户界面。而如果想启动后直接进入字符界面,那么就要将运行级别设定为 3。运行级别的信息保存在/etc/inittab 文件中,修改/etc/inittab 文件中启动时的运行级别就可决定是否进入字符界面。值得注意的是,只有根用户才能修改/etc/inittab 文件。无论是使用桌面环境下的文本编辑器 gedit,还是利用 vi 文本编辑器等,都可以对/etc/inittab 文件进行编辑。

在桌面环境中依次单击【主菜单】→【附件】→【文本编辑器】,启动 gedit 文本编辑器,单击【打开】按钮,选择/etc 目录下的 inittab 文件,文件的内容如图 11.2 所示。文件中以"#"开头的内容都是注释信息,其中格式为"id:数字:initdefault"的行指定启动时运行的级别,图 11.2 中的数字部分为 5,表示启动时自动启动图形化界面。如果将 5 修改为 3,并保存对文件的修改,那么下次启动计算机将只出现字符界面。

如果在字符界面下,用户需要使用桌面应用程序,那么用户可以从任何一个虚拟终端手工启动图形化界面。在 Shell 命令提示符后输入命令"startx",系统就会执行与 X Window 相关的一系列程序,直到出现桌面环境。在桌面操作完成后,用户还可以关闭图形化用户界面,再次进入字符界面。以下两种方法都可以关闭图形化界面:

(1) 单击【主菜单】中的【注销】,在弹出的对话框中选择【注销】,并单击【确定】按钮,将返回字符界面。

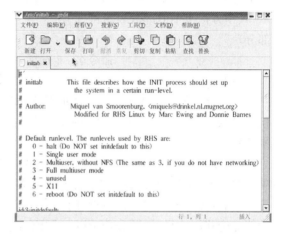

图 11.2 编辑 inittab 文件

(2) 按下【Ctrl】+【Alt】+【BackSpace】组合键也可以关闭图形化用户界面,返回字符界面。

11.1.2 Shell 命令提示符及 Shell 命令的格式

1. Shell 命令的提示符

当在字符界面下成功登录 Linux 后或是在图形化界面下启动终端程序后,将会出现 Shell 命令提示符,如:

[root@localhost   root]#   '根用户 root 的命令提示符
[lvlixing@redhat9   lvlixing]$ '普通用户 lvlixing 的命令提示符
其具体的含义分别为:

(1) [ ]以内@之前为已登录的用户名(如 root、lvlixing);[ ]以内@之后为计算机的主机名(如 redhat9),如果没有设置过主机名,则默认为 localhost;其后为当前的目录名(如 root、lvlixing 代表的是当前用户的目录)。

(2) [ ]外为 Shell 命令的提示符号，"♯"是根用户的提示符，而普通用户的提示符为"＄"。各部分的意义如图 11.3 所示。

2. Shell 命令的格式

在 Shell 命令提示符后，用户可以输入相关的 Shell 命令。Shell 命令可由命令名、选项、参数三个部分组成，其基本格式如下所示，其中方括号中的部分表示可选部分。

图 11.3 Shell 命令提示符

命令名 ［选项］ ［参数］↙

说明：

（1）命令名是描述该命令功能的英文单词或缩写，如查看时间的 date 命令，切换目录的 cd 命令。在 Shell 命令中，命令名必不可少，并且总是放在整个命令的起始位置。

（2）选项是执行该命令的限定参数或者功能参数。同一命令采用不同的选项，其功能各不相同。选项可以有一个或多个，甚至还可能没有。选项通常以"-"开头，当有多个选项时，可以只使用一个"-"符号，如"ls -l -a"命令与"ls -la"命令的功能完全相同。另外，部分选项以"--"开头，这些选项通常是一个单词，还有少数的命令选项不需要"-"符号。

（3）参数是执行命令所必需的对象，如文件、目录等。根据命令的不同，参数可以有一个也可以有多个，甚至还可能没有。

（4）"↙"表示【Enter】键。在 Linux 中，任何 Shell 命令都必须以【Enter】键结束。

如关机命令"shutdown -h now"中，"shutdown"是命令名，而后继的"-h"与"now"则分别是命令的选项和参数。最简单的 Shell 命令只有命令名，而复杂的 Shell 命令可以包括多个选项和参数。命令名、选项与参数之间，参数与参数之间都必须用空格分隔，Shell 自动过滤多余的空格，连续的空格会被 Shell 视为一个空格。要提醒大家注意的是，Linux 系统严格区分大小写，同一字母的大小写会被看作是不同的符号。因此无论是在 Shell 命令名中，还是在选项和参数名中，都必须注意大小写，这一点与 Windows 的命令是不同的。例如，ls 命令可以显示当前目录中的文件和子目录信息，而输入"LS"则系统会提示错误(bash LS：command not found)。

11.1.3　简单的 Shell 命令实例

Shell 命令是熟练使用 Linux 的基础，但是 Linux 中的 Shell 命令数量众多、选项繁杂,不易全部掌握,下面选择性地介绍几个最常用的 Shell 命令,以及各 Shell 命令最常用的选项。

1. date 命令

格式:data ［MMDDhhmm［YYYY］］

功能:查看或修改系统时间。

例 11.1 查看当前系统时间。

［lvlixing@localhost lvlixing］$ data

四 1月 19 17:18:58 CST 2006

date 命令的显示内容依次为星期、月份、日期、小时、分钟、秒钟和年份。在例11.1中,当前的系统时间为 2006 年 1 月 19 日 17 点 18 分 58 秒,星期四。

例 11.2 将当前系统时间修改为 6 月 4 日 14 点。

［root@localhost root］# date 06041400

用户必须拥有根用户的权限才能修改系统的时间。修改系统时间时,必须按照月份、日期、小时、分钟、年份的顺序表示,其中年份占四位,其他部分各占两位,不足两位的添 0 补足两位,其中的年份可以省略,而其他部分不可省略。常用的命令如下所示:

date 06182004 ′将系统时间设置为 6 月 18 日 20 点 04 分

date 082820182006 ′将系统时间设置为 2006 年 8 月 28 日 20 点 18 分

2. cal 命令

格式:cal ［YYYY］

功能:显示日历。

例 11.3 显示本月日历。

使用 cal 命令,显示结果如图 11.4 所示。

3. pwd 命令

格式:pwd

功能:显示当前文档的绝对路径。

在 Linux 中,路径分为绝对路径和相对路径,绝对路径是指从根目录"/"开始到当前的目录或文件的路径,而相对路径是从当前目录到其下子目录或文件的路径。目录之间的层次关系用"/"来表示。

［root@localhost root］# cal

日	一	二	三	四	五	六
		1	2	3	4	5	6	7
8	9	10	11	12	13	14
15	16	17	18	19	20	21
22	23	24	25	26	27	28
29	30	31				

图 11.4 用 cal 命令显示的日历

4. cd 命令

格式:cd ［目录］

功能:切换到指定的目录。

Linux 下的 cd 命令与 MS-DOS 中的 cd 命令功能非常相似,如"cd.."可以切换到上一级目录。

例 11.4 切换到用户主目录。

[lvlixing@localhost local]$ pwd

/usr/local

[lvlixing@localhost local]$ cd

[lvlixing@localhost lvlixing]$ pwd

/home/lvlixing

在默认情况下,根用户 root 的主目录是/root,而普通用户的主目录是/home 下与该用户同名的子目录,如普通用户 lvlixing 的主目录默认就是/home/lvlixing。要注意的是,由于目录的权限限制,在使用 cd 命令时,可能会遇到不能切换到相应目录的情况,如下所示:

[lvlixing@localhost local]$ cd /root

bash:cd:/root:权限不够

5. ls 命令

格式:ls [选项] [文件|目录]

功能:显示指定目录中的文件和子目录信息。当不指定目录时,显示当前目录下文件和子目录信息。其功能与 MS-DOS 中的 dir 命令相似。

6. more 命令

格式:more 文件

功能:当文件内容较多时,可以将指定的文件内容分屏显示。在使用 more 命令后,首先显示第一屏的内容,并在屏幕底部出现"---More---"字样以及显示文本占全部文本的百分比。按【Enter】键可显示下一行内容。

7. man 命令

格式:man 命令名

功能:显示指定命令的帮助信息,如"man ls"即显示 ls 命令的帮助信息。

8. clear 命令

格式:clear

功能:清除当前终端的屏幕内容。与 MS-DOS 命令中的清屏命令功能相似。

11.1.4 Shell 命令的通配符与管道

1. Shell 命令的通配符

Shell 命令可以使用通配符来同时引用多个文件以方便操作。Linux 系统中的通配符除了 MS-DOS 中常用的"＊"和"?"外,还可以使用"[ ]"、"-"和"!"组成的字符组模式来扩充需要匹配的文件范围。

(1) 通配符"＊":代表任意长度的任何字符。如"a＊"可以表示诸如"abc"、"about"等以"a"开头的字符串。不过需要注意的是,通配符"＊"不能与"."开头的文件名匹配,例如"＊"不能匹配到名为".file"的文件,而必须使用".＊"才能匹配到类似".file"的文件。

(2) 通配符"?":代表任何一个字符。如"a?"就可表示诸如"ab"、"at"等以"a"开头并且只有两个字符的字符串。

(3) 字符组通配符"[ ]"、"-"和"!":"[ ]"表示一个指定的范围,而"[ ]"内的任意一个字符都用于匹配。"[ ]"内的字符范围可以由直接给出的字符组成,也可以由起始字符、"-"和终止字符组成。如"[abc]＊"或"[a-c]＊"表示所有以"a"、"b"或者"c"开头的字符串。而如果使用"!",则表示不在这个范围之内的其他字符。

通配符在指定一系列的文件名时非常有用,如:

ls ＊.png   列出所有 PNG 图片文件;
ls a?   列出所有首字母是"a"、文件名只有两个字符的文件;
ls [abc]＊   列出首字母是"a"、"b"或"c"的所有文件;
ls [!abc]＊   列出首字母不是"a"、"b"或"c"的所有文件;
ls [a-z]＊   列出首字母是小写字母的所有文件;

2. 管道

管道是 Shell 的另一大特征,它将多个命令前后连接起来形成一个管道流,管道流中的每一个命令都作为一个单独的进程运行,前一个命令的输出结果传送到后一个命令作为输入,从左到右依次执行每个命令。用"|"符号可实现管道的功能。

例如"ls - help|more"命令,其中"ls -help"命令应显示 ls 命令的详细帮助信息,这一输出结果通过管道传递给"more"命令,由 more 命令来实现分屏查看。综合利用输入输出重定向和管道能够完成一些比较复杂的操作。

11.2 Linux 系统用户与组群管理

用户和组群管理是 Linux 系统管理的基础,是系统管理员所必须掌握的重要内容。Linux 是一个真正的多用户操作系统,从本机或是从远程登录的多个用户能同时使用同一计算机,同时访问同一外部设备。不同的用户对于相同的资源拥有不同的使用权限。Linux 将同一类型的用户归于一个组群,可以通过设置组群的权限来批量设置用户的权限。Linux 系统进行用户和组群管理的目的在于保证系统中用户的数据与进程安全。

11.2.1 Linux 用户与组群概述

1. 用户与组群

无论用户是从本地还是从远程登录 Linux 系统,用户都必须拥有用户账号。用户登录时,系统将检验输入的用户名和口令。只有当用户名存在,而且口令与用户名相匹配时,用户才能进入 Linux 系统。系统还会根据用户的默认配置建立用户的工作环境。在 Linux 中,用户分为三大类型:超级用户、系统用户和普通用户。超级用户又称根用户或 root 用户,它拥有计算机系统的最高权限,所有的系统的设置和修改只有超级用户才能执行。系统用户是与系统服务相关的用户,通常在安装相关软件包时自动创建,一般不需要改变其默认设置。普通用户在安装后由超级用户创建,其权限相当有限,只能操作其拥有权限的文件和目录,只能管理自己的启动的进程。在 Linux 中,无论是哪种用户都具有如下所示属性信息:

(1) 用户名:用户登录时使用的名字,在系统中必须是惟一的,可由字母、数字和符号组成。

(2) 口令:用于用户登录时验证身份。只有输入了与用户名正确匹配的口令后,用户才能成功登录 Linux 系统。

(3) 用户 ID(UID):用户 ID 是 Linux 中每个用户都拥有的惟一的识别号码,如同每一个人都拥有的身份证号。超级用户的 UID 为 0,1~499 的 UID 专供给系统用户使用。从 500 开始的 UID 才是普通用户使用的 UID。安装完成后在设置代理中创建的第一个用户的 UID 默认为 500,第二个用户的 UID 默认为 501,依次类推。

(4) 组群 ID(GID):每一个用户都属于某一个组群。组群 ID 是 Linux 中每个组都拥有的惟一识别号码。和 UID 类似的是,超级用户所属的组群(即 root 组群)的 GID 为 0,1~499 的 GID 专供给系统用户使用。安装完成后在设置代理中创建的第一个私人组群的 GID 默认为 500,第二个的 GID 默认为 501,依次类推。

(5) 用户主目录:专属于某用户的目录,用于保存该用户的自用文件,相当于 Windows 中的 My Documents 目录。用户成功登录 Linux 后会默认进入此目录。默认情况下,普通用户的主目录是/home 下与用户同名的目录。例如用户 lvlixing,其主目录默认就是/home/lvlixing。而超级用户比较特殊,其主目录是/root。

(6) 全称:用户的全称,是用户账号的附加信息,可以为空。

(7) 登录 Shell:是用户登录 Linux 后进入的 Shell 环境。Linux 中默认使用 Bash,用户一般不需要修改登录 Shell。

在 Linux 系统中,将具有相同特征的用户划归为一个组群,这可以大大简化用户的管理,方便用户之间文件的共享。任何一个用户都至少属于一个组群。组群按照其性质分为私人组群和系统组群。

(1) 系统组群:安装 Linux 以及部分服务性程序时,系统自动设置的组群,其默认 GID 小于 500。

(2) 私人组群:是系统安装完成后,由超级用户新建的组群,其默认 GID 大于等于 500。

一个用户只能属于一个主要的组群,但可以同时属于多个附加组群。用户不仅拥有其主要组群的权限,还同时拥有附加组群的权限。无论是系统组群还是私人组群,在 Linux 系统中都具有如下的属性信息:

(1) 组群名:组群的名称,由数字、字母和符号组成。

(2) 组群 ID:即 GID,用于识别不同组群的惟一数字标识。

(3) 组群口令:默认情况下组群没有口令,必须进行一定操作才能设置组群口令。

(4) 附加用户列表:以此组群为附加组群的所有用户的列表,各用户之间用",",分隔。

2. 与用户和组群相关的文件

(1) 与用户相关的文件

在 Linux 系统中,除用户口令之外的所有用户账号的信息都保存在/etc/passwd 文件中,系统中所有的用户都可以查看/etc/passwd 文件的内容,某/etc/passwd 文件的内容如下所示:

root:x:0:0:root:/root:/bin/bash

lvlixing:x:500:500:lvlixing:/home/lvlixing:/bin/bash

......

passwd 文件中的每一行代表一个用户账号,而每个用户账号的信息又用":" 划分为多个字段来表示用户的属性信息。passwd 文件中各字段的含义从左到右依次为:用户名、口令、用户 ID、用户所属主要组群 ID、用户全称、用户主目录和登录 Shell。其中口令字段的内容是以"x"来填充的。加密后的口令保存在/etc/shadow 文件中,/etc/shadow 文件根据/etc/passwd 文件而产生,只有超级用户才有权限查看该文件的内容。为了提高安全性,在/etc/shadow 文件中保留的是采用 MD5 算法加密的口令。MD5 算法是一种单向的算法,理论上认为 MD5 加密的口令是无法破解的。

(2) 与组群相关的文件

在 Linux 系统中,组群账号的信息保存在/etc/group 文件中,所有的用户都有权查看/etc/group 文件的内容。group 文件中的每一行内容表示一个组群的信息,各字段之间用":"分隔,某/etc/group 文件的内容如下所示:

root:x:0:root
lvlixing:x:500:lvlixing
……

/etc/group 文件的各字段从左到右依次为:组群名、口令、组群 ID 和附加用户列表。其中组群口令字段的内容总是以"x"来填充。加密后的组群口令存放在/etc/gshadow 文件中,与/etc/shadow 文件类似,也只有超级用户才能查看其内容。

11.2.2 在图形界面下管理用户和组群

在 Linux 系统中,用户必须具有超级用户权限才能管理用户和组群,对于用户和组群的基本设置,其本质就是修改/etc/passwd、/etc/shadow 等文件的内容。在图形化界面下管理用户和组群,可以依次单击【主菜单】→【系统设置】→【用户和组群】,启动"Red Hat 用户管理器"窗口。也可以在打开终端中,在命令提示符下输入"redhat-config-users"命令,打开"Red Hat 用户管理器"窗口。该窗口默认显示所有的普通用户,如图 11.5 所示,当前系统中只有一个普通用户,名为 lvlixing。

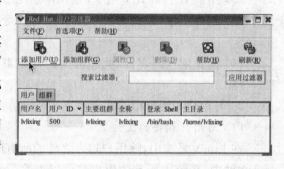

图 11.5 "Red Hat 用户管理器"窗口

1. 新建用户

单击工具栏上的【添加用户】按钮,弹出"创建新用户"对话框,如图 11.6 所示。在此对话框中,依次输入用户名、用户的全称(可省略),并两次输入口令后,单击【确定】按钮,就可以新建一用户账号。这个用户的登录 Shell 采用默认的 Bash,并按照默认的规则创建用户的主目录,以及与用户同名的私人组群。当然,用户也可以根据需要设置用户的登录 Shell,也可以不创建用户主目录和私人组群,并可指定用户的 ID。图 11.7 是新建 wangwei 用户后的普通用户账号列表。

第 11 章 Linux 系统管理

图 11.6 创建新用户

图 11.7 创建 wangwei 用户后的管理器窗口

2. 修改用户属性

在"Red Hat 用户管理器"窗口中选择需要修改属性的用户,然后单击工具栏上的【属性】按钮,将打开"用户属性"对话框。这个对话框中共有"用户数据"、"账号信息"、"口令信息"、"组群"4 个选项卡。

"用户数据"选项卡中显示用户的基本信息,可修改用户名、全称、口令、登录 Shell 和主目录。这里需要注意的是,应将用户的主目录设置为已经存在的目录,否则用户登录后将以根目录作为用户的主目录,如图 11.8 所示。

"账号信息"选项卡中,如果选中【本地口令被锁】复选框,将锁定这个用户账号。如果选中【启用账号过期】,并在【账号过期的日期】文本框中输入内容,那么在指定的日期之后,用户就不能再登录系统了,如图 11.9 所示。

图 11.8 "用户数据"选项卡

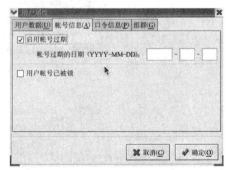

图 11.9 "账号信息"选项卡

"口令信息"选项卡中显示用户最近一次修改口令的日期,如图 11.10 所示。

如果选中【启用口令过期】,并在【需要更换的天数】文本框中指定天数,则可强制用户在上次修改口令后的指定天数之内必须修改口令。在口令到期之前的指定天数内,用户登录系统时,屏幕会显示类似"Warning：your password will expire in 1 days"的信息。【账号不活跃的天数】文本框中可指定如果用户到期后还没有设定新口令时,账号仍可保留的天数。如果设置为0,则表示如果口令到期后未修改,则该账号将被关闭,不可使用。如果设置为2,则表示口令到期后的2天内账号仍可使用,不过登录后系统将强制用户进行修改口令的操作。【允许更换前的天数】文本框中可设置用户改变口令之前必须要经过的天数,0表示没有时间限制。

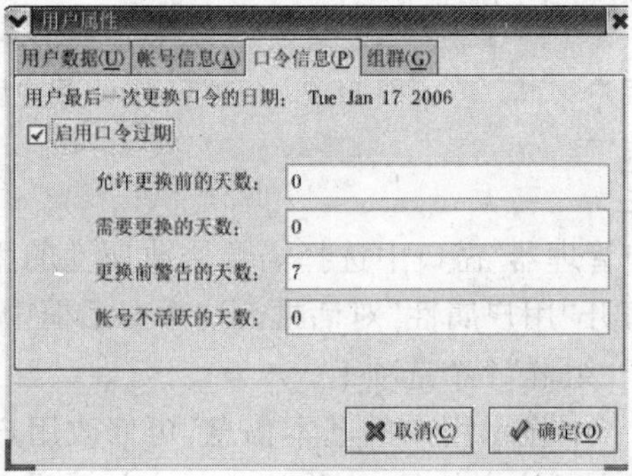

图 11.10　"口令信息"选项卡

"组群"选项卡中可设定用户所属的主要组群,以及可加入哪些附加组群,如图11.11所示。

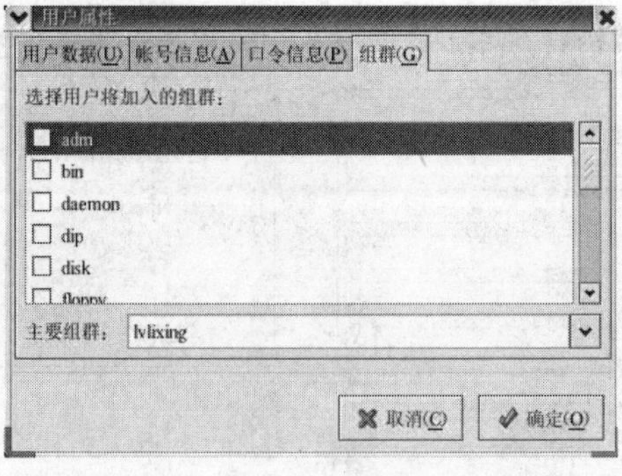

图 11.11　"组群"选项卡

3. 删除用户

在"Red Hat 用户管理器"窗口选择需要删除的用户账号,然后单击工具栏上的【删除】按钮,将出现询问是否删除用户主目录的确认对话框,如果选【是】,则删除用户的同时还将删除该用户的主目录,也就是说,该用户主目录下的所有文件也将一并被删除,删除用户账号后返回"Red Hat 用户管理器"窗口。

4. 新建组群

单击工具栏上的【添加组群】按钮,将出现如图 11.12 所示对话框,输入组群的名称并单击【确定】按钮,就能创建一个新组群。在创建新组群时,也可以指定新组群的 ID。

5. 修改组群的属性

在"Red Hat 用户管理器"窗口选择需要修改的组群,单击工具栏上的【属性】按钮,打开如图 11.13 所示的"组群属性"对话框,其中包括"组群数据"和"组群用户"选项卡。"组群数据"选项卡中可修改组群的名字,"组群用户"选项卡中可增加或减少该组群的用户。

图 11.12　创建新组群

图 11.13　"组群属性"对话框

6. 删除组群

在"Red Hat 用户管理器"窗口选择需要删除的组群,单击工具栏上的【删除】按钮,出现确认对话框,单击【是】按钮即可。

7. 显示所有用户和组群

在"Red Hat 用户管理器"窗口中默认不显示超级用户(组群)和系统用户(组

群),单击【首选项】菜单,取消选择【过滤系统用户和组群】,如图 11.14 所示,则显示包括超级用户和系统用户在内的所有用户信息。为了迅速查找指定的用户名,可在【搜索过滤器】文本框中输入用户名的前几个字符(如"m*"),然后按回车键,就会显示过滤后的用户列表。如果要恢复显示所有的用户,则在【搜索过滤器】文本框中输入"*",按回车键即可。单击"组群"选项卡,则显示包括超级组群和系统组群在内的所有组群信息,如图 11.15 所示。同样可以过滤显示相关的组群,或改变组群的排列顺序。

图 1.4　工作组模式的 Windows 网络

图 11.15　显示所有的组群

11.2.3 使用 Shell 命令管理用户和组群

利用 Shell 命令也可以进行用户和组群的管理，虽然没有使用 Red Hat 用户管理器直观，但是更加可靠和高效。

1. useradd 命令

格式：useradd ［选项］ 用户名
功能：新建用户账号，只有超级用户才能使用此命令。
主要选项说明见表 11.2。

表 11.2　useradd 命令的主要选项说明

选项	选项参数	功能
-c	用户全名	指定用户的全称，即用户的注释信息
-d	用户主目录	指定用户的主目录
-e	有效期限	指定用户账号的有效期限
-f	缓冲天数	指定口令过期后多久关闭此账号
-g	组群 ID 或组群名	指定用户所属的主要组群
-G	组群 ID 或组群名	指定用户所属的附加组群
-s	登录 Shell	指定用户登录后启动的 Shell 类型
-u	用户 ID	指定用户的 UID

例 11.5　按照默认值新建用户 jack。

［root@localhost　root］# 　useradd　jack

当不使用任何选项时，Linux 系统将按照默认值新建用户。系统将在/home 目录下新建与用户同名的子目录作为该用户的主目录，并且还将新建一个与用户同名的私人组群作为该用户的主要组群。该用户的 Shell 为 Bash，UID 由系统决定。

例 11.6　新建一个名为 ym 的用户，全名信息为 yaoming，并加入 sysadmin 组群。

［root@localhost　root］# 　useradd　-c　yaoming　-g　sysadmin　ym

在新建用户时，如果指定其所属的主要组群，那么系统就不会新建与用户同名的私有组群。但系统仍然对其他没有指定的项采用系统的默认值。使用 useradd 命令新建用户账号，将在/etc/passwd 文件和/etc/shadow 文件中增加新用户的记录。如果同时还新建了私人组群，那么还将在/etc/group 文件和/etc/gshadow 文件中添加新的记录。

2. passwd 命令

格式：passwd ［选项］ ［用户名］

功能：设置或修改用户的口令以及口令的属性。

主要选项说明见表 11.3。

表 11.3　passwd 命令的主要选项说明

选　项	选项参数	功　　能
-d	用户名（delete）	删除用户的口令，该账号登录无需口令
-l	用户名（lock）	暂时锁定指定的用户账号
-u	用户名（unlock）	解除指定用户账号的锁定
-S	用户名（status）	显示指定用户账号的状态

当超级用户使用 useradd 命令新建用户账号后，还必须使用 passwd 命令为用户设置初始口令，否则此用户账号将被禁止登录。普通用户以此初始口令登录后可修改自己的口令。

例 11.7　为新建的 jack 用户设置初始口令。

［root@localhost　root］# 　passwd　jack

Changing password for user jack.

New password：

Retype new password：

Passwd：all authentication tokens updated sucessfuly.

Linux 是安全性要求很高的操作系统，在输入口令时屏幕上没有任何字符显示，而且如果口令少于 6 位、字符过于规律、字符重复性太高或者是字典单词，系统都将出现提示信息，提醒用户这样的口令不安全。在 Linux 系统中，超级用户可以修改任何用户的口令，并且不需要输入其原来的口令。而普通用户使用 passwd 命令则不能使用任何参数，只能修改自己的口令并且必须输入原来的口令。

例 11.8　jack 用户登录系统后修改其口令。

［jack@localhost　jack］$ 　passwd

Changing password for user jack.

Changing password for jack.

（current）UNIX password：

New password：

Retype new password：

Passwd：all authentication tokens updated successfully.

超级用户可以使用 passwd 命令删除用户的口令，那么该用户账号在登录 Linux 系统时则不需要输入用户口令。

例 11.9　删除用户 jack 的口令。

［root@localhost　root］# 　passwd　-d　jack

Removing password for user jack．

passwd：Success．

用户因放假、出差等原因导致在短期内不使用系统时，出于安全的考虑，系统管理员可以暂时锁定用户账号。用户账号一旦被锁定，必须在解除其锁定后才能使用。

例 11.10　锁定 jack 用户账户。

［root@localhost　root］# 　passwd　-l　jack

Locking password for user jack

passwd：Success．

被锁定的用户在登录系统时，即使输入了正确的口令，屏幕仍然显示"Login incorrect"的登录出错信息。系统管理员可以使用 passwd 命令为用户账号解除锁定。

例 11.11　为 jack 用户解除锁定。

［root@localhost　root］# 　passwd　-u　jack

Unlocking password for user jack．

passwd：Success．

超级用户还可以使用带"-S"（S 为大写）参数的 passwd 命令来查看用户账号的当前状态，如果显示"Password locked"字样则表示用户账号被锁定。

例 11.12　查看 wangwei 用户的当前状态。

［root@localhost　root］# 　passwd　-S　wangwei

Password set，MD5 crypt．

以上信息表示 wangwei 用户账号正常，口令已设置，并采用了 MD5 加密算法加密。

3. usermod 命令

格式：usermod　［选项］　用户名

功能：修改用户账号的属性，只有超级用户才能使用此命令。

主要选项说明见表 11.4。

表 11.4 usermod 命令的主要选项说明

选 项	选项参数	功 能
-c	用户全名	指定用户的全称，即用户的注释信息
-d	用户主目录	指定用户的主目录
-e	有效期限	指定用户账号的有效期限
-f	缓冲天数	指定口令过期后多久关闭此账号
-g	组群 ID 或组群名	指定用户所属的主要组群
-G	组群 ID 或组群名	指定用户所属的附加组群
-s	登录 Shell	指定用户登录后启动的 Shell 类型
-u	用户 ID	指定用户的 UID
-l	用户名	指定用户的新名称

执行 usermod 命令将修改/etc/passwd 文件中指定用户的信息。usermod 命令可以使用的选项参数与 useradd 命令基本相同，惟一的不同在于 usermod 命令可以修改用户名。

例 11.13 将名为 jack 的用户账号改名为 jerry。

［root@localhost root］# usermod -l jerry jack

执行上述命令后，名为 jack 的用户被改名为 jerry，而用户的其他信息没有变化，即 jerry 用户的主目录仍然是/home/jack，所属的组群、登录 Shell 和 UID 等信息均不改变。

4. userdel 命令

格式：userdel ［-r］ 用户名

功能：删除指定的用户账号，只有超级用户才能使用此命令。

选项说明：使用"-r"选项，系统不仅删除此用户账号，并且还将用户的主目录也一并删除；如果不使用"-r"选项，则仅删除此用户账号。另外，如果在新建用户时创建了私人组群，而该私人组群当前没有其他用户，那么在删除用户的同时也将一并删除这一私人组群。正在使用中的系统用户不能被删除，必须首先终止该用户的所有进程后才能删除该用户。

例 11.14 删除 jack 用户账号及其主目录。

［root@localhost root］# userdel -r jack

5. su 命令

格式：su ［-］ ［用户名］

功能：切换用户的身份。超级用户可以切换为任何普通用户，而且不需要输入口令。普通用户转换为其他用户时需要输入被转换用户的口令。切换为其他用户之后就拥有该用户的权限，使用"exit"命令可返回到本来的用户身份。不使用用户名参数时，可从普通用户切换为超级用户，但是需要输入超级用户的口令，口令匹配后，Shell 命令提示符发生变化，相当于是超级用户在进行系统操作。为了保证系统的安全，Linux 的系统管理员通常以普通用户身份登录，当要执行必需超级用户权限的操作时，才使用"su -"命令切换为超级用户，执行完毕后使用"exit"命令返回到普通用户身份。

例 11.15 普通用户 jack 切换为超级用户，并使用超级用户的环境变量。

［jack@localhost　jack］$ su -

Password：

［root@localhost　root］♯

选项说明：如果使用"-"选项，则用户切换为新用户的同时使用新用户的环境变量。

例 11.16 普通用户 jack 切换到普通用户 lvlixing。

［jack@localhost　jack］$　su　lvlixing

Password：

［lvlixing@localhost　jack］$

从例 11.16 的结果可看出，切换用户时使用用户名参数，则可将当前用户切换为指定的用户。在本例中未使用"-"选项，因此从 Shell 命令的提示符可知，虽然当前的用户身份是 lvlixing，但是当前的工作目录仍然是 /home/jack 目录。

6. groupadd 命令

格式：groupadd ［选项］ 组群名

功能：新建组群，只有超级用户才能使用此命令。

主要选项说明："-g　组群 ID"，其作用是在创建组群时指定组群的 ID，如果不使用此选项，则新建组群的 GID 由系统指定。

例 11.17 新建一个名为 sysadmin 的组群。

［root@localhost　root］♯　groupadd　-g　508　sysadmin

7. groupmod 命令

格式：groupmod ［选项］ 组群名

功能：修改指定组群的属性，只有超级用户才能使用该命令。

主要选项说明见表 11.5。

表 11.5　groupmod 命令的主要选项说明

选项	选项参数	功能
-g	组群 ID	指定组群的 GID
-n	组群名	指定组群的新名称

8. groupdel 命令

格式：groupdel　组群名

功能：删除指定的组群，只有超级用户才能使用此命令。在删除指定组群之前，必须确定该组群不是任何用户的主要组群，否则需要先删除那些以此组群作为主要组群的用户才能删除这个组群。

11.3　Linux 的文件系统与文件管理

11.3.1　Linux 文件系统概述

文件系统是操作系统中与管理文件有关的所有软件和数据的集合。使用文件系统可以方便地组织和管理计算机中所有的文件，并为用户提供存取控制和操作方法。更为重要的是，文件系统为用户提供了统一简洁的接口，方便用户使用各种硬件资源。目前在 Windows 操作系统中通常采用 FAT32 或 NTFS 文件系统，而 Linux 中保存数据的磁盘分区通常采用 ext2 或 ext3 文件系统，用于实现虚拟存储的 swap 分区一定采用 swap 文件系统。ext(Extended File System)文件系统系列是专为 Linux 设计的文件系统，它继承了 UNIX 文件系统的主要特色，采用三级索引结构和目录树型结构，并将设备作为特别的文件处理。其特点主要表现在实用性高、数据完整性强、数据访问速度快、数据转换方便等几个方面。

Linux 采用虚拟文件系统技术，可支持多种常见的文件系统，并允许用户在不同的磁盘分区上安装不同的文件系统。这样做大大提高了 Linux 的灵活性，而且易于实现不同操作系统环境之间的资源共享。除了 ext 文件系统外，Linux 支持的文件系统类型还有：

① msdos：即 MS-DOS 操作系统所采用的 FAT 文件系统。

② vfat：Windows 中通用的文件系统。

③ sysV：UNIX 系统中最常使用的 system V 文件系统。

④ nfs：网络文件系统（Netword File System）。
⑤ iso9660：即 CD-ROM 的标准文件系统。

11.3.2　Linux 文件系统的管理

1. 文件系统的挂载与卸载

在 Linux 系统中，无论是硬盘、光盘、软盘还是移动存储设备，都是作为特别的文件来处理的，要在系统中使用这些存储介质，必须经过挂载才能进行文件的存取操作。所谓挂载就是将存储介质的内容映射到指定的目录中，此目录即为该设备的挂载点。对存储介质的访问就变成对挂载点目录的访问。一个挂载点一次只能挂载一个设备。在通常情况下，硬盘上的各个磁盘分区都会在 Linux 的启动过程中自动挂载到指定的目录，并在关闭计算机时自动卸载。而软盘、光盘、U 盘等移动存储介质既可以在启动时自动挂载，也可以在需要时手动挂载。值得注意的是，当移动存储介质使用完后，必须经过正确的卸载后才能取出，否则会造成一些不必要的错误。移动存储介质是否在启动时自动挂载，取决于/etc/fstab 文件的内容，某/etc/fstab 文件的内容如下所示：

```
LABLE=/         /             ext3         defaults                      1  1
LABLE=/home     /home         ext3         defaults,usrquota             0  0
/dev/hda2       Swap          swap         defaults                      0  0
/dev/cdrom      /mnt/cdrom    udf,iso9660  noauto,owner,kudzu,ro         0  0
/dev/fd0        /mnt/floppy   auto         noauto,owner,kudzu,usrquota   0  0
```

/etc/fstab 文件中的每一行表示一个文件系统，而每个文件系统的信息用 6 个字段来表示，字段之间用空格来分隔，从左到右各字段代表的信息分别是：

（1）设备的逻辑名："LABLE=磁盘分区"的格式表示硬盘上的磁盘分区，通常分区名与挂载点目录保持一致。根分区一定挂载到根目录(/目录)，否则系统将无法启动。/dev/cdrom 表示光盘，而/dev/fd0 表示软盘。

（2）挂载点：指定每个文件系统在系统中的挂载位置，其中 swap 分区不需指定挂载点，光盘的挂载点通常为/mnt/cdrom，软盘的挂载点通常为/mnt/floppy。

（3）文件系统类型：指定每个文件系统所采用的文件系统类型，如果设置为 auto，则表示按照文件系统本身的类型进行挂载。

（4）命令选项：每一个文件系统都可以设置多个命令选项，命令选项之间必须使用逗号分隔，其中较常用的命令选项及其含义如表 11.6 所示。

表11.6 常用命令选项及其含义

选项名称	含 义
defaults	按缺省值挂载文件系统,也就是说该文件系统启动时将自动挂载,并可读写
noauto	系统在启动时不挂载该文件系统,用户在需要时手工挂载
auto	系统在启动时自动挂载该文件系统
ro	该文件系统只可以读,不可以写
rw	该文件系统既可读也可以写入
usrquoat	该文件系统实施用户配额管理
grpquoat	该文件系统实施组群配额管理

(5) 检查标记:该字段只取两个值:0和1,取值为0表示文件系统不进行文件系统检查,取值为1表示该文件系统需要进行文件系统检查。

(6) 检查顺序标记:该字段可能有三个取值:0、1和2。

2. 图形化界面下 Linux 的磁盘管理

(1) 管理软盘

在软盘驱动器中插入一张已格式化的软盘,在桌面环境下依次单击【主菜单】→【系统工具】→【磁盘管理】,打开"用户挂载工具"窗口。选择软盘设备/dev/fd0后,单击【挂载】按钮,稍后在 GNOME 桌面上出现软盘图标。/mnt/floppy 目录是系统默认的软盘挂载点,用户可以在此目录访问软盘的所有内容。取出软盘前,必须正确卸载软盘,方法是在"用户挂载工具"窗口选中软盘设备/dev/fd0,如图11.16所示,单击【卸载】按钮,待桌面上的软盘图标消失后方可取出软盘。

图11.16 "用户挂载工具"窗口

(2) 管理光盘

在光盘驱动器中插入光盘后,在桌面环境下依次单击【主菜单】→【系统工具】→【磁盘管理】,打开"用户挂载工具"窗口。选择光盘设备/dev/cdrom后,单击【挂载】按钮,稍后在 GNOME 桌面上出现光盘图标。/mnt/cdrom 目录是系统默认的光盘挂载点,用户可以在此目录访问光盘的所有内容。光盘加载后,除非进行卸载,否则无法打开光驱。卸载光盘的方法是在"用户挂载工具"窗口选中光盘设备/dev/cdrom,如图 11.16 所示,单击【卸载】按钮,待桌面上的光盘图标消失后方可取出光盘。

3. 使用 Shell 命令管理磁盘

使用 Shell 命令进行磁盘管理虽然没有在桌面环境下管理磁盘直观,但使用命令进行磁盘管理更加高效,而且有些磁盘管理的功能只有使用 Shell 命令才能完成。下面我们将学习与磁盘管理相关的 Shell 命令。

(1) mount 命令

格式:mount ［选项］［设备名］［目录］

功能:将磁盘设备挂载到指定的目录,该目录即为此设备的挂载点。挂载点目录可以不为空,但必须存在。磁盘设备挂载后,该挂载点目录的原文件暂时不能显示且不能访问,取代它的是挂载设备上的文件,原目录上的文件待到挂载设备卸载后才能重新访问。

主要选项说明见表 11.7。

表 11.7 mount 命令的主要选项说明

选项	选项参数	功能
-t	文件系统类型	指定挂载的文件系统类型
-r	—	以只读的方式挂载文件系统,默认的为读写方式

例 11.18 查看系统当前已挂载的所有文件系统。

［root@localhost root］# mount

/dev/hda1 on / type ext3 （rw）

none   on /proc type proc （rw）

……

Linux 在启动时一定自动挂载硬盘上的根分区。如果安装时建立了多个分区,那么此时也将查看到多个分区的挂载情况。另外,根据系统运行的需要,系统还自动挂载多个与存储设备无关的文件系统。

例 11.19 挂载软盘。

［root@localhost root］# mount -t auto /dev/fd0 /mnt/floppy

当挂载设备所采用文件系统类型未知时,可采用"-t auto"选项。

例 11.20 挂载光盘。

［root@localhost root］# mount -t iso9660 /dev/cdrom /mnt/cdrom

[root@localhost root]# ls /mnt/cdrom
learnlinux.rmbv redhat.rmbv

例 11.21 挂载 U 盘。

[root@localhost root]# mkdir /mnt/usb
[root@localhost root]# mount -t vfat /dev/sda1 /mnt/usb
[root@localhost root]# ls /mnt/usb
sybiat.bmp pictures

U 盘或其他移动存储设备在 Linux 系统中通常表示为/dev/sda1，如果 U 盘的文件产生于 Windows 操作系统环境，则可以使用"-t vfat"或"-t auto"选项。

(2) umount 命令

格式：umount 设备|目录

功能：卸载指定的设备，既可以使用设备名，也可以使用挂载目录名。

例 11.22 卸载软盘。

[root@localhost root]# umount /dev/fd0

例 11.23 卸载光盘。

[root@localhost root]# umount /dev/cdrom 或者
[root@localhost root]# umount /mnt/cdrom

值得注意的是，在进行卸载操作时，如果挂载设备中的文件正被使用，或者当前目录正是挂载点目录，系统会显示类似"mount：/mnt/cdrom：device is busy"（设备正忙）提示信息，用户必须关闭相关文件或切换到其他目录后才能进行卸载操作。

(3) df 命令

格式：df [选项]

功能：显示文件系统的相关信息。

主要选项说明见表 11.8。

表 11.8 df 命令的主要选项说明

选项	选项参数	功能
-a		显示全部文件系统的使用情况
-t	文件系统类型仅显示	指定文件系统的使用情况
-x	文件系统类型显示除	指定文件系统以外的其他文件系统的使用情况
-h		以易读方式显示文件系统的使用情况

例 11.24 显示全部文件系统的相关信息。

[root@localhost root]# df -a

文件系统	1K-块	已用	可用	已用%	挂载点
/dev/hda1	5542276	2946460	2314280	57%	/

……

(4) mkfs 命令

格式:mkfs [选项] 设备

功能:在指定的磁盘设备上建立文件系统,也就是进行磁盘格式化。

主要选项说明见表 11.9。

表 11.9 mkfs 命令的主要选项说明

选 项	选项参数	功 能
-t	文件系统类型	建立指定的文件系统类型,系统默认的为 ext2
-c		建立文件系统前首先检查磁盘坏块

例 11.25 将软盘格式化为 ext2 格式。

[root@localhost root]# mkfs /dev/fd0

屏幕将显示软盘格式化的过程,并将创建一个名为 lost+found 的目录。每个文件系统都包含一个 lost+found 目录,用于保存执行文件系统检查操作中发现的问题文件。

(5) fsck 命令

格式:fsck 设备

功能:检查并修复文件系统。

例 11.26 检查软盘上的文件系统。

[root@localhost root]# fsck /dev/fd0

4. 文件系统配额管理

(1) 配额的基本概念

文件系统配额是一种磁盘空间管理的机制。使用文件系统配额可限制用户或组群在某个特定文件系统中所能使用的最大空间。Linux 针对不同的限制对象,可进行用户级和组群级的配额管理。配额管理文件保存于实施配额管理的那个文件系统的挂载目录中,其中 aquota.user 文件保存用户级配额的内容,而 aquota.group 文件保存组群级配额的内容。对于一个文件系统,可以只采用用户级的配额管理或组群级的配额管理,也可同时采用用户级和组群级配额管理。

根据配额的特性不同,可将配额分为硬配额和软配额。硬配额是用户和组群可使用空间的最大值。用户在操作过程中,一旦超出硬配额的界限,系统就发出警告信息,并立即结束写入操作进程。软配额也定义用户和组群的可使用空间,但与硬配额不同的是,系统允许软配额在一段时间内被超过。这段时间被称为过渡期,系统默认为 7 天。过渡期到期后,如果用户所使用的空间仍超过软配额,那么用户就不能写入数据。通常硬配额应大于软配额。在 Linux 系统中,只有采用 ext2 和 ext3 格式的文件系统才能进行配额管理。另外值得注意的是,在 Linux 中,文件系统配额是针对分区的,即若想在/home 目录设置配额管理,那么你必须在安装 Linux 系统时建立一个独立的分区,并将这个分区的挂载点设置为/home,即/home 目录在系统中占有一个独立的分区。

(2) 设置文件系统配额

要想在某个文件系统设置配额管理,必须使用超级用户登录系统,并首先编辑/etc/fstab 文件,指定实施配额管理的文件系统及其实施何种类型的配额管理,其次应执行 quotacheck 命令检查进行配额管理的文件系统并创建配额管理文件,然后利用 edquota 命令编辑配额管理文件,最后启动配额管理即可。这一操作过程中,必须在命令环境下执行以下的 Shell 命令:

① quotacheck 命令

格式:quotacheck 选项

功能:检查文件系统配额限制,并可创建配额管理文件。

主要选项说明见表 11.10。

表 11.10　quotacheck 命令的主要选项说明

选　项	功　能
-a	检查/etc/fstab 文件中需要进行配额管理的分区
-c	在指定的文件系统中创建 aquota.user 文件和 aquota.group 文件
-g	检查文件系统中文件和目录的数目,并可创建 aquota.group 文件
-u	检查文件系统中文件和目录的数目,并可创建 aquota.user 文件
-v	显示命令的执行过程②edquota 命令

② 格式:edquota 选项

功能:编辑配额管理文件。

主要选项说明见表 11.11。

表 11.11 edquota 命令的主要选项说明

选项	选项参数	功能
-u	用户名	设置指定用户的配额
-g	组群名	设置指定组群的配额
-t	—	设置过渡期
-p	用户名 1 用户名 2	将用户 1 的配置复制给用户 2

③ quota 命令

格式：quota 用户名

功能：查看指定用户的配额设置。

④ quotaon 命令

格式：quotaon 选项

功能：启动配额管理，其主要选项与 quotacheck 命令相同。与之相反的 quotaoff 命令可关闭文件系统配额管理。

例 11.27 对/home 文件系统实施用户级的配额管理，为普通用户 jack 和 lvlixing 设置软配额为 100 MB，硬配额为 150 MB。

步骤 1：使用文本编辑工具编辑/etc/fstab 文件，对"LABLE=/home"所在的行进行修改，增加命令选项 usrquota，修改完成后的/etc/fstab 文件内容如下所示：

```
LABLE=/           /            ext3         defaults                        1  1
LABLE=/home       /home        ext3         defaults,usrquota               0  0
/dev/hda2         Swap         swap         defaults                        0  0
/dev/cdrom        /mnt/cdrom   udf,iso9660  noauto,owner,kudzu,ro           0  0
/dev/fd0          /mnt/floppy  auto         noauto,owner,kudzu,usrquota     0  0
```

步骤 2：重新启动系统，让 Linux 按照改动后的/etc/fstab 文件重新挂载各文件系统。

步骤 3：利用 quotacheck 命令创建 aquota.user 文件。

[root@localhost root]# quotacheck -acv \home

quotacheck：Scanning /dev/hda2 [/home] done.

此时查看/home 目录可发现系统已经新建用户级配置文件 aquota.user。

步骤 4：利用 edquota 命令编辑 aquota.user 文件，设置用户 lvlixing 的配额。

[root@localhost root]# edquota lvlixing

Disk quotas for user lvlixing (UID 500)：

Filesystem	blocks	soft	hard	inodes	soft	hard
/dev/hda2	48	0	0	12	0	0

……

当输入命令并按回车键后,系统会进入 vi 编辑界面,其内容如上所示。由此可知,实施配额管理的文件系统分区名为/dev/hda2,lvlixing 用户已使用了 48 KB 磁盘空间。在第三栏(soft)下设置用户的软配额,在第四栏(hard)下设置用户的硬配额,系统默认的单位为 KB,设置完成后如下所示。最后保存修改并退出 vi。(注:关于 vi 的使用请参阅其他资料。)

Disk quotas for user lvlixing (UID 500):

Filesystem	blocks	soft	hard	inodes	soft	hard
/dev/hda2	48	102400	153600	12	0	0

……

步骤 5:使用 equota 命令将用户 lvlixing 的配额设置复制给用户 jack。

[root@localhost root]# edquota -p lvlixing jack

步骤 6:启动配额管理。

[root@localhost root]# quotaon -avu
/dev/hda2 [/home]: user quota turned on.

例 11.28 对/home 文件系统实施组群级配额管理,设置 sysadmin 组群的软配额为 500 MB,硬配额为 600 MB。

步骤 1:使用文本编辑器修改/etc/fstab 文件,对"LABLE=/home"所在的行进行修改,增加命令选项 grpquota。

步骤 2:重新启动系统,让 Linux 按照改动后的/etc/fstab 文件重新挂载各文件系统。

步骤 3:执行"quotacheck -acgv"命令,创建 aquota.group 文件。

步骤 4:执行"edquota -g sysadmin"命令,为 sysadmin 组群设置配额,编辑结果如下:

Disk quotas for group sysadmin (GID 500):

Filesystem	blocks	soft	hard	inodes	soft	hard
/dev/hda2	148	512000	614400	90	0	0

……

步骤 5:执行"quotaon -avg"命令,启动组群级配额管理。sysadmin 组群中所有的用户在/home 文件系统中可使用的空间总和最多为 600 MB。

11.3.3 文件系统与权限管理

1. 文件权限概述

为了保证文件和系统的安全,Linux 采用比较复杂的文件权限管理机制。

Linux中的文件权限取决于文件的所有者、文件所属组群,以及文件所有者、同组用户和其他用户各自的访问权限。在Linux系统中,每个文件和目录都具有以下访问权限,三种权限之间相互独立。

(1) 读取权限:浏览文件/目录中内容的权限。

(2) 写入权限:对文件而言是修改文件内容的权限;对目录而言是删除、添加和重命名目录内文件的权限。

(3) 执行权限:对可执行文件而言是允许执行的权限,对目录来讲是进入目录的权限。

文件的权限与用户和组群是密切相关的,以下三类用户的访问权限相互独立。

(1) 文件所有者(Owner):建立文件或目录的用户。

(2) 同组用户(Group):文件所属组群中的所有用户。

(3) 其他用户(Other):既不是文件所有者,又不是同组用户的其他所有用户。

超级用户负责整个系统的管理和维护,拥有系统中所有文件的全部访问权限。

2. 文件权限的表示方法

在Linux系统中,每个文件的访问权限可用9个字母来表示,使用"ls -l"命令可以查看每个文件的权限,其表示形式和含义如图11.17所示。

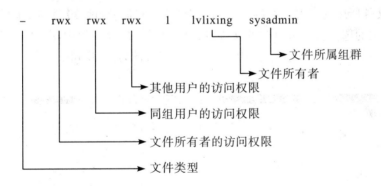

图11.17 文件权限的字母表示法

每一组文件的访问权限位置固定,依次为读取、写入和执行权限,如果无此项权限,则用"-"来表示。如"- rw- r-- r--"表示该文件是一个普通文件,文件所有者拥有读写权限,同组用户和其他用户仅有读权限。在Linux系统中,每一类用户的访问权限也可用数字方式表示,如表11.12所示。

表 11.12 访问权限的数字表示

字母表示形式	十进制数表示形式	权限含义
---	0	无任何权限
--x	1	可执行
-w-	2	可写
-wx	3	可写和可执行
r--	4	可读
r-x	5	可读和可执行
rw-	6	可读和可写
rwx	7	可读可写可执行

3. 在桌面环境下修改文件权限

在桌面环境下选中要修改权限的文件,单击鼠标右键,弹出快捷菜单,选择【属性】,弹出文件的"属性"对话框,如图 11.18 所示,单击"权限"选项卡,打开如图 11.19 所示对话框,显示文件的权限。

单击【文件所有者】下拉列表可设置文件的所有者,单击【文件组群】下拉列表可设置文件所属的组群。在【所有者】、【组群】、【其他】行改变【读取】、【写入】、【执行】复选框的选择状态可以改变文件的访问权限。修改过程中,【文本视图】和【数字视图】栏的显示内容也随之变化。最后单击【关闭】按钮即可。

图 11.18 "基本"选项卡

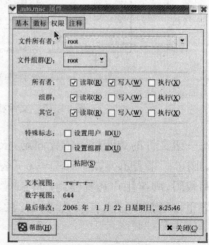

图 11.19 "权限"选项卡

4. 修改文件权限的 Shell 命令

(1) chmod 命令

格式:chmod 模式 文件

功能:修改文件的访问权限。

模式可由以下3部分组成:

对象:u (user)　　　　　文件所有者
　　　g (group)　　　　　同组用户
　　　o (other)　　　　　其他用户

操作符:+　　　　　　　　增加权限
　　　 −　　　　　　　　删除权限
　　　 =　　　　　　　　赋予给定权限

权限:r (read)　　　　　 读取权限
　　 w (write)　　　　　写入权限
　　 x (execute)　　　　执行权限

例 11.29　取消同组用户对文件 file1 的写入权限。

[lvlixing@localhost　lvlixing]$ ls − l

总用量 8

-rw-rw-r-- 1　lvlixing　lvlixing5　3月1220:07file1

……

[lvlixing@localhost　lvlixing]$ chmod　g-w　file1

[lvlixing@localhost　lvlixing]$ ls − l

-rw-r--r-- 1　lvlixing　lvlixing5　3月1220:07file1

……

例 11.30　将 music 目录的访问权限设置为 755。

[lvlixing@localhost　lvlixing]$ chmod　755 music

[lvlixing@localhost　lvlixing]$ ls − l

drwxr-xr-x 2　lvlixing　lvlixing4096　3月1220:07file1

……

(2) chgrp 命令

格式:chgrp 组群 文件

功能:改变文件所属组群。

例 11.31　将 pict 文件的所属组群由 root 改为 lvlixing。

[root@localhost　root]# ls − l

总用量 8

-rw-rw-r-- 1 root root5 3月1220:07pict
……
[root@localhost root]# chgrp lvlixing pict
[root@localhost root]# ls -l
-rw-r--r-- 1 root lvlixing5 3月1220:07pict
……

(3) chown命令

格式:chown 文件所有者[:组群] 文件
功能:改变文件的所有者,也可一并修改文件的所属组群。
例11.32 将文件ext1的所有者由root改为lvlixing。
[root@localhost root]# ls -l
总用量8
-rw-rw-r-- 1 root root5 3月1220:07ext1
-rw-rw-r-- 1 root root5 3月1220:07ext2
[root@localhost root]# chown lvlixing ext1
[root@localhost root]# ls -l
-rw-r--r-- 1 lvlixing root5 3月1220:07ext1
-rw-rw-r-- 1 root root5 3月1220:07ext2
例11.33 将文件ext2的所有者和所属组群设置为lvlixing和lvlixing组群。
[root@localhost root]# chown lvlixing:lvlixing ext2
[root@localhost root]# ls -l
-rw-r--r-- 1 lvlixing root5 3月1220:07ext1
-rw-rw-r-- 1 lvlixing lvlixing5 3月1220:07ext2

11.3.4 目录和文件管理的Shell命令

1. mkdir命令

格式:mkdir [选项] 目录
功能:创建目录。
主要选项说明:
-m 访问权限(mode) 创建目录的同时设置目录的访问权限
-p (parents) 一次性创建多级目录
例11.34 创建test目录,并在其下创建linux目录。
[lvlixing@localhost lvlixing]$ ls -l

```
file    pict
[lvlixing@localhost    lvlixing]$ mkdir -p test/linux
[lvlixing@localhost    lvlixing]$ ls -l
file pict   test
[lvlixing@localhost    lvlixing]$ cd test
[lvlixing@localhost    test]$ ls -l
linux
```

2. mv 命令

格式:mv ［选项］ 源文件或源目录 目标文件或目标目录
功能:移动或重命名文件或目录
主要选项说明:
-b （backup）   若存在同名文件,覆盖前备份原来的文件
-f （force）   强制覆盖同名文件

例 11.35 将 pict 目录改为 music。

```
[lvlixing@localhost    lvlixing]$ ls -l
file pict   test
[lvlixing@localhost    lvlixing]$ mv pict music
[lvlixing@localhost    lvlixing]$ ls -l
file music  test
```

例 11.36 将 file 文件移到 test 目录。

```
[lvlixing@localhost    lvlixing]$ mv file test\
[lvlixing@localhost    lvlixing]$ ls -l
pict   test
[lvlixing@localhost    lvlixing]$ cd test
[lvlixing@localhost    test]$ ls -l
file   linux
```

本 章 小 结

本章讲述了 Linux Shell 命令的基本知识及常用 Shell 命令的使用方法,重点讲述了使用 Shell 和在图形界面下进行用户(组群)管理、磁盘管理、磁盘配额以及文件权限管理等基本操作。建议读者在学习本章时,从实践的角度出发,在不断的

上机实践中掌握 Shell 命令的使用方法及相关的系统管理方法和技术。

复习思考题

1. 如何使用 Shell 命令显示你的系统磁盘空间使用情况？
2. 如何使用 Shell 命令显示你的当前目录下所有文件所占的空间？
3. 如何停用与删除某个用户账号？
4. Linux 支持哪些常用的文件系统？
5. 如何在 Linux 中使用文件系统配额？

本 章 实 训

实训一 Shell 命令的使用

1. 使用 root 用户登录系统，在用户主目录下创建一个目录 mydir。
2. 复制文件/etc/inittab 到 mydir 目录下，在 mydir 目录下创建文件 mydoc。
3. 统计文件/etc/inittab 的字符数和行数，用 find 命令查找命令 useradd 在系统的什么位置。
4. 用 grep 命令查找 etc 目录下含有字符串"wl"的文件。
5. 用列表方式显示 etc 目录下的所有文件。
6. 用 cat、more、less、head、tail 查看文件/etc/inittab5。
7. 删除 mydir 目录。

实训二 用户和组群管理

1. 用 useradd 命令添加用户 ahszy501，要求其工作目录为/home/ahszy5。用 tail 命令看文件/etc/passwd 的最后一行，并记录下来。用 useradd 命令添加用户 ahszy502，要求其有效期为 10 月 20 日。用 ahszy502 登录，看是否可以修改日期为 10 月 25 日。用 useradd 命令添加用户 ahszy503，要求其工作组为 root。

2. 用 groupadd 命令添加组群 ahszy5。用 tail 命令看文件/etc/group 的最后一行，并记录下来。用 usermod 命令修改用户 ahszy503，要求将其工作组改为

ahszy5。

3. 将用户 ahszy503 改名为 ahszy504,并将用户 ahszy504 的工作目录改为/home/ahszy5。

4. 将用户 ahszy504 锁定,看是否能登录;将用户 ahszy504 解锁,再看是否能登录。

5. 删除用户 ahszy502,同时将用户 ahszy502 的主目录也一起删除。

6. 将用户 ahszy504 密码锁定,看是否能登录;将用户 ahszy504 密码解锁,再看是否能登录,并查询当前用户密码状态。

7. 通过修改配置文件/etc/passwd 和/etc/shadow 来添加用户 wl0505、wl0506。

实训三 Linux 文件系统管理

1. 为系统增加一个逻辑分区,用于系统配置文件的备份,新分区的大小为 2 GB 左右,文件系统格式为 ext3,挂载目录为/myprofile。创建完成后,拷贝 10 个/etc/目录下的文件到新分区上。并将上述分区设置成在系统启动的时候自动挂载。

2. 使用命令挂载移动硬盘。

3. 为系统新添加两个普通用户 ahszy1 和 ahszy2,对/home 文件系统实施用户级的配额管理,为普通用户 ahszy1 和 ahszy2 设置软配额为 200 MB,硬配额为 150 MB。

4. 为系统新添加一个组群 ahsm,对/home 文件系统实施组群级的配额管理,设置组群 ahsm 的软配额为 800 MB,硬配额为 600 MB。

第 12 章 Linux 网络配置

学习目标

本章主要讲述 Linux 系统网络的基本概念、网卡的配置、Samba 服务器的配置、DNS 服务器的配置、WWW 服务器的配置以及 FTP 服务器的配置等内容。通过本章的学习，应达到如下目标：

- 了解 Linux 网络的基本概念，学会 Linux 网卡的配置方法。
- 掌握在 Linux 操作系统下配置 Samba 服务器的方法。
- 掌握在 Linux 操作系统下配置 DNS 服务器的方法。
- 掌握在 Linux 操作系统下配置 Web 服务器的方法。
- 掌握在 Linux 操作系统下配置 FTP 服务器的方法。

导入案例

某公司根据实际的网络管理需求，必须配置几台 Linux 服务器来完善企业的内部网络服务，作为公司的信息技术主管，你必须完成以下的操作配置：

（1）配置网络中心主服务器的 IP 地址为 172.20.56.1，网关地址为 172.20.0.1，DNS 地址为 202.102.199.68。

（2）公司的财务部使用 Linux 操作系统，客服部使用 Windows 操作系统，这两个部门经常需要交换部分文件，你必须在财务部的 Linux 服务器上配置一个 Samba 服务器实现文件的互访。

（3）销售部需要进行网上销售，要求你将销售部的 Linux 服务器配置成一台 Web 服务器，并将网上销售系统配置到这台服务器上。

（4）为公司的网络中心配置一台 FTP 服务器，为各部门员工提供常用软件的下载。

（5）为公司的网络中心配置一台 DNS 服务器，用于解析公司中的 Samba、Web、FTP 服务器。

要完成上述案例中的操作,你必须掌握在 Linux 操作系统下配置各种网络服务器的方法。通过本章的学习,你可以掌握在 Linux 操作系统下配置各种服务器的方法,完成案例中要求的各项操作。

12.1　Linux 网络配置基础

12.1.1　Linux 网络的相关概念

1. Linux 的网络接口

Linux 内核中定义了不同的网络接口,其中包括:

(1) lo 接口:lo 接口表示本地回送接口,用于网络测试以及本地主机各网络进程之间的通信。无论什么应用程序,使用回送地址(127.*.*.*)发送数据都不进行任何真实的网络传输。Linux 系统默认包含回送接口。

(2) eth 接口:eth 接口表示网卡设备接口,并附加数字来反映物理网卡的序号,如第一块网卡称为 eth0,第二块网卡称为 eth1,并依次类推。

(3) ppp 接口:ppp 接口表示 ppp 设备接口,并附加数字来反映 ppp 设备的序号。第一个 ppp 接口称为 ppp0,第二个 ppp 接口称为 ppp1,并依次类推。采用 ISDN 或 ADSL 等方式接入 Internet 时使用 ppp 接口。

2. Linux 网络端口

采用 TCP/IP 协议的服务器可为客户机提供各种网络服务,如 WWW 服务、FTP 服务等。为区别不同类型的网络连接,TCP/IP 利用端口号来进行区别。端口号的取值范围是 0~65535。根据服务类型的不同,Linux 将端口号分为三大类,分别对应不同类型的服务,如表 12.1 所示。表 12.2 列出了 TCP/IP 协议中常用网络服务的默认端口号。

表 12.1　端口号的分类

端口范围	含　　义
0~255	用于最常用的服务端口,包括 FTP,WWW 等
256~1024	用于其他的专用服务
1024 以上	用于端口的动态分配

表 12.2 TCP/IP 协议中常用网络服务的默认端口号

服务名称	含 义	默认端口号
ftp-data	FTP 的数据传送服务	20
ftp-control	FTP 的命令传送服务	21
ssh	ssh 服务	22
telnet	telnet 服务	23
smtp	邮件发送服务	25
pop3	邮件接收服务	110
name-server	域名服务	42
www-http	WWW 服务	80

12.1.2 Linux 网络的相关配置文件

/etc 目录中包含一系列与网络配置相关的文件和目录,其中包括:

1. /etc/services 文件

services 文件中列出了系统中所有可用的网络服务、所使用的端口以及通信协议等数据。如果两个网络服务需要使用同一个端口号,那么它们必须使用不同的通信协议。同样,如果两个网络服务使用同一通信协议,则它们使用的端口号一定不同。一般不修改此文件的内容。services 文件中的部分内容如下所示:

```
ftp         21/tcp
ftp         21/udp      fsp   fspd
smtp        25/tcp      mai
smtp        25/udp      mail
http        80/tcp      www   www-http    #World wide HTTP
http        80/udp      www   www-http    #HyperText Transfer Protocol
```

2. /etc/sysconfig/network-scripts 目录

network-scripts 目录中包含网络接口的配置文件以及部分网络命令,其中可能包括:

(1) Ifcfg-eth0:第一块网卡接口的配置文件。

(2) Ifcfg-lo:本地回送接口的相关信息。

(3) Ifcfg-ppp0:第一个 ppp 接口的配置文件。

3. /etc/host 文件

host 文件中保留了主机域名与 IP 地址的对应关系。在计算机网络发展初期，系统可利用 host 文件查询域名所对应的 IP 地址。但随着 Internet 的迅速发展，现在一般通过 DNS 服务器来查找域名所对应的 IP 地址。但是 host 文件仍被保留，用于保存经常访问的主机域名和 IP 地址，可提高访问速度。

某计算机中 host 文件内容如下所示：

```
127.0.0.1        localhost.localdomain    localhost
192.168.0.20     rhel3                    rhel3.linux.com
```

4. /etc/resolv.conf 文件

resolv.conf 文件中列出了客户机所使用的 DNS 服务器的相关信息，其中可以设置的项目有：

（1）Nameserver：设置 DNS 服务器的 IP 地址，最多可以设置 3 个，并且每个 DNS 服务器的记录自成一行。当主机需要进行域名解析时，首先查询第一个 DNS 服务器，如果无法成功解析，则向第二个 DNS 服务器查询。

（2）Domain：指定主机所在的网络域名，可以不设置。

（3）Search：指定 DNS 服务器的域名搜索列表，最多可以设置六个。其作用在于进行域名解析工作时，系统会将此处设置的网络域名自动加在要查询的主机之后进行查询。通常不设置此项。

某计算机中 resolv.conf 文件内容如下所示：

```
namesever        192.168.0.10
search           linux.com
```

12.1.3 配置网卡

主机可通过两种途径获得网络配置参数：一种是由网络中的 DHCP 服务器动态分配后获得，另一种是由用户手工配置。利用 ISDN、ADSL 拨号上网接入 Internet 时，通常是由 ISP 的 DHCP 服务器动态分配相关的网络参数，用户通常不需要进行配置。而利用网卡接入无 DHCP 服务器的局域网或 Internet 时，就需要用户对网卡进行一系列的配置。

1. 在桌面环境下配置网卡

在桌面环境下，超级用户依次单击【主菜单】→【系统设置】→【网络】，弹出"网络配置"窗口。安装 Red Hat Linux 时，系统会自动安装计算机的网卡，默认情况下，网卡设备名为"eth0"，采用 DHCP 方式自动获取 IP 地址，并在开机之后系统自动获取激活。图 12.1 显示当前计算机中有一块网卡正处于活跃状态。

(1) 设置 IP 地址、子网掩码与网关地址

在"设备"选项卡中选择网卡 eth0，单击工具栏中的【编辑】按扭，出现"以太网设备"对话框，如图 12.2 所示。

在"常规"选项卡中选择【静态设置的 IP 地址】，再根据网络的具体情况输入计算机的 IP 地址、子网掩码以及默认网关，完成手工配置网卡工作。另外，在此选项卡中还可以修改网卡的绰号，设置是否在启动时就激活网卡，以及是否允许所有用户启动和禁用网卡。

在"路由"选项卡中可设置网卡所采用的静态网络路由；在"硬件设备"选项卡中可查看到网卡的硬件型号和 MAC 地址值。

单击【确认】按钮将回到"网络配置"窗口。

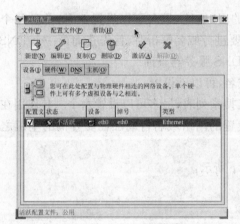

图 12.1　网络配置

图 12.2　设置网卡 IP 地址

(2) 设置主机名和 DNS 服务器地址

在"网络配置"窗口选择"DNS"选项卡，如图 12.3 所示。如果计算机将与其他计算机通过主机名来进行相互访问，就需要为该计算机设置主机名。如果在安装过程中未设置过主机名，则此时【主机名】文本框显示为"localhost"。

为使用域名而不是 IP 地址访问网络中的资源，需要设置 DNS 服务器的地址，并可设置第二和第三 DNS 服务器地址。另外，还可以在【DNS 搜寻路径】中指定 DNS 的搜寻域。对 DNS 服务器 DNS 搜寻路径的设置将保存在/etc/resolv.conf 文件中。

(3) 设置主机列表

在"网络配置"窗口选择"主机"选项卡，如图 12.4 所示，当前主机列表为空白。单击工具栏中的【新建】按钮，弹出"添加/编辑主机项目"对话框，输入主机名、IP

地址信息后，单击【确定】按钮，"主机"选项卡将出现相关内容。上述设置将更改/etc/hosts 文件的内容。

图 12.3　设置主机名和 DNS 服务器地址　　图 12.4　"主机"选项卡

（4）激活与停用网卡

默认情况下，计算机启动时将激活所有的网卡。对于刚设置好的网卡可进行重新启动。用户必须保证要重启的网卡【配置文件】栏的复选框被选中，然后单击工具栏【解除】按钮禁用网卡，或单击工具栏【激活】按钮启动网卡。

要删除已有的网卡，应该首先确定其是否处于活跃状态。如果还处于激活状态，应先停用网卡。单击工具栏上的【删除】按钮可删除网卡。

2. 使用 Shell 命令配置网卡

（1）honstname 命令

格式：hostname ［主机名］

功能：查看或修改计算机的主机名。

例 12.1　查看当前计算机的主机名。

[root@anhuism root]#　hostname

anhuism

例 12.2　将主机名设置为 anhuishangmao。

[root@anhuism root]#　hostname anhuishangmao

[root@anhuism root]#　hostname

anhuishangmao

（2）ifconfig 命令

格式：ifconfig ［网络接口名］ ［IP 地址］ ［netmask 子网掩码］ ［up/

down]

功能：查看网络接口的配置情况，并可设置网卡的相关参数，激活或停用网络接口。

例 12.3 查看当前网络接口的配置情况。

[root@anhuism root]# ifconfig

eth0　　Link encap:Ethernet HWaddr 00:0C:29:1C:95:99
　　　　inet addr:172.17.128.218　Bcast:172.17.255.255　Mask:255.255.0.0
　　　　UP BROADCAST RUNNING MULTICAST MIU:1500 Metric:1
　　　　RX packets:241 errors:0 dropped:0 overruns:0 frame:0
　　　　TX packets:156 errors:0 dropped:0 overruns:0 carrier:0
　　　　Collisions:0 txqueuelen:1000
　　　　RX bytes:16481 (16.0Kb)　　TX bytes:7160 (6.9Kb)
　　　　Interrupt:10 Base address:0x1080

lo　　　Link encap:Local Loopback
　　　　inet addr:127.0.0.1　Mask:255.0.0.0
　　　　UP BROADCAST RUNNING MULTICAST MIU:16436 Metric:1
　　　　RX packets:489 errors:0 dropped:0 overruns:0 frame :0
　　　　TX packets :489 errors:0 dropped:0 overruns:0 carrier:0
　　　　Collisions:0 txqueuelen:0
　　　　RX bytes 44658 (43.6Kb) TX bytes:44658 (43.6Kb)

使用 ifconfig 命令时，如果不指定网络设备名，则查看当前所有处于活跃状态的网络接口的配置情况，其中一定包括本地回送接口 lo。

ifconfig 命令可查看到网络接口的相关信息。其中 Link encap 表示网络接口的类型；HWaddr 又称为 MAC 地址，表示网卡的物理硬件地址；Inet addr 表示网卡上设置的 IP 地址；Bcast 表示网络的广播地址；Mask 表示网卡上设置的子网掩码；RX 行表示已接受的数据包信息；TX 行表示已发送的数据包信息。

例 12.4 将网卡的 IP 地址设置为 172.17.25.60。

[root@anhuism　root]# 　ifconfig eth0　172.17.25.60
[root@anhuism　root]# 　ifconfig eth0

eth0　　Link encap:Ethernet HWaddr 00:0C:29:1C:95:99
　　　　inet addr:172.17.25.60 Bcast:172.17.255.255 Mask:255.255.0.0
　　　　UP BROADCAST RUNNING MULTICAST MIU:1500 Metric:1
　　　　RX packets:32 errors:0 dropped:0 overruns:0 frame:0

　　　　　　TX packets：6 errors：0 dropped：0 overruns：0 carrier：0
　　　　　　Collisions：0 txqueuelen：1000
　　　　　　RX bytes：3351 (3.2Kb)　　TX bytes：192 (192.0Kb)
　　　　　　　Interrupt：10 Base address：0x1080

如果只指定网卡的 IP 地址，那么网卡将使用默认的子网掩码。

例 12.5　停用网卡 eth0。

[root@anhuism　root]#　ifconfig　eth0　down
[root@anhuism　root]#　ifconfig　eth0
lo　　　　　Link encap：Local Loopback
　　　　　　inet addr：127.0.0.1 Mask：255.0.0.0
　　　　　　UP LOOPBACK　RUNNING　MIU：16436 Metric：1
　　　　　　RX packets：1830 errors：0 dropped：0 overruns：0 frame：0
　　　　　　TX packets：1830 errors：0 dropped：0 overruns：0 carrier：0
　　　　　　Collisions：0 txqueuelen：0
　　　　　　RX bytes：188204 (183.7Kb)　　TX bytes：188204 (183.7Kb)

"ifconfig　网络接口名　down"命令可停用网络接口，与"ifdown　网络接口名"命令效果相同；而"ifconfig　网络接口名　up"命令可启用网络接口，等同于"ifup　网络接口名"命令。

(3) ping 命令

格式：ping　[-c 次数]　IP 地址|主机名
功能：测试网络的连通性。

例 12.6　测试与 IP 地址为 172.17.0.30 的主机的连通状况。

[root@anhuism　root]#　ping　172.17.0.30
PING 172.17.0.30 (172.17.0.30) 56(84)bytes of data．
64 bytes from 172.17.0.30：icmp_seq=0 ttl=0 time=0.339ms
64 bytes from 172.17.0.30：icmp_seq=1 ttl=0 time=0.375ms
64 bytes from 172.17.0.30：icmp_seq=2 ttl=0 time=0.069ms
64 bytes from 172.17.0.30：icmp_seq=3 ttl=0 time=0.320ms
64 bytes from 172.17.0.30：icmp_seq=4 ttl=0 time=0.074ms
　　　　-------172.17.0.30 ping statistics --------
5 packets transmitted, 5 received, 0% packet loss, time 3999ms
rtt min/avg/max/mdev=0.069/0.235/0.375/0.135 ms, pipe 2

用户执行 ping 命令后，将向指定的主机发送数据包，然后反馈响应的信息。如果不指定发送数据包的次数，那么 ping 命令就会一直执行下去，直到用户以

〈Ctrl〉+C 快捷键中断命令的执行为止。最后将显示本次 ping 命令执行结果的统计信息。

例 12.7 测试与 www.sina.com.cn 计算机的连通状况。

[root@anhuism root]# ping -c 2 www.sina.com.cn
PING www.sina.com.cn (218.1.64.33) 56 (84) bytes of data.
64 bytes from 218.1.64.33: icmp_seq=0 ttl=251 time=17.2ms
64 bytes from 218.1.64.33: icmp_seq=1 ttl=251 time=13.2ms
------ www.sina.com.cn ping statistics ------
2 packets transmitted, 2 received, 0% packet loss, time 1011ms
rtt min/avg/max/mdev= 13.248/15.245/17.243/2.001 ms, pipe 2

当参数是主机名时，ping 命令可从 DNS 服务器获取其 IP 地址。这一命令格式也常用于测试 DNS 服务器是否正常运行。在实际应用中，"ping 127.0.0.1"命令可测试网卡是否正常，"ping 本机的 IP 地址"格式的命令可测试本机的 IP 地址配置是否正确。

(4) route 命令

格式：route [[add|del] default gw 网关的 IP 地址]

功能：查看内核路由表的配置情况，添加或取消网关 IP 地址。

例 12.8 查看当前内核路由表的配置情况。

[root@anhuism root]# route
Kernel IP routing table

Destination	Gateway	Genmask	Flags	Metric	Ref	Use	Iface
192.168.0.0	*	255.255.255.0	U	0	0	0	eth0
127.0.0.0	*	255.0.0.0	U	0	0	0	lo

例 12.9 添加网关，其 IP 地址为 172.17.0.1。

[root@anhuism root]# route add default gw 172.17.0.1
[root@anhuism root]# route
Kernel IP routing table

Destination	Gateway	Genmask	Flags	Metric	Ref	Use	Iface
172.18.0.0	*	255.255.0.0	U	0	0	0	eth0
127.0.0.0	*	255.0.0.0	U	0	0	0	lo
default	172.17.0.1	0.0.0.0	UG	0	0	0	eth0

12.1.4 Linux 网络服务

1. Linux 网络服务器软件与网络服务

Linux 继承了 UNIX 的稳定性和安全性等优点,加上适当的服务器软件,只需要非常低的成本就能满足绝大多数的网络应用。目前越来越多的企业采用基于 Linux 操作平台架设网络服务器,提供各种网络服务。运行于 Linux 系统下的常用网络服务器软件如表 12.3 所示。

表 12.3 Linux 中常用的网络服务器软件

服务类型	软件名称
Web 服务	Apache
Mail 服务	Sendmail Postfix Qmail
DHCP 服务	Dhcp
FTP 服务	Vsftpd Wu-ftpd Proftpd
DNS 服务	Bind
Samba 服务	Samba
数据库服务	MySQL PostgreSQL
Proxy 服务	Squid

网络服务器软件安装配置后通常由运行在后台的服务进程(Daemon)来执行,每一种网络服务器软件通常对应着一个服务进程。这些服务进程又被称为服务,系统开机之后就在后台运行,时刻监听客户端的服务请求。一旦客户端发出服务请求,服务进程就为其提供相应的服务。表 12.4 列出了与网络相关的服务。

表 12.4 与网络相关的服务

服务名(服务进程名)	软件名称
httpd	Apache 服务器的服务进程,提供 WWW 服务
dhcpdp	DHCP 服务器的服务进程
iptabes	用于提供 iptabes 防火墙服务
named	DNS 服务器服务进程,提供域名解析服务
network	激活/停用网络接口

续表12.4

服务名(服务进程名)	软件名称
sendmail	Sendmail 服务器的服务进程
smb	Samba 服务器服务进程
vsftpd	FTP 服务器的服务进程,提供文件传输服务
mysqld	MySQL 服务器服务进程,提供数据库服务
postgresql	PostgreSQL 服务器服务进程

2. 管理网络服务

Linux 系统的超级用户可以利用 Red Hat 提供的图形化配置工具和 Shell 命令来控制和管理服务的运行状态。

(1) 在桌面环境下管理网络服务

在桌面环境下,超级用户依次单击【主菜单】→【系统设置】→【服务器设置】→【服务】,打开"服务配置"窗口,如图12.5所示。"服务配置"窗口左侧显示当前系统能提供的所有服务,安装服务器软件后才会出现相应的服务。复选框被选中的那些服务在

图12.5 服务配置窗口

系统启动时将自动运行。在左侧选择一种服务,右侧将显示所选服务的功能描述信息,【运行】栏将显示所选服务的运行状态和进程号信息。选中某一服务后,单击工具栏中的【开始】、【停止】或【重启】按钮,可改变本次运行中服务的运行状态。单击服务名称前的复选框,可设置系统开机时是否重启动此项服务,下一次启动时才能生效。修改完成后应单击【文件】菜单,选择【保存】以确认修改。

(2) 管理服务的 Shell 命令:service 命令

格式:service 服务名 start|stop|restart

功能:启动、终止或重启指定的服务。

例 12.10 启动 Samba 服务器。

[root@lvlixing root]# service smb start

启动 SMB 服务　　　　　　　　　　　　　［确定］
启动 NMB 服务　　　　　　　　　　　　　［确定］

例 12.11　停止 Apache 服务器。
[root@lvlixing　root]# service　httpd　stop
停止 httpd 服务　　　　　　　　　　　　　［确定］

12.2　Samba 服务器配置

12.2.1　Samba 服务器概述

当局域网中既有安装 Windows 的计算机又有安装 Linux 的计算机时，架构 Samba 服务器可以实现不同类型计算机操作系统之间的文件和打印机共享。SMB（Server Message Block，服务信息块）协议是实现网络上不同类型操作系统之间文件和打印机共享服务的协议。SMB 后勤工作和原理就是让 NetBIOS 协议与 SMB 协议运行在 TCP/IP 协议之上，并且利用 NetBIOS 的名字解释功能让 Linux 计算机可以在 Windows 计算机的网上邻居中被看到，从而实现 Linux 计算机与 Windows 计算机之间相互访问共享文件和打印机的功能。Samba 服务器的应用环境如图 12.6 所示。

在 Red Hat Linux 9 中，Samba 服务默认是不安装的，如果要安装的话，超级用户可以在桌面环境下运行"添加/删除应用程序"，选择"Windows 文件服务器"软件包组可安装与 Samba 相关的软件包，它们分别是：

（1）Samba：Samba 服务器端软件。

（2）Samba-common：Samba 服务器端和客户端共用的文件。

（3）Samba-client：Samba 客户端软件。

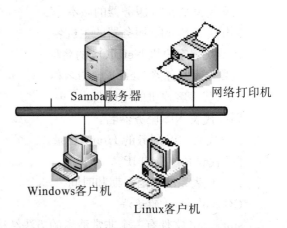

图 12.6　Samba 服务器的应用环境

(4) Redhat-config-samba：Red Hat 提供的图形化配置工具。

需要注意的是，如果要在图形界面下设置 Samba 服务，则必须在"添加或删除软件包"的"服务器配置项"的细节窗口中选中【redhat-config-samba】复选框，以安装相应的图形化界面配置工具。否则只能在字符界面下设置。

12.2.2　Samba 服务器配置基础

1. smb.conf 文件

在 Red Hat Linux 9 中，Samba 安装完成后会创建一个名为 /etc/samba 的目录，里面存放着与 Samba 相关的一些文件，如 lmhosts、smb.conf、smbpasswd 等。smb.conf 是 Samba 的核心，所有的功能配置都在这个文件中，它有许多不同的配置选项。

（1）Samba 变量

Samba 中的环境变量及其所代表的意义如下所示：

%S 代表共享名。
%P 代表共享的主目录。
%u 代表共享的用户名。
%g 代表用户所在的工作组。
%U 代表用户名。
%G 代表当前对话的用户的主工作组。
%H 代表用户的共享主目录。
%v 代表 Samba 服务器的版本号。
%h 代表 Samba 服务器的主机名。
%m 代表客户机 NetBIOS 的名称。
%L 代表服务器 NetBIOS 的名称。
%M 代表客户机的主机名。
%N 代表 NIS 服务器名。
%p 代表 NIS 服务的 Home 目录。
%I 代表客户机的 IP。
%T 代表系统当前日期和时间。

（2）smb.conf 的语法

smb.conf 文件有一个非常清晰的语法结构，它与 Windows 中的 *.ini 文件十分类似。该文件被分成几部分，每一部分都包括几个参数，用来定义 Samba 输出共享及其详细操作。文件被分隔成若干节，每一节都由一个被方括号括起来的标识开始(例如[globa]、[home]、[printers]),每个配置参数或是一个全局参数(影响或控制整个服务器)或是一个服务参数(影响或控制服务器提供的某项服务)。

global 部分定义的参数用来控制 Samba 的总特性。除 global 部分外,每一部分都定义了一个专门的服务。可以使用下面的语句来指定一个参数:

name=VALUE

name 可以是一个单词或者用空格隔开的多个单词。VALUE 可以是布尔值(Ture 或 False、Yes 或 No、1 或 0)、数字或字符串。

注释以分号开头,可以单独一行,也可以跟在一条语句之后。通过在一行的最后一个字符后加反斜杠"\"可以将一行分成多行。

每一部分的名字和参数都不区分大小写,例如,browseable=yes 与 browseable=YES 是完全等价的。

(3) smb.conf 文件的结构

smb.conf 文件主要由 4 部分组成,它们是:

[global]:全局参数部分。

[home]:用户的 home 目录共享部分。

[printer]:打印共享部分。

[user]:用户自定义共享。

其中,[global]参数用来设置整个系统的规则,[home]部分和[printer]部分是服务的特定例程。"服务"这一术语是网络客户机共享或输出的目录和打印机的 Samba 术语。这些服务定义了哪些用户可以访问这些目录和打印机以及如何访问这些目录和打印机。

下面是一个 smb.conf 文件的简单但又相对比较完整的例子(为便于描述,为其加上了行号,真实环境中并没有行号)。

① [global]部分:

[global]

1 netbios name=Linux

2 workgroup=RESEARCH

3 server string=Samba Server

4 security=user

5 printcap name=/etc/printcap

6 load printers=yes

7 printing=cups

8 log file=/var/log/samba/%m.log

9 max log size=0

第 1 行设置了主机名称,在 Windows 中,可以输入该名称来查找到共享的目录或者打印机。

第 2 行设置的是该 Samba 服务器所在的工作组。

第 3 行是在共享浏览时可看到的对本机的描述。

第 4 行设置的是安全参数,告诉 Samba 使用"用户级别"的安全保护方式。Samba 有两种安全模式:共享级别,这种级别可以使用某一用户的所有资源;用户级别,这种级别会对资源加密码控制。一般情况下,使用用户级别来进行安全控制。

第 5 行、第 6 行是对打印机的描述,意思是在/etc/printcap 这个文件中取得打印机的描述信息,并设定其自动共享打印机。

第 7 行定义了打印系统的类型,在 Red Hat Linux 9 中,其缺省值是 cups,此外还有 lprng、sysv、plp、bsd、aix 和 hpux 等可用选项。

第 8 行是 Samba 日志的相关定义,指明记录文件的位置在/var/log/samba/%m.log 中。

第 9 行定义的则是日志记录文件的大小,单位是 KB,如果设置为 0 则不限大小。

② [home]部分:

[homes]
1   comment=Home Directories
2   wrieable=yes
3   create mode= 0664
4   directory mode=0775

[home]段中的设置控制了每一个用户主目录的共享权限。第 1 行的 comment 参数指定的字符串在用户浏览本机资源时出现在指定资源的旁边。第 2 行表示的是用户是否可以向主目录写。第 3 行、第 4 行分别表示的是文件的权限和目录的权限。

③ [printer]部分:

[printers]
browseable=no
guest ok=yes
printable=yes

[global]部分中的 printing 参数描述了本地打印系统的类型,这可以让 Samba 知道如何提交打印任务、显示打印队列、删除打印任务以及进行其他操作。如果打印系统是 Samba 所不知道的,用户必须在每次执行打印操作时指明命令。正常情

况下,如果使用用户级别安全控制,guestok=yes 并不能授权每一个用户使用系统。每一个打印服务必须定义为 printable=yes。

有关用户自定义部分的内容,将在下文看到。

2. Samba 服务器的安全级别

Samba 服务器提供 5 种安全级别,利用 security 参数可指定其安全级别,最常用的安全级别是共享或用户。

(1) 共享(Share):用户不需要输入 Samba 用户名和口令就可以登陆 Samba 服务器。

(2) 用户(user):这是 Samba 服务器默认的安全级别。Samba 服务器负责检查 Samba 用户名和口令,验证成功后用户才能访问相应的共享目录。

(3) 域(Domain):Samba 服务器本身不验证 Samba 用户名和口令,而由 Windows 域控制服务器负责。此外必须指定域控制服务器的 NetBIOS 名称。

(4) 服务器(Server):当前 Samba 服务器不验证 Samba 用户名和口令,而将输入的用户名和口令传递给另一个 Samba 服务器来检验。此时必须指定负责验证的那个 Samba 服务器的 NetBIOS 名称。

(5) 活动目录域(ADS):Samba 服务器不验证 Samba 用户名和口令,而由活动目录域服务器来负责。同样需要指定活动目录域服务器的 NetBIOS 名称。

3. Samba 共享权限

Samba 服务器将 Linux 中的部分目录共享给 Samba 用户时,共享目录的权限不仅与 smb.conf 文件中设定的共享权限有关,而且还与其本身的文件系统权限有关。Linux 规定:Samba 共享目录的权限是文件系统权限与共享权限中最严格的那种权限。

假设某一目录的所有者为 hellen,其文件系统权限设定为 755,也就是说除了 hellen 以外的其他所有用户都不具有写权限。假设 Samba 服务器将其设置为共享目录,权限设置为可读可写。那么当 Samba 用户(hellen 用户除外)访问此共享目录时,还是不能向此目录写入内容。

12.2.3 在桌面环境下配置 Samba 服务器

超级用户在桌面环境下依次单击【主菜单】→【系统设置】→【服务器设置】→【Samba 服务器】,打开"Samba 服务器配置"窗口,如图 12.7 所示。

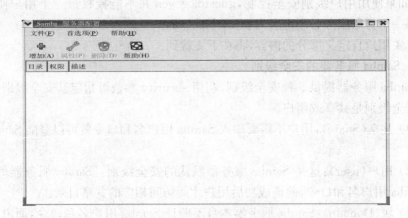

图 12.7 "Samba 服务器配置"窗口

1. 配置服务器参数

单击【首选项】菜单中的【服务器设置】,弹出"服务器设置"窗口,如图 12.8 所示。在"基本"选项卡中,可修改工作组名称和 Samba 服务器的描述信息。Samba 服务器和 Windows 计算机可以处于同一工作组,也可以处于不同的工作组。如果处于同一工作组的话,访问响应速度较快。

图 12.8 "基本"选项卡

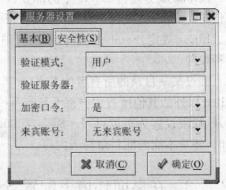

图 12.9 "安全性"选项卡

选择"安全性"选项卡,如图 12.9 所示,从【验证模式】下拉列表中选择 Samba 服务器的安全级别。如果选择的安全级别不是共享或用户,那么就需要在【验证服务器】文本框中输入验证 Samba 用户身份的服务器的 NetBIOS 名称。【加密口令】下拉列表默认选择"是",可以保证 Samba 服务器和客户机之间使用加密格式传输口令,以提高系统的安全性。【来宾账号】下拉列表设置为系统默认的"无来宾账号"即可。

2. 配置 Samba 用户

单击【首选项】菜单中的【Samba 用户】,弹出"Samba 用户"窗口,显示当前所有的 Samba 用户,如图 12.10 所示。

图 12.10 "Samba 用户"窗口

图 12.11 添加 Samba 用户

默认没有任何 Samba 用户,单击【添加用户】按钮,打开"创建新 Samba 用户"窗口,如图 12.11 所示。首先选择 UNIX 用户名(即 Linux 系统中的用户名),然后在【Windows 用户名】文本框中输入 Windows 计算机登陆时使用的用户名,最后输入两次 Samba 口令。Linux 用户名和 Windows 用户名可以相同,也可以不相同。单击【确定】按钮返回"Samba 用户"窗口。再次单击【添加用户】按钮,可以添加更多的 Samba 用户。选中 Samba 用户后,单击【编辑用户】按钮,可以重新设置 Samba 用户。

3. 配置共享目录

单击工具栏上的【添加】按钮,弹出"创建 Samba 共享"窗口,如图 12.12 所示。

图 12.12 创建共享目录

图 12.13 设置可访问共享目录的用户

"基本"选项卡的【目录】文本框中可输入共享目录的路径,还可在【描述】文本框中输入共享目录的描述信息。在【基本权限】栏设定 Samba 用户对这个共享目录的使用权限,只读或者读/写。

"访问"选项卡中设置可访问共享目录的用户列表,如图 12.13 所示。如果选择【允许所有用户访问】,那么所有 Samba 用户都可以访问这个共享目录。如果选择【只允许指定用户访问】,则从 Samba 用户列表中选择用户。添加共享目录后的"Samba 服务器配置"窗口如图 12.14 所示。

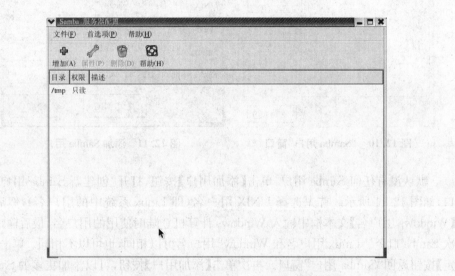

图 12.14　添加共享目录后的"Samba 服务器配置"窗口

架设共享级别的 Samba 服务器时,不需要创建 Samba 用户,只需要创建共享的目录,并允许所有用户访问即可。而架设用户级别的 Samba 服务器时,必须创建 Samba 用户列表,并为每个 Samba 用户设置口令。此时即使不创建共享的目录,按照 Samba 服务器的默认设置,用户也能访问其主目录中的所有文件。

12.2.4　编辑文件配置 Samba 服务器

经验丰富的系统管理员通常不需要使用 Red Hat 提供的图形化配置工具,而通过编辑 smb.conf 文件和使用 Shell 命令来配置 Samba 服务器。

1. 利用 shell 命令添加 Samba 用户

当 Samba 服务器的安全级别为用户(User)时,用户访问 Samba 服务器必须提供其 Samba 用户名和口令。只有 Linux 系统本身的用户才能成为 Samba 用户,并需要设置其 Samba 口令。Samba 用户账号信息默认保存在/etc/samba/smppasswd 文件中。利用 smbpasswd 命令可添加 Samba 用户并设置口令。

格式:smbpasswd -a 用户名

功能:将 Linux 用户设置为 Samba 用户,并设置口令。无"-a"选项时可修改已有 Samba 用户的口令。

例 12.12 将名为 marry 的 Linux 用户设置为 Samba 用户。

[root@ anhuism Samba]# smbpasswd -a marry

new smb password:

retype new smb password:

added user marry.

超级用户在 Shell 命令提示符后输入"smbpasswd -a 用户名"格式的命令后,必须根据屏幕提示两次输入指定 Samba 用户的口令。系统将指定 Samba 用户的账号信息保存在/etc/samba/smppasswd 文件中。Smbpasswd 文件默认并不存在,首次执行 smbpasswd 命令时将自动创建此文件。

例 12.13 修改 Samba 用户 marry 的口令。

[root@ anhuism Samba]# smbpasswd marry

new smb password:

retype new smb password:

2. Samba 服务器配置实例

以下通过具体实例来说明编辑 smb.conf 文件配置 Samba 服务器的方法。配置过程通常会使用 testparm 命令来测试 smb.conf 文件是否正确。

例 12.14 架设一个带用户验证的共享目录。

步骤 1:创建一个名为 samba 的共享目录,并将其权限设定为所有者、组用户和其他用户可对其进行读写。

♯ mkdir /samba

♯ ls-1

drwxr-xr-x   2 root   root   2005 12月 6 08:42 samba

♯ chmod 777/samba

drwxrwxrwx   2root   root   2005 12月 6 08:42 samba

步骤 2:修改/etc/samba/smb.conf 配置文件。

在[global]部分做如下修改:

netbios name=linux;这一行为新增

workgroup=research

security=user

encrypt passwords=yes

在文件末尾添加如下内容：

[samba]

comment=This is my samba server　　　;这是注释行,可以不写东西

path=/samba

read only=no

create mode=066r　　　　　　　;这是文件权限

directory mode=0777　　　　　　　;这是目录权限

步骤 3：创建一个 Samba 用户(Samba 用户必须是系统账号)。

首先创建一个系统账号：

\# useradd　smbuse

\# paswd　mbuser

Changing password for user smbuser.

New password：

Retype new password：

1. passwd：all authentication tokens updated successfully.

然后创建 Samba 账号：

\# smbpasswd　-a　smbuser

2. New SMB password：

3. Retype new SMB password：

Added user smbuser

步骤 4：重新启动 Samba 服务。

\# service　smb　restart

关闭 SMB 服务：　　　　　　[确定]

关闭 NMB 服务：　　　　　　[确定]

启动 SMB 服务：　　　　　　[确定]

启动 NMB 服务：　　　　　　[确定]

步骤 5：测试 Samba 服务。

这时,如果要想从远程 Windows 机器的"网上邻居"中访问/samba 目录,就会要求输入用户名和密码,这里的用户指的是上述第 3 步创建的 Samba 用户。

由于为该目录设置了读写的权限,现在就可以从该目录中读取或者向其中拷贝文件。

除了上述提到的设置选项外,进行目录共享还有更多可用的选项。下面是一个使用更多选项的例子,它加上了根据 IP 控制访问等选项。

[smb]
comment=This is the second samba
path=/smb
read only=no
create mode=0664   ;定义文件的权限
directory mode=0775   ;定义目录的权限
deny host=192.168.2.   ;拒绝所有2网段上的机器访问
allow hosts=192.168.2.11   ;允许这台机器访问
public=yes   ;连接时不需要用户名和密码,这和 guest ok
=yes 等同,只应用于该目录,但如果令 security=share,则会开放所有目录
Browseable=no   ;禁止显示目录,这相当于 Windows 2000 下的隐藏共享
Wide link=no   ;不允许访问链接文件
Max connection=2   ;限制并发连接数

例 12.15 架设用户级别的 Samba 服务器,jerry 用户和 hellen 用户可以利用 Samba 服务器访问其主目录中的文件,当前工作组为 net。

步骤 1:将 jerry 用户设置为 Samba 用户,并设置口令,参见例 12.12。

步骤 2:将 hellen 用户设置为 Samba 用户,并设置口令,参见例 12.12。

步骤 3:利用任何文本编辑工具,新建如下内容的 smb.conf 文件。

[global]
    workgroup=anhuism
    security=share
[homes]
    comment=home directory
    browseable=no
    writable=yes

步骤 4:利用 testparm 命令测试配置文件是否正确。

步骤 5:重新启动 Samba 服务。

例 12.16 架设用户级别的 Samba 服务器,其中 jerry 和 hellen 用户可访问其个人主目录、/tmp 目录和/var/Samba/hel-jerry 目录,而其他的 Linux 普通用户只能访问其个人目录和/tmp 目录。假设 jerry 和 hellen 用户已存在,/var/Samba/hel-jerry 目录也已存在,工作组为 anhuism。

步骤 1:利用 smbpasswd 命令将 Linux 系统中所有的普通用户都设置为 Samba 用户。

步骤 2:利用任何文本编辑工具,新建如下内容的 smb.conf 文件。

[global]
　　workgroup=anhuism
[homes]
　　comment=home directory
　　browseable=no
　　writable=yes
[tmp]
　　path=/tmp
　　writable=yes
[hellen-jerry]
　　path=/var/Samba/hel-jerry
　　valid users=hellen jerry
　　public=no

步骤3：利用testparm命令测试配置文件是否正确。

步骤4：重新启动Samba服务。

12.2.5　与Samba服务相关的Shell命令

Linux中与Samba服务器有关的Shell命令除了前面介绍过的testparm命令和smbpasswd命令外，还包括smbclient、smbsttus、smbmount命令等。

1. smbclient命令

格式：smbclient　[-L　NetBIOS　名|地址]　［共享资源］　［-U　用户名］

功能：查看或访问Samba共享资源。

例12.17　某Samba服务器的IP地址为172.17.24.68，查看其提供的共享资源。

[root@anhuism　root]# 　smbclient　-L　172.17.24.68
password：
Anonymous login successful

```
        Sharename        type         comment
        ---------        ----         -------
        tem              disk
        hel-jerry        disk
        IPC $            IPC          IPC service(Samba 3.0.0-14.3E)
        ADMIN $          IPC          IPC service(Samba 3.0.0-14.3E)
```

Anonymous login successful

Server	Comment
ANHUISM	Samba 3.0.0-14.3E
WINDOWS2000	
Workgroup	Master
NET	ANHUISM

输入"smbclient -L 172.17.24.68"命令后要求输入口令,超级用户可以直接按下〈Enter〉键而不用输入口令。接着屏幕显示一系列 Samba 服务的相关信息,其中包括当前计算机提供的两个共享目录 tmp 和 hel-jerry;局域网中当前有两个采用 SMB 协议的计算机(ANHUISM 和 windows2000),工作组的名称为 net。

例 12.18 某 Samba 服务器名为 ANHUISM,查看 jerry 用户可访问的共享资源。

[root@anhuism root]# smbclient -L ANHUISM -U jerry
password:

Sharename	type	comment
tem	disk	
hel-jerry	disk	
IPC$	IPC	IPC service(Samba 3.0.0-14.3E)
ADMIN$	IPC	IPC service(Samba 3.0.0-14.3E)

Anonymous login successful

Server	Comment
ANHUISM	Samba 3.0.0-14.3E
WINDOWS2000	
Workgroup	Master
NET	ANHUISM

2. smbstatus 命令

格式:smbstatus

功能:查看 Samba 共享资源被使用的情况。

例 12.19 查看 Samba 共享资源当前被使用的情况

```
[root@anhuism  root]# smbstatus
Samba   version  3.0.0-14.3E
PID        Username       Group            Machine
----------------------------------------------------------------
5266       hellen         hellen           windows 2000(172.17.25.4)
Service    pid            machine          connected at
----------------------------------------------------------------
tmp        5266           windows2000  Tue  Jul  13 09:58:30  2005
IPC$       5266           windows2000  Tue  Jul  13 09:58:30  2005
No  locked files
```

以上信息显示名为 hellen 的用户正在使用名为 Windows2000(其 IP 为 172.17.25.4)的计算机,hellen 用户正在访问 tmp 共享目录。屏幕显示"No locked files"(无锁定文件)信息,说明 hellen 用户未对共享目录中的文件进行编辑,否则将显示正被编辑文件的名称。

3. smbmount 命令

格式:smbmount //主机名|IP 地址/共享目录 挂载点

功能:挂载共享目录。

例 12.20 将名为 Windows2000 的计算机中的共享目录 rong 挂载到/mnt/smb 目录,假设/mnt/smb 目录不存在。

```
[root@anhuism  root]#  mkdir  /mnt/smb
[root@anhuism  root]#  smbmount  //windows2000/rong  /mnt/smb
Password:
[root@anhuism  root]#  ls  /mnt/smb
s12.bmp       skill.txt
[root@anhuism  root]#  unmount  /mnt/smb
```

对经常需要访问的共享目录采用挂载的方式,有利于提高工作效率,如果要卸载 Samba 共享目录,可执行 smbumount 命令或者 umount 命令。

12.3 DNS 服务器配置

12.3.1 DNS 服务器配置基础

在 Red Hat Linux 9 操作系统上安装与配置 DNS 服务器使用与 Bind 相关的软件包，可满足配置局域网域名服务器的需要。它们是：

(1) bind：DNS 服务器软件。

(2) bind-utils：包含多个 DNS 查询工具软件。

要配置 Internet 域名服务器，还必须在桌面环境下运行"添加/删除应用程序"，从"DNS 名称服务器"软件包组选择安装 caching-nameserver 软件包，其中包含配置 Internet 域名服务器所需的初始文件。

配置 Internet 域名服务器时需要使用一组文件，表 12.5 列出了与域名服务器配置相关的文件，其中最重要的是主配置文件 named.conf。named 服务进程运行时，首先从 named.conf 文件获取其他配置文件的信息，然后才按照各区域文件的设置内容提供域名解析服务。

表 12.5 域名服务器的配置文件

文 件	文件名	说 明
主配置文件	/etc/named.conf	用于设置 DNS 服务器的全局参数，并指定区域文件名及其保存路径
缓冲文件	/var/named/named.ca	是缓存服务器的配置文件，通常不需要手工修改
本地区域文件	/var/named/localhost.zone	用于将本地回送 IP 地址(127.0.0.1)转换为 localhost 名
本地回送文件	/var/named/named.local	用于将 localhost 名转换为本地回送 IP 地址(127.0.0.1)
正向区域文件	由 named.conf 文件指定	用于实现区域内主机名到 IP 地址的正向解析
反向区域文件	由 named.conf 文件指定	用于实现区域内 IP 地址到主机名的反向解析

12.3.2 DNS 主域名服务器配置实例

下面通过一个具体的例子来加深对上述内容的理解。在 Linux 中,域名服务是由 Bind 软件来实现的。现在假设需要建立应用需求如下所述的企业主域名服务器:

(1) 企业域名注册为 anhuism.com。

(2) 域名服务器的 IP 定为 210.31.8.229,主机名为 dns.anhuism.corn。

(3) 要解析的服务器有:

① www.anhuism.corn:210.31.8.229(Web 服务器)

② mail.anhuism.com:210.31.8.22.8(电子邮件服务器)

与以前的版本不同,在 Red Hat Linux 9 中进行 DNS 配置时,不要编辑/etc/named.conf 文件,因为 Red Hat 自带的图形化的域名配置工具在每次图形化的配置完成后,都会重写这个文件。用户如果要想实现图形化配置工具无法完成的功能,那么可以将配置内容写到/etc/named.custom 文件中。

1. 安装图形化配置工具 Bind

使用"rpm-qa|grep bind"命令来查看是否安装了 Bind 软件,如果没有,通过"添加/删除软件"管理工具安装。安装完成后,单击【主菜单】→【系统设置】→【服务器设置】→【域名服务】来启动图形化的配置工具。Bind 配置工具把默认的区域目录配置成了/var/named,所以所有指定的区域文件都是相对于该目录而言。Bind 配置工具还包括对输入值的基本语法检查。例如,如果一个合法的项目应该是 IP 地址,那么用户只被允许在文本区域中键入数字和"."字符。该工具允许添加一个正向主区、一个逆向主区和一个从区。添加了这些区块后,就可以在主窗口中编辑或删除它们。

添加、编辑、删除某区之后,必须单击【保存】按钮或选择【文件】→【保存】来写入/etc/named.conf 配置文件和/var/named 目录中的每个区域文件。应用这些改变还会令 named 服务重新载入配置文件。如果选择【文件】→【退出】命令,则在退出时不保存所做改变。

2. 建立正向主区域

在图 12.15 中,单击【新建】,在新出现的"区域类型"窗口中选择【正向主区域】,输入 anhuism.com,再单击【确定】。这时会弹出一个名为"名称到 IP 地址的翻译"的窗口,如图 12.16 所示,该窗口包含了以下选项:

(1) 名称:这是在前一个窗口中输入的域名,在此为 anhuism.com。

(2) 文件名:DNS 数据库文件的名称,被保存于/var/named 目录中,它被预设为扩展名为.zone 的文件。

（3）联系：电子邮件联系地址。

（4）主名称服务器(SOA)：SOA(授权状态)记录，它指定最适合该域信息的名称服务器。

（5）序列号码：DNS 数据库文件的序列号码。在每次文件发生改变时，这个号码都应该向前递增，因此该区块的次名称服务器就能够检索到最新的数据。Bind 配置工具在每次配置发生改变的时候都会递增该号码。它还可以被手工递增，方法是单击【序列号码】值旁边的【设置】按钮。

图 12.15　域名服务配置工具主界面

图 12.16　建立正向主区域：添加主机

（6）时间设置：储存在 DNS 数据库文件中的"刷新"、"重试"、"过期"和"至少"TTL(活跃时间)值。注意：这时所有值都以秒为单位。

（7）记录：添加、编辑和删除关于"主机"、"别名"和"名称服务器"之类的资源记录。

单击【编辑】，在出现的新窗口中单击【增加】，在新窗口的【服务器】栏中输入"dns"，单击【确定】返回。在【主名称服务器(SOA)】中输入"dns.anhuism.com."，注意这里最后有个"."，这是不可省略的。不要关闭窗口，单击下方的【增加】，在新窗口中选择【主机】，并在主机名中输入刚才的"dns"，IP 地址中输入该 DNS 服务器的 IP，关闭该窗口。重复上一步，分别添加 WWW、Mail 主机的记录，方法与刚才一样，注意 IP 地址分别是 210.31.8.229、210.31.8.228，如图 12.17 所示。

图 12.17 添加主机

图 12.18 建立逆向主区域

3. 建立逆向主区域

为上述配置添加逆向主区,其基本过程如下:

在"域名服务"配置工具主界面上单击【新建】并选择【逆向主区域】,输入想配置的 IP 地址范围的前三个八位组,在本例中是 210.31.8,单击【确定】后就会出现如图 12.18 所示的"IP 到名称的翻译"窗口。该窗口包括了以下一些选项:

（1）IP 地址:前一个窗口中输入的三个八位组,即 210.31.8。

（2）逆向 IP 地址:该选项不可编辑,系统会根据输入的 IP 地址预填。

（3）联系:主区的主要电子邮件联系地址。

（4）文件名:保存在/var/named 目录中的 DNS 数据库文件的名称。在此默认为 8.31.210.in-addr.arpa.zone,无需更改。

（5）主名称服务器(SOA):授权状态(SOA)记录,它指定最适合该域信息的名称服务器。

（6）序列号码:DNS 数据库文件的序列号码,如前所述。

（7）时间设置:如前所述。

（8）名称服务器:为逆向主区添加、编辑或删除名称服务器,至少需要一个名称服务器。

(9) 逆向地址表:在逆向主区和它们的主机名内的 IP 地址列表。

在如图 12.18 所示的界面中,单击【逆向地址表】栏的【添加】,分别加上 IP 地址为 210.31.8.229 和 210.0.31.8.229,主机全称分别为"www.anhuism.com."和"mail.anhuism.com."两条记录。注意,这里的主机名一定要以"."来结束,以表明它是主机的全名。

返回到主界面,单击【保存】并且使用命令"named-u named"来重新启动 DNS 服务,这样逆向区块就配置完成了。

上述配置在/etc/named.conf 文件中添加了以下项目:

zone   "8.31.210.in-addr.arpa"{

type master;

file   "8.31.210.in-addr.arpa.zone";

};

它还创建了包含以下信息的/var/named/8.31.210.in-addr.arpa.zone 文件:

$TTL 86400

@   IN   SOA@   root.localhost{9; serial

28800;refresh

7200;retry

604800;expire

86400;ttk

}

@   IN   NS   210.31.8.229.

228 IN   PTR mail.anhuism.com.

229 IN   PTR www.anhuism.com

到此为止,本例的配置任务就完成了。当然,除了上述提到的功能之外,还可进行从区块、二级域名等的设置,具体方法请参考其他资料。

12.3.3　测试 DNS 域名服务器

Linux 中可利用 host 和 dig 命令来测试 DNS 服务器的功能,在此仅介绍 host 命令。注意在测试 IP 地址与域名之前,应保证计算机的/etc/reslov.conf 文件中"nameserver"语句指定了刚配置的 DNS 服务器的 IP 地址。

格式:host　［选项］　主机名|IP 地址

功能：查看域名所对应的 IP 地址或查看 IP 地址所对应的域名。

例 12.21 查看域名 www.anhuism.com 所对应的 IP 地址。

[root@anhuism root]# host 202.120.92.10

10.0.120.202.in-addr.arpa domain name pointer www.anhuism.com

10.0.120.202.in-addr.arpa domain name pointer jsjx.anhuism.com

由此可知，www.anhuism.corn 是 jsjx.anhuism.corn 的别名，其 IP 地址为 202.120.92.10。

例 12.22 查看 IP 地址 202.120.92.10 所对应的域名。

[root@anhuism root]# host www.anhuism.com

www.anhuism.com is an alias for jsjx.anhuism.com.

jsjx.anhuism.com has address 202.120.92.10

12.4 WWW 服务器配置

12.4.1 WWW 服务器简介

目前 Internet 中最热门的服务是 WWW 服务，也称为 Web 服务。WWW 服务系统采用客户机/服务器工作模式，客户机与服务器都遵循 HTTP 协议，默认采用 80 端口进行通信。客户机与服务器之间的工作模式如图 12.19 所示。

WWW 服务器负责 Web 站点的管理与发布，通常使用 Apache、Microsoft IIS 等服务器软件。WWW 客户机利用 Internet Explorer、Netscape、Mozilla 等网页浏览器查看网页。

Linux 凭借其高稳定性成为架设 WWW 服务器的首选，基于 Linux 架设 WWW 服务器时通常采用 Apache 软件。Apache 不仅功能强大、技术成熟，而且还是自由软件，代码完全开放。

Red Hat Linux 9 默认不安装 Apache 软件包。如果要安装的话，超级用户在桌面环境下运行"添加/删

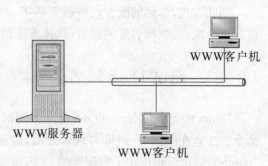

图 12.19 WWW 服务器的工作模式

除应用程序",选择"万维网服务器"软件包组就可安装 Apache 的相关软件包,它们是:

(1) httpd:Apache 服务器软件。

(2) redhat-config-httpd:Red Hat 提供的图形化配置工具。

12.4.2 Apache 服务器配置基础

Apache Web 服务器的配置文件是/etc/httpd/conf/httpd.conf,由于 Apache 功能非常强大,该文件针对不同的应用领域有大量的设置选项,在此,重点对 Web 服务器配置中常用到的内容进行讲解。

1. 配置文件语法

Apache 配置文件每行包含一个指令,行末使用反斜杠"\"换行,反斜杠与下一行中间不能有任何其他字符(包括空格)。配置文件的指令不区分大小写,但指令的参数通常是大小写敏感的。以"#"开头的行被视为注解并被忽略。注解不能出现在指令的后面。指令前面的空行和空白字符会被忽略,因此可以采用缩进方式以保持层次清晰。在每一次配置完成后,可以使用"httpd-t"命令来检查配置是否正确,而不用每一次都重新启动 Apache 来进行验证。

2. 模块

Apache 是模块化的服务器,这意味着核心中只包含实现常用功能的模块,扩展功能可以作为模块动态加载,缺省情况下,只有基本组的模块被编译进服务器。如果服务器编译时包含了 DSO 模块,那么各模块可以独立编译,并随时用 LoadModule 指令加载,否则,要增加删除模块必须重新编译整个 Apache。特定模块的指令可以用<IfModule>指令包含起来,使之有条件地生效。在 Red Hat Linux 9 中,安装完 Apache 后,在 httpd.conf 文件中可以发现很多这种有条件生效的模块。

3. 指令的作用域

与指令作用域相关的指令有<Directory>、<DirectoryMatch>、<Files>、<FilesMatch>、<Location>、<LocationMatch>、<VirtualHost>。

因为主配置文件的指令对整个服务器都有效,因此把指令嵌入到诸如<Directory>、<DirectoryMatch>、<Files>、<FilesMatch>、<Location>、<LocationMatch>等段中,可以限制指令的作用域为文件系统中的某个位置或者 URL,还可以嵌套。

Apache 具备同时支持许多不同站点的能力,称为 Virtual Hosting。<VirtualHost>也会限制其中的指令的作用域,使之仅对特定站点有效。大多数指令可以包含在任意的段中,但是有些指令的作用域没有意义,例如控制进程建立的指令只对主服务器有效。

4. htaccess 文件

与该文件相关的指令有 AccessFileName、AllowOverride。

Apache 可以使用分布在整个网页结构中的特殊文件来进行配置,这些特殊文件通常叫.htaccess。.htaccess 文件中,指令的作用域是存放它的那个目录及其所有子目录。.htaccess 文件的语法与主配置文件相同。由于每次请求都会读取.htaccess 文件,所以对这些文件的改变会立即生效。下面的章节中将会具体介绍.htaccess 文件的配置方法。

5. 常用配置参数

httpd.conf 配置文件中有很多的配置参数,在此仅介绍几个常用参数,其余的可查询联机文档。

(1) 文档路径:即主目录(DocumentRoot)。当用户访问该站点时,就会自动到该指定的目录中寻找,默认情况下是/var/www/html。为了方便起见,常将该目录改为自己的目录,例如/www。

(2) 目录索引(DirectoryIndex):当站点被请求时,就会在目录下寻找这里所定义的文件。这里可以定义多个文件,但是所定义的文件数量越多,速度越慢。缺省情况下是 index.html。在实际应用中,如果所指定的文件不存在,服务器会查找到 ErrorDocument 403/error/noindex.html 并显示之。因此,如果要显示错误信息,可以更改这个位置的目录和文件。

(3) 定义允许访问当前网站的列表:以下例子定义只有 IE 可以访问本站点。

<Directory/test>

Order deny,allow

Deny from all

Allow from env=ms-browser

</directory>

(4) 虚拟目录的更改:找到 Alias/icons/″/var/www/icons/″,例如将其改为 Alias/test ″/tmp″。如果不允许列表,则去掉 Options 中的 Indexs。

(5) 允许访问用户的主目录:更改 UserDir disable 为 UserDir enable。下一个 UserDir 改为 public_html。再在"/home/用户名"目录下建一个名为 public_html 的目录,并在其中建一个名为 index.html 的文件。这样,就可以使用"URL:http://localhost/～用户名"来访问这个文件。通过这种方法,可以访问任何一个用户的目录,当然前提是对该目录要有相应的权限。如果要让所有用户都可以访问,可以在根目录下建一个/public 目录,并且建立相应的用户目录,例如 m1、m2 等,再把 httpd.conf 文件中的上述 Useridr public_html 改为 UserDir/public/*。

12.4.3　创建带密码验证的 Web 站点

Web 服务器由于配置方便，使用不受地域、操作系统的限制而在互联网上广泛流行。但是其安全性是一个值得担忧的问题，对于一些比较敏感的应用领域更是如此。虽然有关 Web 服务器安全方面的解决方案很多，但实现起来大多过于复杂。下面向大家介绍如何快速搭建一个带密码验证功能的 Web 服务器。

1. 实现基本验证

缺省情况下，Apache 的 rpm 安装包并不包含数据库模块，而实现基本验证并不需要数据库模块，所以可以直接从发行版光盘上安装不包含数据库模块的 Apache。安装方法如前文所述。

（1）更改文档路径，即文档主目录（DocumentRoot），位于/var/www/html，把该目录改成自己的目录，在此将其更改为/mysite。

（2）更改目录索引（DirectoryIndex），缺省情况下是 index.html，在此将其更改为 index.htm。注意，如果该文件不存在，则服务器会显示出错页面。

（3）找到内容为 #ServerName new.host.name:80 的行，将其改为 ServerName localhost。如果不更改这一行，在每次启动服务时总会提示警告信息。

（4）在/mysite 目录下建一个名为 index.htm 的文件，文件内容如下：

\<html\>
\<head\>测试窗口\</head\>
\<body\>
\<BR\>\<BR\>
\<center\>
\<font size=28 color=blue\>这是一个带有密码验证的站点。\</font\>
\</center\>
\</body\>
\</html\>

（5）下面来对这个新建的站点进行加密，使其只有通过用户密码验证才能够被访问。主要有三个步骤：

① 在/etc/httpd/conf/httpd.conf 文件中的 DocumentRoot 后面加上以下内容：

DocumentRoot"/mysite"
\<Directory/mysite\>

Order allow, deny
Allow from all
AllowOverride AuthConfig
</Directory>

② 创建主目录（使用命令 mkdir/mysite）并在该目录下创建一个名为.htaccess 的文件，文件内容如下：

AuthName"admin"
AuthType Basic
AuthUserFile/etc/httpd/passwd
require valid-user

注意，上述最后一行也可以直接写上用户名，如 user1、user2，各用户名之间使用空格隔开。

具体语法是 require user user1 user2。

有关 Apache 的.htaccess 文件中各参数的含义，简要说明如下：

AuthName：验证领域或者名称。

Auth Type：所使用的验证类型。在本例中被设置为 Basic。

AuthUserFile：密码文件的位置。因为这个文件包含敏感信息，所以一般都将其存在文档目录以外的地方。在本例中将其存在/etc/httpd/目录下。

AuthGroupFile：文件组的位置，这是一个可选的参数，在本例中没有用到。

require：授予许可必须要满足的要求。

③ 使用命令 htpasswd-c/etc/httpd/passwd user1 来添加用户，并按照提示两次输入密码：

［root@workstation mysite］#htpasswd-c/etc/httpd/passwd user1

New password：

Re-type new password：

Adding password for user user1

这样，用户 user1 就添加完成。这时查看/etc/httpd/passwd 文件，会发现有以下添加的用户信息：

user1：lmiRUsm66uZiE
user2：VmcVgDI4gld4I

（6）保存 httpd.conf 和.htaccess 文件，并且使用命令 service httpd restart 重新启动 Web 服务器，然后在浏览器中输入 localhost 来访问新建好的站点。这时就会要求输入用户名和密码，输入刚才所建账号的用户名和密码，就可以进入新站点的首页了。

到现在为止，带密码验证的站点已经基本配置完成。如果是远程机器，已经可以通过 IP 地址来访问这个站点。

12.4.4 使用 Apache 服务器架设个人 Web 站点

配置 Apache 服务器可让 Linux 计算机中的每一个用户都可以架设其个人 Web 站点。首先要修改 Apache 服务器的配置文件 httpd.conf，允许每个用户架设个人 Web 站点。

默认情况下，用户主目录中的 public_html 子目录是用户个人 Web 站点的根目录。而 public_html 目录默认并不存在，因此凡是要架设个人 Web 站点的用户都必须在其主目录中新建这个目录。

用户主目录的默认权限为"rwx----"，也就是说除了用户本人以外，其他任何用户都不能进入此目录。为了让用户个人 Web 站点的内容能被浏览，必须修改用户主目录的权限，添加其他用户的执行权限。访问用户的个人 Web 站点时，应该输入"http://IP 地址|域名/～用户名"格式的 URL。

步骤 1：修改 httpd.conf 文件，设置 mod_userdrc 模块的内容，允许用户架设个人 Web 站点。配置内容如下所示：

<IfModule mod_userdir.c>
                UserDir public_html
</IfModule>

步骤 2：管理员可以根据实际需要设置用户个人 Web 站点的访问权限。如果要使用 httpd.conf 文件中个人 Web 站点的默认权限设置，那么就去除以下内容前的"#"符号。

<Directory /home/*/public_html>
    AllowOverride FileInfo AuthConfig Limit
    Options Multiviews Indexes SymlinksIfownerMatch IncludesNoExec
    <Limit GET POST OPTIONS>
        Order allow,deny
        Allow from all
    </Limit>
    <LimitExcept GET POST OPTIONS>
        order deny,allow
        Deny from all
    </LimitExcept>

</Directory>

步骤 3：凡是要建立个人 Web 站点的用户都必须在其用户主目录中建立 public_html 子目录，并将相关的网页文件保存于此。

步骤 4：修改用户主目录的权限，添加其他用户的执行权限。

步骤 5：重新启动 httpd 进程后，可访问用户的个人 Web 站点。

12.4.5 设置虚拟主机

Apache 服务器也可利用虚拟主机功能在一台服务器上设置多个 Web 站点。Apache 支持两种类型的虚拟主机：基于 IP 地址的虚拟主机和基于域名的虚拟主机。基于 IP 地址的各虚拟主机使用同一 IP 地址的不同端口，或者是使用不同的 IP 地址。用户可直接使用 IP 地址来访问此类虚拟主机。基于域名的各虚拟主机使用同一 IP 地址但是域名各不相同。由于目前通常使用域名来访问 Web 站点，因此基于域名的虚拟主机较为常见。

无论是配置基于 IP 地址的虚拟主机还是配置基于域名的虚拟主机，都必须在 httpd.conf 文件中设置 VirtualHost 语句块。VirtualHost 语句块中可设置的参数如下所示，其中 DocumentRoot 参数必不可少。

(1) ServerAdmin：指定虚拟主机管理员的电子邮箱地址。
(2) DocumentRoot：指定虚拟主机的根目录。
(3) ServerName：指定虚拟主机的名称和端口。
(4) ErrorLog：指定虚拟主机错误日志文件的保存路径。
(5) CustomLog：指定虚拟主机访问日志文件的保存路径。

1. 基于 IP 地址的虚拟主机

(1) 利用相同 IP 地址的不同端口设置虚拟主机

因为要使用不同的端口，所以必须使用 Listen 参数监听指定的端口。

例 12.23 在 IP 地址为 202.120.92.10 的主机上设置两个虚拟主机，分别使用 8000 和 8888 端口。

步骤 1：编辑 httpd.conf 文件，向其添加如下内容。

Listen 8000

Listen 8888

<virtual Host 202.120.92.10:8000>

    DocumentRoot/var/www/vhost-ipl

    ServerName anhuism.linux.com

</virtualHost>

```
<virtualHost  202.120.92.10:8888>
        DocumentRoot/var/www/vhost-ip2
        ServerName anhuism.linux.com
</VirtualHost>
```

步骤2:在/var/www目录下分别建立 vhost-ip1 和 vhost-ip2 子目录,并分别在两个目录中创建 index.html 文件。

步骤3:重新启动 httpd 服务进程后,可输入"http://IP 地址:端口号"形式的 URL 访问虚拟主机。如果主机的 IP 地址能被 DNS 服务器解析,则也可以使用"http://域名:端口号"形式的 URL 访问虚拟主机。

(2) 利用不同的 IP 地址设置虚拟主机

在一台计算机上配置多个 IP 地址有两种方法:

① 安装多块物理网卡,并对每块网卡设置不同的 IP 地址。

② 安装一块物理网卡,创建多个设备别名,分别设置不同的 IP 地址。

例 12.24 某主机仅有一块网卡,其 IP 地址为 202.20.92.10,要求设置两个虚拟主机,分别使用 202.120.92.11 和 202.120.92.12 两个 IP 地址。

步骤1:创建两个设备别名,并设置其 IP 地址。

```
[root@anhuism  root]#  ifconfig etho:0 202.120.92.11
[root@anhuism  root]#  ifconfig etho:1 202.120.92.12
```

步骤2:编辑 httpd.conf 文件,向其添加如下内容。

```
<virtualHost 202.120.92.11>
        DocumentRoot/var/www/vhost-ip3
        ServerName  anhuism.linux.com
</virtualHost>
<virtualHost 202.120.92.12>
        DocumentRoot /var/www/vhost-ip4
        ServerName  anhuism.linux.com
</VirtualHost>
```

步骤3:在/var/www目录下分别建立 vhost-ip3 和 vhost-ip4 子目录,并分别在两个目录中创建 index.html 文件。

步骤4:重新启动 httpd 服务进程后,可输入"http://IP"地址形式的 URL 访问虚拟主机。如果虚拟主机的 IP 地址能被 DNS 服务器解析,那么用户也可以使用"http://域名"形式的 URL 访问虚拟主机。

2. 基于域名的虚拟主机

配置基于域名的虚拟主机时,必须向 DNS 服务器注册域名,否则无法访问到虚拟主机。

例 12.25 某主机的 IP 地址为 202.120.92.10，要求设置两个虚拟主机，其域名分别是 name1.linux.com 和 name2.linux.com。

步骤 1：DNS 服务器管理员向正向域文件中添加 A 记录，向反向区域文件增加 PTR 记录，说明域名 name1.linux.com 和 name2.linux.com 与 IP 地址 202.120.92.10 的对应关系，并重新启动 named 服务进程。

步骤 2：编辑 httpd.conf 文件，向其添加如下内容。
NameVirtualHost 202.120.92.10
＜virtualHost 2002.120.92.10＞
　　　DocumentRoot /var/www/vhost-name1
　　　ServerName name1.linux.com
＜/VirtualHost＞
＜VirtualHost 202.120.92.10＞
　　　DocumentRoot /var/www/vhost-name2
　　　ServerName name2.linux.com
＜/VirtualHost＞

步骤 3：在/var/www 目录下分别建立 vhost-name1 和 vhost-name2 子目录，并分别在两个目录中创建 index.html 文件。

步骤 4：重新启动 httpd 服务进程后，输入"http://域名"形式的 URL 访问虚拟主机。

基于不同 IP 地址的虚拟主机，如果 DNS 服务器能提供域名解析，用户也可以利用域名来进行访问，与基于域名的虚拟主机功能相似。但是基于不同 IP 地址设置虚拟主机时，每增加一个虚拟主机就必须增加一个 IP 地址，造成 IP 地址的浪费。因此实际应用中主要采用基于域名的方式设置虚拟主机。

12.4.6　在桌面环境下配置 Apache 服务器

超级用户在桌面环境下依次单击【主菜单】→【系统设置】→【服务器设置】→【HTTP】，启动"HTTP"管理窗口，或是在命令终端下输入"redhat-config-httpd"启动管理窗口，如图 12.20 所示。

1. 基本设置

超级用户必须在"主"选项卡中的【服务器名】文本框内输入 WWW 服务器的域名，然后可以在【网主电子邮件地址】文本框内输入管理员的电子邮件地址。【可用地址】栏显示 Apache 服务器接受连接请求的端口，默认为服务器上所有 IP 地址的 80 端口。单击【编辑…】按钮，可打开"编辑地址…"对话框，如图 12.21 所示，在【地址】文本框中可指定 Apache 服务器接受连接请求的地址，如果输入星号（*），则效果与选择【监听所有地址】一样。

图 12.20 "主"选项卡

图 12.21 编辑监听地址

2. 服务器设置

单击"服务器"选项卡，出现如图 12.22 所示窗口，通常不需要修改。

3. 性能设置

单击"调整性能"选项卡，可调整服务器最多连接数，还可以设置连接超时以及每个连接的请求数量，如图 12.23 所示。

图 12.22 "服务器"选项卡

图 12.23 "调整性能"选项卡

4. 主机的默认设置

单击"虚拟主机"选项卡,显示当前只有一个默认的虚拟主机,如图 12.24 所示。

选中默认的虚拟主机,单击【编辑】按钮,弹出"虚拟主机的属性"对话框,如图 12.25 所示,在此对话框中可设置默认虚拟主机的各项内容。

图 12.24 "虚拟主机"选项卡　　图 12.25 默认虚拟主机的常规选项卡

(1) 常规选项

【常规选项】显示默认虚拟主机的常规选项,其中包括文档根目录。

(2) 站点配置

单击【站点配置】选项,显示如图 12.26 所示对话框。【目录页搜寻列表】栏中列出了默认的网页文件列表。当用户输入 URL 地址后,Aapche 服务器将从文档根目录依次查找以上文件。管理员可增加或删除默认的网页文件。

【错误页码】栏列出了 Apache 服务器出现错误时的处理方法。"行动"为"默认"时将显示简单错误信息。【默认错误页页脚】下拉列表可选择下列选项:

① "显示页脚和电子邮件地址":在所有错误页的底部显示默认页脚以及网站管理员的电子邮件地址。

② "显示页脚":在错误页的底部只显示默认的页脚。

③ "无页脚":在错误页的底部不显示页脚。

通常不需要修改【错误页码】栏和【默认错误页页脚】栏。

(3) 记录日志

单击"记录日志"选项,可选择传输日志和错误日志的保存路径,如图 12.27 所示。传输日志记录试图连接 Apache 服务器的客户机的 IP 地址,试图连接的日期和时间,以及试图检索的文件。错误日志记录 Apache 服务器所发生错误的列表。

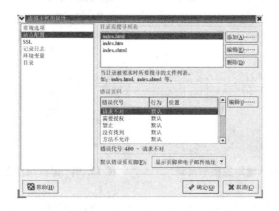

图 12.26　默认虚拟主机的站点配置

（4）环境变量

单击"环境变量"选项,可配置 CGI 脚本的环境变量,如图 12.28 所示。

图 12.27　默认虚拟主机的记录日志　　图 12.28　默认虚拟主机的环境变量

在【为 CGI 脚本设置】栏中可设置要传递给 CGI 脚本的环境变量。在【传递给 CGI 脚本】栏中可设置定义服务器首次启动 CGI 脚本时传递的环境变量。而在【为 CGI 脚本取消设置】栏中可设置不被传递到 CGI 的变量。

（5）目录

单击"目录"选项,可配置 Web 站点所在目录的属性,如图 12.29 所示。

单击右上角的【编辑】按钮可为 Web 站点的所有目录设置"默认目录选项"。要为指定的目录设置选项,则单击【添加…】按钮,打开"目录选项"对话框,如图 12.30 所示。

图 12.29 默认虚拟主机的目录

图 12.30 默认虚拟主机的目录选项

在【目录】文本框中输入要配置的目录路径。在【顺序】栏中,如果选择【允许所有主机访问该目录】,那么拒绝列表和允许列表均不可用。如果在【顺序】栏确定执行拒绝和允许列表的顺序,则可分别设置拒绝列表和允许列表。如果选中【让.htaccess 文件取代目录选项】复选框,则优先选用.htaccess 文件中定义的配置参数。

另外,单击"SSL 列表"选项,可设置与 SSL 相关的选项,对于普通的 Web 站点来说,不需要设置 SSL 加密。

5. 添加虚拟主机

单击"虚拟主机"选项卡后,单击【添加…】按钮,打开"虚拟主机的属性"对话框。在"常规选项"中设置虚拟主机的基本信息。首先在【文档根目录】文本框中输入虚拟主机的文档根目录。然后从【主机信息】下拉列表选择虚拟主机的类型:基于 IP 的虚拟主机或基于名称的虚拟主机。最后配置虚拟主机的 IP 地址以及虚拟主机的名称。

图 12.31 为配置基于 IP 地址的虚拟主机时的"常规选项",图 12.32 为配置基于名称的虚拟主机时的"常规选项"。

图 12.31 添加基于 IP 的虚拟主机

图 12.32 添加基于名称的虚拟主机

超级用户还必须为虚拟主机设置默认的 Web 网页。单击"站点配置"选项,虽然在【目录页搜寻列表】中列出 index.html 和 index.shtml 为默认 Web 网页,但实际上 httpd.conf 文件中 DirectoryIndex 参数的内容为空。对于每一个虚拟主机,用户都必须对"目录页搜寻列表"进行添加或删除操作才能激活 DirectoryIndex 参数。由于通常不使用 index.shtml 文件,建议删除此文件,如图 12.33 所示。

图 12.33　激活 DirectoryIndex 参数

　　Apache 服务器配置完成后,单击【确定】按钮,将弹出对话框,询问是否存盘并退出,单击【是】按钮后关闭"HTTP"窗口。要让 Apache 服务器的修改起效,还必须重新启动 httpd 服务。

12.5　FTP 服务器配置

12.5.1　FTP 服务器简介

　　在众多的网络应用中,FTP(文件传输协议)有着非常重要的地位。FTP 是一个客户机/服务器系统,用户通过一个支持 FTP 协议的客户机程序,连接到远程主机上的 FTP 服务器程序。用户通过客户机程序向服务器程序发出命令,服务器程序执行用户所发出的命令,并将执行结果返回给客户机。FTP 服务可以根据服务对象的不同分为两类:一类是系统 FTP 服务器,它只允许系统上的合法用户使用;另一类是匿名 FTP 服务器(Anonymous FTP Server),它允许任何人都可以登录到 FTP 服务器上去获取文件。

FTP 的数据传输模式是针对 FTP 数据连接而言的，分为主动传输模式、被动传输模式和单端口传输模式三种。

1. 主动传输模式

当 FTP 的控制连接建立，且客户提出目录列表、传输文件时，客户端发出 PORT 命令与服务器进行协商，FTP 服务器使用一个标准的端口 20 作为服务器端的数据连接端口（ftp-data）与客户建立数据连接。在主动传输模式下，FTP 的数据连接和控制连接的方向是相反的，也就是说，是服务器向客户端发起一个用于数据传输的连接。客户端的连接端口是由服务器端和客户端通过协商确定的。

2. 被动传输模式

当 FTP 的控制连接建立，且客户提出目录列表、传输文件时，客户端发送 PASV 命令使服务器处于被动传输模式，FTP 服务器等待客户与其联系。FTP 服务器在非 20 端口的其他数据传输端口上监听客户请求。

在被动传输模式下，FTP 的数据连接和控制连接的方向是一致的，也就是说，是客户端向服务器发起一个用于数据传输的连接。客户端的连接端口是发起这个数据连接请求时使用的端口。当 FTP 客户在防火墙之外访问 FTP 服务器时，需要使用被动传输模式。

3. 单端口模式

除了上述两种模式之外，还有一种单端口模式。这种模式的数据连接请求是由 FTP 服务器发起的。使用这种传输模式时，客户端的控制连接所使用的端口和客户端的数据连接所使用的端口是一致的。因为这种模式无法在很短的时间里连续输入数据传输命令，因此并不常用。

Linux 下有很多可用的 FTP 服务器，这其中比较流行的有 WU-FTP（Washington University FTP）和 VSFTP。在 Red Hat Linux 8 中，自带了 WU-FTP 和 VSFTP 两个软件。

WU-FTP 是一个著名的 FTP 服务器软件，它功能强大，能够很好地运行于众多的 UNIX 操作系统中。不过作为后起之秀的 VSFTP 已经越来越流行，在 Red Hat Linux 9 发行版中，只自带了 VSFTP。

VSFTP 中的"VS"意思是"Very Secure"，从名称中可以看出，从一开始，软件的编写者就非常注重其安全性。除具有与生俱来的安全性外，VSFTP 还具有高速、稳定的性能特点。在稳定性方面，VSFTP 可以在单机（非集群）上支持 4000 个以上的并发用户同时连接，而据 ftp.redhat.com 上提供的数据可知，VSFTP 可以支持 15000 个并发用户。

Red Hat Linux 9 默认不安装 vsftpd 软件包，用户可以运行"添加/删除应用程序",选择"FTP 服务器"软件包组即可安装 vsftpd 软件包。

12.5.2 Vsftpd 服务器配置基础

1. Vsftpd 服务器的用户

一般而言,用户必须经过身份验证才能登录 Vsftpd 服务器,然后才能访问和传输 FTP 服务器上的文件。Vsftpd 服务器的用户主要可分为两类:本地用户和匿名用户。

本地用户是在 Vsftpd 服务器上拥有用户账号的用户。本地用户输入自己的用户名和口令后可登录 Vsftpd 服务器,并且直接进入该用户的主目录。

匿名用户是在 Vsftpd 服务器上没有用户账号的用户。如果 Vsftpd 服务器提供匿名访问功能,那么就可以输入匿名用户名(ftp 或 anonymous),然后输入用户的 E-mail 地址作为口令进行登录,甚至不输入口令也可以登录。匿名用户登录系统后,进入匿名 FTP 服务目录/var/ftp。

与 Vsftpd 相关的配置文件有/etc/vsftpd/vsftpd.conf、/etc/vsftpd.ftpusers 和/etc/vsftpd.user-list 等,其中/etc/vsftpd/vsftpd.conf 是 Vsftpd 服务器最主要的配置文件。

2. vsftpd.conf 文件

vsftpd.conf 文件中可定义多个配置参数,表 12.6 列出了最常用的部分配置参数。

表 12.6 Vsftpd 服务器的主要配置参数

参数名	说　　明
anonymous_enable	指定是否允许匿名登录,默认为 YES
local_enable	指定是否允许本地用户登录,默认为 YES
write_enable	指定是否开放写权限,默认为 YES
idle_session_timeout	指定用户会话空闲多少时间(以秒为单位)后自动断开
data_connection_timeout	指定数据连接空闲多少时间(以秒为单位)后自动断开
ascii_upload_enable	指定是否允许使用 ASCII 格式上传文件

续表 12.6

参数名	说明
ascii_download_enable	指定是否允许使用 ASCII 格式下载文件
listen	指定 Vsftpd 服务器的运行方式，默认为 YES 以独立方式运行
max_clients	指定最大连接数
max_per_ip	指定每个客户机的最大连接数

vsftpd.conf 文件的默认内容如下所示：
anonymous_enable=YES
local_enable=YES
write_enable=YES
local_umask=022
dirmessage_enable=YES
xferlog_enable=YES
connect_from_port_20=YES
xferlog_std_format=YES
pam_service_name=vsftpd
userlist_enable=YES
listen=YES
tcp_wrapper=YES

根据 Vsftpd 服务器的默认设置，本地用户和匿名用户都可以登录。本地用户默认进入其个人主目录，并可以切换到其他有权访问的目录，还可上传和下载文件。匿名用户只能下载/var/ftp/目录下的文件。默认情况下/var/ftp/目录下没有任何文件。

3. vsftpd.ftpusers 文件

/etc/vsftpd.ftpusers 文件用于指定不能访问 Vsftpd 服务器的用户列表，通常是 Linux 系统的超级用户和系统用户。vsftpd.ftpusers 文件的默认内容如下所示：
root
bin
daemon
adm

lp
sync
shutdown
halt
mail
news
uucp
operator
games
nobody

12.5.3 配置 Vsftpd 服务器

1. 设置匿名用户的权限

根据 Vsftpd 服务器的默认设计，匿名用户可下载/var/ftp/目录中的所有文件，但是不能上传文件。vsftpd.conf 文件中"write_enable=YES"设置语句存在的前提下，取消以下命令行前的"♯"符号可增加匿名用户的权限。

  anon_upload_enable=YES 允许匿名用户上传文件

  anon_mkdir_write_enable=YES 允许匿名用户创建目录

同时还必须修改上传目录的权限，增加其他用户的写权限，否则仍然无法上传文件和创建目录。

另外，如果添加如下设置语句，将允许匿名用户重命名文件和删除文件。

  anon_other_write_enable=YES

例 12.26 配置 Vsftpd 服务器，要求只允许匿名用户登录。匿名用户可在/var/ftp/pub 目录中新建目录、上传和下载文件。

步骤 1：编辑 vsftpd.conf 文件，使其一定包括以下命令行。

  anonymous_enable=YES

  local_enable=NO

  write_enable=YES

  anon_upload_enable=YES

  anon_mkdir_write_enable-YES

  connect_from_port_20= YES

  listen=YES

  tcp_wrappers=YES

步骤2：修改/var/ftp/pub目录的权限,允许其他用户写入文件。

步骤3：重新启动vsftpd服务。

2. 限定本地用户

Vsftpd服务器提供多种方法限制某些本地用户登录服务器。

（1）直接编辑/etc/vsftpd.ftpusers文件,将禁止登录的用户名写入vsftpd.ftpusers文件。

（2）直接编辑/etc/vsftpd.user_list文件,将禁止登录的用户名写入vsftpd.user_list文件。此时在vsftpd.conf文件中设置"userlist_enable=YES"和"userlist_deny=YES"语句,则vsftpd.user_list文件中指定的用户不能访问FTP服务器。

（3）直接编辑/etc/vsftpd.user_list文件,将允许登录的用户名写入vsftpd.user_list文件。此时在vsftpd.conf文件中设置"userlist_enable=YES"和"userlist_deny=NO"语句,则只允许vsftpd.user_list文件中指定的用户访问FTP服务器。此时如果某用户同时出现在vsftpd.user_list和vsftpd.ftpusers文件中,那么该用户将不被允许登录。这是因为Vsftpd总是先执行/etc/vsftpd.user_list文件,再执行/etc/vsftpd.ftpusers文件。

3. 禁止切换到其他目录

根据Vsftpd服务器的默认设置,本地用户可切换到其主目录以外的其他目录进行浏览,并在权限许可的范围内进行上传和下载。这样的默认设置不太安全,通过设置chroot相关参数,可禁止用户切换到主目录以外的目录。

（1）设置所有的本地用户都不可切换到主目录以外的目录,只需要在vsftpd.conf文件中添加"chroot_local_user=YES"配置语句即可。

（2）设置指定的用户不可切换到主目录以外的目录。

步骤1：编辑vsftpd.conf文件,取消以下配置语句前的"#"符号,指定只有/etc/vsftpd.chroot_list文件中的用户才不能切换到主目录以外的目录。

chroot_list_enable=YES

chroot_list_file=/etc/vsftpd.chroot_list

并且检查vsftpd.conf文件中是否存在"chroot_local_user=YES"配置语句。如果存在,那么将其修改为"chroot_local_user=NO",或者在此配置语句前添加"#"符号。

步骤2：在/etc目录下创建vsftpd.chroot_list文件,文件格式与/etc/vsftpd.user_list相同,每个用户占一行。

4. 设置欢迎信息

编辑vsftpd.conf文件可设置用户连接到Vsftpd服务器后出现的欢迎信息。

(1) ftpd_banner 参数：vsftpd.conf 文件中如果有"ftpd_banner＝Welcome to FTP Service"配置语句，那么用户连接到 Vsftpd 服务器后将显"Welcome to FTP Service"信息。

(2) banner_file 参数：首先向 vsftpd.conf 文件添加"banner_file＝/var/vsftp_banner_file"配置语句，然后在/var 目录下新建 vsftp_banner_file 文件，用户连接到 Vsftpd 服务器后将显示 vsftp_file 文件的内容。

5. 限制文件传输速度

编辑 vsftpd.conf 文件可设置不同类型用户传输文件时的最大速度，单位为字节/秒。

(1) anon_max_rate 参数：向 vsftpd.conf 文件添加"anon_max_rate＝20000"配置语句，那么匿名用户所能使用的最大传输速度约为 20 KB/秒。

(2) local_max_rate 参数：向 vsftpd.conf 文件添加"local_max_rate＝50000"配置语句，那么本地用户所能使用的最大传输速度约为 50 KB/秒。

12.5.4 测试 Vsftpd.conf 服务器

FTP 客户机程序种类繁多，既有命令行程序也有窗口界面的程序（如 Windows 中的 CuteFTP、LeapFTP、Linux 中的 gFTP）。在此介绍 Windows 环境和 Linux 环境都可以使用的 ftp 命令行程序。

格式：ftp ［域名|IP 地址］ ［端口号］

功能：启动 ftp 命令行工具。如果指定 FTP 服务器的域名或 IP 地址，则建立与 FTP 服务器的连接。否则需要在 ftp 提示符后，输入"open　域名|IP 地址"格式的命令才能建立与指定 FTP 服务器的连接。

与 FTP 服务器建立连接后，用户需要输入用户名和口令，验证成功后用户才能对 FTP 服务器进行操作。无论验证成功与否，都将出现 ftp 提示符"ftp＞"，等待用户输入相应的子命令。表 12.7 列出了 ftp 命令行程序的常用子命令。

表 12.7 ftp 命令行程序子命令

命令名	说　　明
? 或 help	列出 ftp 提示符后可用的所有命令
open　域名|IP 地址	建立与指定 FTP 服务器的连接
close	关闭与 FTP 服务器的连接，ftp 命令行工具仍可用
ls	查看 FTP 服务器当前目录的文件

续表 12.7

命令名	说明
cd 目录名	切换到 FTP 服务器中指定的目录
pwd	显示 FTP 服务器的当前目录
mkdir ［目录名］	在 FTP 服务器中新建目录
rmdir 目录名	删除 FTP 服务器中的指定目录,要求此目录为空
rename 新文件名 源文件名	更改 FTP 服务器中指定文件的文件名
delete 文件名	删除 FTP 服务器中指定的文件
get 文件名	从 FTP 服务器下载指定的一个文件
mget 文件名列表	从 FTP 服务器下载多个文件,可使用通配符
put 文件名	向 FTP 服务器上传指定的一个文件
mput 文件名列表	向 FTP 服务器上传多个文件,可使用通配符
lcd	显示本地机的当前目录
lcd 目录名	将本地工作目录切换到指定目录
！命令名［选项］	执行本地机中可用的命令
bye 或 quit	退出 ftp 命令行工具

本 章 小 结

本章讲述了 Linux 系统网络的基本知识及网络配置的基本方法,重点讲述了在 Linux 操作系统下配置 Samba 服务器、DNS 服务器、WWW 服务器及 FTP 服务器的方法。建议读者在学习本章时,可根据网络环境的实际需求,多动手操作实践,在不断的上机实践中掌握 Linux 网络的配置方法和各种常见服务器的配置方法。

复习思考题

1. Linux 中定义了 eth0 接口和 ppp0 接口,它们分别与哪些物理设备相对应?

2. Samba 服务器有什么作用？如何配置一个用户级的 Samba 服务器？

3. DNS 服务器有哪几种类型？简述如何配置一个 DNS 服务器。

4. Apache 服务器可架设哪几种类型的虚拟主机？

5. 如果要求可以匿名在 FTP 上创建目录并上传文件，应如何修改 vsftpd.conf 文件？

本 章 实 训

实训一 架设 Samba 服务器

1. 建立一个工作组 smbgrp，本机审查用户账号和密码。

2. 在机器上创建一个 /root/tmp 目录，为所有用户提供共享。允许用户不用账号和密码访问，且可以读写。

3. 在机器上创建一个 wl 组，成员有 zs 和 ls。创建一个 /root/wl 目录，允许 wl 组用户向目录中写入，其他用户能访问但不可以写入。

4. 在机器上创建一个私人目录 /root/zspri，只有 zs 用户有共享访问权限，其他用户不可以共享访问。

实训二 架设 DNS 服务器

1. DNS 服务器的 IP 地址为 192.168.1.1，主机域名为 dan.ahsm.edu.cn。

2. 建立正向搜索区域，为网络中的各台服务器建立主机记录、别名记录。使得客户机能够根据服务器主机域名搜索出服务器 IP 地址。各服务器的资料如下：

服务器类型	IP 地址	主机域名
DHCP 服务器	192.168.1.2	dhcp.ahsm.edu.cn
WWW 服务器	192.168.1.3	www.ahsm.edu.cn
FTP 服务器	192.168.1.4	ftp.ahsm.edu.cn
Samba 服务器	192.168.1.5	samba.ahsm.edu.cn

3. 建立反向搜索区域，为网络中的各台服务器建立反向搜索。

实训三　架设 Web 服务器

1. 建立 Web 服务器,服务器名为 www.ahszy.edu.cn,网站主目录为/var/ahszy/www,站点主页文件的搜索顺序为 index.html,index.php;服务器启动时的子进程数为 5;使用端口为 80。

2. 每个同学为自己建立个人主页空间,并对自己做限额,软限制块数 150000,硬限制块数 160000,i 节点数不受限制。每个同学都属于 ahsm 组,组的限额是用户限额的 50 倍。

3. 建立基于 IP 的虚拟主机:

    www.kh.com.cn   192.168.1.131
    www1.kh.com.cn   192.168.1.132
    www2.kh.com.cn   192.168.1.133

4. 建立基于域名的虚拟主机:

    www.kh.com.cn   192.168.1.131
    w104.kh.com.cn   192.168.1.131
    w103.kh.com.cn   192.168.1.131

实训四　架设 FTP 服务器

1. 要求只允许匿名用户登录。匿名用户可在/var/ftp/pub 目录中新建目录、上传和下载文件。

2. 为 FTP 服务器设置欢迎消息为"Hello"。

3. 设置本地用户最大传输速率为 50 KB/秒,匿名用户最大传输速率为 20 KB/秒。

参 考 文 献

[1] 邱亮. Windows Server 2003 网管员培训教程[M]. 北京:电子工业出版社,2004.

[2] 刘晓辉. Windows Server 2003 服务器搭建、配置与管理[M]. 北京:中国水利水电出版社,2004.

[3] 陶英华,等. Windows Server 2003 网络配置详解[M]. 北京:中国水利水电出版社,2004.

[4] JERRY HONEYCUTT. Windows Server 2003 简明教程[M]. 北京:清华大学出版社,2003.

[5] 张浩军. 计算机网络操作系统:Windows Server 2003 管理与配置[M]. 北京:中国水利水电出版社,2005.

[6] MARK MINASI,等. Windows Server 2003 从入门到精通[M]. 北京:电子工业出版社,2004.

[7] SHAPIRO J R,等. Windows Server 2003 宝典[M]. 北京:人民邮电出版社,2007.

[8] 徐晓峰. Microsoft Windows 2000 Server 网络基础[M]. 北京:人民邮电出版社,2001.

[9] 徐晓峰. Microsoft Windows 2000 Server 网络高级应用[M]. 北京:人民邮电出版社,2002.

[10] 施光伟,等. Windows 2000 Server 配置与管理[M]. 北京:清华大学出版社,2001.

[11] 李伟东. Windows 2000 网络服务[M]. 北京:清华大学出版社,2001.

[12] 殷强. Windows 2000 活动目录[M]. 北京:清华大学出版社,2001.

[13] 戴有炜. Windows 2000 网络专业指南[M]. 北京:清华大学出版社,2000.

[14] 戴有炜. Windows 2000 网络实用指南[M]. 北京:清华大学出版社,2000.

[15] 鞠光明,刘勇. Windows 服务器维护与管理教程与实训[M]. 北京:北京大学出版社,2005.

[16] 伊利贵. Red Hat Linux 9 全面掌握[M]. 北京:海洋出版社,2004.

[17] 李蔚泽. Red Hat 7.2 系统管理[M]. 北京:清华大学出版社,2002.

[18] 梁如军,解宇杰. Red Hat Linux 9 桌面应用[M]. 北京:机械工业出版社,2004.

[19] 梁如军,从日权. Red Hat Linux 9 网络服务[M]. 北京:机械工业出版社,2004.